ATLAS OF QINGDAO MAIN GREENING TREES

青岛主要绿化树种图谱

◎ 主编　曹友强　臧德奎

中国林业出版社

图书在版编目（CIP）数据

青岛主要绿化树种图谱 / 曹友强，臧德奎 主编 .
-- 北京 : 中国林业出版社 , 2015.9
ISBN 978-7-5038-8127-5

Ⅰ . ①青… Ⅱ . ①曹…②臧… Ⅲ . ①绿化—树种—青岛市—图谱 Ⅳ .
① S79-64

中国版本图书馆 CIP 数据核字 (2015) 第 203248 号

中国林业出版社
责任编辑：李 顺　唐 杨
出版咨询：（010）83143569

出 版：中国林业出版社（100009 北京西城区德内大街刘海胡同 7 号）
网 站：http://lycb.forestry.gov.cn/
印 刷：北京卡乐富印刷有限公司
发 行：中国林业出版社
电 话：（010）83143500
版 次：2015 年 11 月第 1 版
印 次：2015 年 11 月第 1 次
开 本：889mm × 1194mm　1 / 16
印 张：37
字 数：700 千字
定 价：498 .00 元

《青岛主要绿化树种图谱》编纂委员会领导小组

主　任：曹友强

副主任：郭仕涛

成　员：李　腾　徐立鹏　吕洪涛　赵世鑫　刘中欣　孙建明

张洪才　巩合勇　赵顺亭　戴月欣

《青岛主要绿化树种图谱》编纂委员会

主　编：曹友强　臧德奎

副主编：董运斋　郭仕涛　戴月欣

编　者：（以姓氏笔画为序）

丁守和　万德福　王永涛　王建刚　刘淑华　匡星星

孙　翠　孙兴华　孙远大　庄质彬　江敦舜　纪晓农

吴崔杰　宋连连　张薇瑛　张　磊　李贵学　杨　宁

杨天资　杨利国　陈庆道　陈汝敏　陈希明　陈浙青

郑　达　周春玲　胡春蕾　逄东杰　高　群　高鹏飞

矫省本　谢亚茗　綦佳伟　蔡敬斌

PREFACE 前言

党的十八大对生态文明建设作出了全面部署，形成了中国特色社会主义事业五位一体总体布局，提出了建设美丽中国的宏伟蓝图。林业是生态文明建设的主体，绿化是实现美丽中国的重要举措。树木是城市唯一有生命的基础设施，树种选择是城乡绿化建设的基础和关键，要提高青岛市生态环境质量，提升城市的宜居程度和市民的幸福感受，建设美丽青岛和宜居幸福城市，没有好的合适的树种就无从谈起。

青岛市地处山东半岛南端，濒临黄海，东依崂山，环绕胶州湾，其地形复杂，气候特殊，植物区系成分多样，树木种类相当丰富。一些亚热带种类为自然分布最北界，如山茶、大叶胡颓子、红楠等，许多在北方难以生长的树木种类在青岛引种生长良好，如木莲、含笑、深山含笑、蓝果树、南酸枣、杨梅、福建柏、喜树、伯乐树等；许多国外和中国南方树种最先在青岛引种成功，如雪松、刺槐、茶等。长期以来，吸引了众多植物学家和林业、绿化工作者进行考察研究，并著书立志，对推动青岛城乡绿化事业的发展做出了积极贡献。

为加快推进青岛生态文明建设进程，更好地满足全市城乡绿化建设与发展的需要，2011-2014 年组织开展了全市林木种质资源调查，摸清了资源家底，全市共有木本植物 764 种（含亚种、变种和变型），并出版了《青岛树木志》。在此基础上，我们编纂了《青岛主要绿化树种图谱》一书，系统整理介绍了全市常用绿化树种、优良乡土树种、生长表现优异的引进树种以及具有较高生态绿化价值的野生树种共 84 科 236 属 530 种（含 70 亚种、变种、变型）和常见观赏品种 52 个，每种树木包括科属、别名、形态特征、分布与习性及应用等内容，对部分重要种类的栽培历史和文化内涵也作了介绍；精选彩色照片 3000 幅，涵盖了树木关键特征特写、整体景观、群落生境，以及在城乡绿化应用中的配置实景。本书中的“分布”主要记载树种在青岛的分布或栽培情况。另外，在本书的最后又分别按照树种观赏特性、绿化应用进行了分类索引，便于造林绿化生产实践应用。

《青岛主要绿化树种图谱》内容翔实、图文并茂，同时集专业性和科普性于一体，将为青岛的城乡绿化建设，树种资源及生物多样性的保护和研究提供翔实、可靠的基础资料，适合广大林业、绿化、城市规划、农业、环保等工作者使用，同时为高等院校林学、绿化、城市规划等专业教学和科研提供参考资料，也适合植物爱好者阅读。

在全市林木种质资源调查及本书编写过程中，得到了山东省林木种质资源中心、山东师范大学、山东农业大学、青岛农业大学、山东科技大学（黄岛校区）及各区市林业部门的大力支持和帮助。本书中的图片绝大部分由编者在林木种质资源调查过程及日常工作中所拍摄，部分照片由山东科技大学（黄岛校区）吴楠提供。在此，我们对支持和帮助我们工作的单位和个人以及本书编写所参考著作的编者们表示衷心感谢！

在编写过程中参考了大量文献及相关资料，力求内容的科学性、准确性和实用性。由于水平有限，书中难免有遗漏和不当之处，敬请广大读者批评指正。

编 者

2015 年 8 月

CONTENTS 目录

目录

裸子植物

银杏 Ginkgo biloba

【别名】白果树、公孙树

【科属】银杏科银杏属

【形态特征】落叶大乔木，高达40 m；树冠幼时为圆锥形，老后广卵形。枝有长短枝之分。叶扇形，叶脉二叉状；在长枝上互生，在短枝上簇生。雌雄异株，球花生于短枝顶端的叶腋或苞腋；雄球花呈柔荑花序状，雌球花有长梗，顶端有1～2个珠座，内生1枚胚珠。种子呈核果状，椭圆形，径2 cm，熟时呈黄色，有白粉。花期4～5月；种子成熟期9～10月。

【分布与习性】全市广泛栽培，古树众多。阳性树，对土壤要求不严，较耐旱，不耐积水；对大气污染具有一定抗性。深根性，抗风，抗火；寿命极长。病虫害较少。

【应用】树姿优美，冠大荫浓，秋叶金黄，而且叶形奇特，为优良的庭荫树、园景树和行道树。木材优良，种子可食用，亦可入药。叶可作药用和制杀虫剂，亦可作肥料。

【品种】垂枝银杏'Pendula'枝条下垂，树冠较大。崂山太清宫有栽培。

叶片

果实

古树

景观

水杉 Metasequoia glyptostroboides

【科属】杉科水杉属

【形态特征】落叶大乔木，高达40 m；幼时树冠为尖塔形，后变为圆锥形，老时呈广圆形；树干基部常膨大。大枝近轮生，小枝对生。叶交互对生，叶基扭转排成2列，条形，长0.8 ~ 3.5 cm，冬季与无芽小枝一同脱落。雄球花单生于去年生枝侧排成圆锥花序状；雌球花单生于去年生枝侧或近枝顶。球果近球形，径约2 ~ 2.5 cm；种鳞盾状，有种子5 ~ 9粒，种子有狭翅。花期2 ~ 3月；种子成熟期10 ~ 11月。

【分布与习性】广泛栽培，八大关、中山公园、植物园等均有成片水杉林景观；为原胶南市（现黄岛区）市树，人民路栽植行道树1992年曾被山东建委命名为山东省水杉一条街，成为当地标志性景观之一。喜温暖湿润气候，喜深厚肥沃的酸性土或微酸性土；耐旱性一般，不耐积水。

【应用】著名的孑遗植物、活化石树种，树干通直圆满，基部常膨大，姿态优美，为著名的庭院观赏树。适于水边造景，亦可用作行道树或营造风景林。

【品种】金叶水杉 'Gold Rush' 叶金黄色。黄岛区（山东科技大学校园）有栽培。

枝条

球果

干皮

群体景观

孤植景观

金叶水杉

金叶水杉

金钱松 Pseudolarix amabilis

群植

【科属】松科金钱松属

【形态特征】落叶乔木，高达40 m。叶条形，柔软，长2～5.5 cm，宽1.5～4 mm，先端尖；长枝上螺旋状散生，短枝上15～30片簇生，平展成圆盘形。雄球花黄色；雌球花紫红色，有短梗。球果卵圆形或倒卵圆形，长6～7.5 cm，径4～5 cm；种鳞两侧耳状，先端钝有凹缺；苞鳞长约种鳞的1/4～1/3，边缘有细齿。花期4月；球果10月成熟。

【分布与习性】崂山及中山公园、植物园有栽培。喜光，幼时稍耐荫；喜温凉湿润气候和深厚肥沃、排水良好而又适当湿润的中性或酸性沙质土壤。不耐干旱，亦不耐积水；抗风能力强。生长速度中等偏快，属有真菌共生树种。

【应用】树姿优美，入秋后叶变金黄色，状似金钱，极为美丽，为珍贵的观赏树木。在城乡绿化中可进一步推广应用。

秋叶景观

球果

枝叶

短枝叶

日本落叶松 Larix kaempferi

秋季景观

【科属】松科落叶松属

【形态特征】落叶乔木，高达30 m；1年生长枝淡黄色或淡红褐色，有白粉，幼时被褐色毛；冬芽紫褐色。叶倒披针状条形，长1.5 ~ 3.5 cm，宽1 ~ 2 mm。雄球花淡褐黄色，卵圆形；雌球花紫红色，苞鳞反曲，有白粉。球果长2 ~ 3.5 cm，径1.8 ~ 2.8 cm；种鳞上部边缘波状，显著外反；苞鳞紫红色，不露出。花期4 ~ 5月，球果10月成熟。

【分布与习性】据记载，最早于1884年开始引入崂山造林，上世纪50年代开始大规模造林，海拔400 ~ 900 m的中厚层土壤山坡均有栽种，成为崂山针叶林中用材林、水源涵养林、风景林主要树种。小珠山也有栽培。喜光树种，适应性强。

【应用】树干端直，树冠整齐，姿态优美，叶色翠绿，秋叶金黄，用于中高海拔的山地造林可形成优美的风景林。

球果景观

球果

枝叶

群落

落羽杉 Taxodium distichum

【别名】落羽松

【科属】杉科落羽杉属

【形态特征】落叶乔木，原产地高达50 m。树干基部常膨大而有屈膝状呼吸根。1年生小枝褐色；生叶片的侧生小枝排成2列，冬季与叶俱落。叶条形，长1.0 ~ 1.5 cm，螺旋状着生，基部扭转成羽状，排列较疏。雄球花多数，集生枝稍；雌球花单生。球果圆球形，径约2.5 cm。花期3月；球果10月成熟。

【分布与习性】中山公园、黄岛区（山东科技大学校园），城阳世纪公园及崂山区王哥庄、胶州市营海和即墨市岙山有引种栽培。强阳性，不耐荫；喜温暖湿润气候；极耐水湿，喜富含腐殖质的酸性土壤。

【应用】树形壮丽，新叶嫩绿，入秋变为红褐色，是著名的绿化树种。最适于水边、湿地造景，或列植、丛植，或群植成林，也是优良的公路树和城市街道的行道树。

枝条

秋季景观

景观

干皮

池杉 Taxodium distichum var. imbricatum

【别名】池柏

【科属】杉科落羽杉属

【形态特征】落叶乔木，在原产地高达25 m；树干基部膨大，常有屈膝状的呼吸根。树冠狭窄，呈尖塔形或近于柱状，大枝向上伸展；当年生小枝绿色，细长，常微下垂，2年生小枝褐红色。叶钻形或条形扁平，长4 ~ 10 mm，略内曲，常在枝上螺旋状伸展，下部多贴近小枝。花期3 ~ 4月；球果10月成熟。

【分布与习性】中山公园、李村公园及黄岛区泊里镇有引种栽培，生长正常。喜光，极耐水湿，在水中淹浸80 d仍能正常生长

【应用】适于水边、湿地列植、丛植或群植，也是优良的公路树和城市街道的行道树，在沼泽和季节性积水区则可营造“水中森林”。

球果

干皮

球果景观

水松 *Glyptostrobus pensilis*

景观

【科属】杉科水松属

【形态特征】落叶或半常绿乔木，高8 ~ 10 m。小枝绿色。叶3型：鳞形叶螺旋状着生于1 ~ 3年生主枝上，宿存；条形叶生于幼树1年生枝和大树萌生枝上，排成2列；条状钻形叶生于大树1年生短枝，伸展成3列状。球花单生于具鳞叶的小枝顶端。球果倒卵圆形，长2 ~ 2.5 cm，径1.3 ~ 1.5 cm；种鳞木质，扁平，具2种子；苞鳞与种鳞仅先端分离。花期1 ~ 2月，球果当年成熟。

【分布与习性】李沧十梅庵公园有高约10 m，径约25 cm的大树；黄岛区（山东科技大学校园）有栽培片林。强阳性树种，喜温暖湿润气候；喜中性和微碱性土壤（pH值7 ~ 8）。耐水湿；主根和侧根发达。

【应用】树形优美，春叶鲜绿色，秋叶红褐色，并常有奇特的呼吸根，是优良的防风固堤、水湿地绿化树种。木材可作建筑、桥梁、家具等用；种鳞、树皮可染鱼网或制皮革；叶可入药。

球果枝

小枝

球果枝

日本冷杉 Abies firma

【科属】松科冷杉属

【形态特征】常绿乔木，原产地高达50 m，径达2 m；大枝平展，树冠塔形。1年生枝淡黄灰色，凹槽中有细毛。叶条形，直或微弯，长2.5 ~ 3.5 cm，幼树之叶先端2叉状，树脂道2个边生；壮龄树及果枝叶先端钝或微凹，树脂道4，中生2，边生2。球果直立，种鳞自中轴脱落；苞鳞长于种鳞，明显外露。种子具较长的翅。花期4 ~ 5月，球果10月成熟。

【分布与习性】1914 ~ 1921年由日本引入青岛栽培，中山公园和太清宫现有大树，市内、城阳区、即墨市的居民小区（社区）、单位庭院及青岛大学校园亦有栽培。喜凉爽、湿润气候，耐荫，生长速度中等。寿命长。

【应用】树形端庄，树姿优美，四季常绿，树冠塔形，易形成庄严、肃穆的气氛，适于陵园、公园、广场或建筑附近应用，宜对植、列植，也适于大面积成林。

枝叶

景观

干皮

枝叶

植株

辽东冷杉 Abies holophylla

【别名】杉松、白松

【科属】松科冷杉属

【形态特征】常绿乔木，高达30 m。枝条平展；冬芽卵圆形，有树脂。叶条形，在营养枝上排成2列，长2 ~ 4 cm，宽1.5 ~ 2.5 mm，先端急尖或渐尖，无凹缺，下面有2条白色气孔带。球果直立，圆柱形，长6 ~ 14 cm，径3.5 ~ 4 cm，苞鳞长不及种鳞之半，绝不露出。花期4 ~ 5月；球果10月成熟。

【分布与习性】崂山太清宫、中山公园有引种栽培。耐荫性强，喜冷湿气候和深厚、湿润、排水良好的酸性暗棕色森林土；不耐高温及干燥，浅根性；抗烟尘能力较差；不耐修剪。

【应用】树冠尖塔形，树姿优美，秀丽挺拔，是优美的庭园观赏树种和山地风景林树种，绿化中宜对植、列植。木材优良，树皮可提烤胶。

枝条

枝叶

青杄 Picea wilsonii

【别名】方叶杉、细叶云杉

【科属】松科云杉属

【形态特征】常绿乔木，树冠圆锥形，1年生枝淡灰白色或淡黄灰白色，无毛。冬芽卵圆形，无树脂，宿存芽鳞紧贴小枝，不反曲。叶横断面菱形或扁菱形，细密，长0.8 ~ 1.3（1.8）cm，宽1.2 ~ 1.7 mm，先端尖，气孔带不明显，四面均为绿色。球果长5 ~ 8 cm，熟时黄褐色或淡褐色；种鳞先端圆或急尖，鳞背露出部分较平滑。花期4月；球果10月成熟。

【分布与习性】中山公园、动物园、城阳区（青岛农业大学校园）及即墨马山有栽培。耐荫、耐寒、耐干冷气候，在深厚、湿润、排水良好的中性或微酸性土壤上生长良好。

【应用】树姿优美，树形整齐，适于规则式绿化中应用，可在花坛中心、草地、门前、公园、绿地栽植。

景观

雄球花

植珠

枝条

小枝

景观

日本云杉 Picea torano

【科属】松科云杉属

【形态特征】常绿乔木，高达40 m，大枝平展，树冠尖塔形。冬芽长卵状或卵状圆锥形，先端钝尖；芽鳞不反卷，宿存芽鳞排列紧密，多年不脱落。幼枝淡黄色或淡褐黄色，无毛。叶四棱状条形，微扁，粗硬，常弯曲，长1.5 ~ 2 cm，先端锐尖。球果无梗，熟时淡红褐色，长7.5 ~ 12.5 cm，径约3.5 cm。

【分布与习性】青岛自1898年开始引种栽培，目前崂山太清宫、中山公园及城阳区、崂山区有栽培。喜阳光充足环境，稍耐荫，耐寒性强，较耐旱，对土壤要求不严。

【应用】株型美观，是优良绿化绿化树种。

干皮

老枝

小枝

白杄 Picea meyeri

【别名】钝叶杉、毛枝云杉

【科属】松科云杉属

【形态特征】常绿乔木，高达30 m，树冠塔形，小枝黄褐色或红褐色，常有短柔毛，宿存芽鳞反曲。叶四棱状条形，长1.3 ~ 3 cm，宽约2 mm，四面有白色气孔带，呈粉状青绿色，先端微钝。球果长6 ~ 9 cm，径2.5 ~ 3.5 cm，鳞背露出部分有条纹。花期4月，球果9月下旬至10月上旬成熟。

【分布与习性】崂山太清宫、城阳区（青岛农业大学校园）及崂山区有栽培，生长很慢。

【应用】枝叶苍翠，为华北高海拔山区的主要树种之一，也是优良的庭园观赏树种。

景观

球果

枝叶

雪松 Cedrus deodara

【科属】松科雪松属

【形态特征】常绿乔木，在原产地高达50 ~ 75 m，径达4 m；树冠尖塔形。大枝轮生，平展；小枝微下垂。叶针形，长2.5 ~ 5 cm，在长枝上螺旋状互生，在短枝上簇生。雌雄异株，球花生于短枝顶端；雄球花椭圆状卵形，长2 ~ 3 cm，雌球花卵圆形。球果椭圆状卵形，长7 ~ 12 cm，径5 ~ 9 cm，熟时呈褐色或栗褐色。种子三角形，种翅宽大。花期10 ~ 11月；球果翌年9 ~ 10月成熟。

【分布与习性】1914年引入青岛，太平山是我国最早引种栽培地之一，中山公园内有多株百年大树。喜温和湿润气候，亦颇耐寒；阳性树；喜土层深厚而排水良好的微酸性土。

【应用】雪松是青岛市“市树”，在青岛地区普遍栽培，也是世界五大公园树种之一，树体高大，树形优美，大枝平展自然，常贴近地面，显得整齐美观。最适宜孤植于草坪中央、建筑前庭中心、大型花坛中心、广场中心；或对植于建筑物两旁或园门入口处。

景观

景观

球果

雄球花

枝条

白皮松 Pinus bungeana

【别名】虎皮松、白松

【科属】松科松属

【形态特征】常绿乔木，高达30 m，树皮粉白色或淡灰绿色，不规则鳞片状剥落。小枝平滑无毛，灰绿色；冬芽卵形，赤褐色。叶针形，3针一束，长5 ~ 10 cm，径1.5 ~ 2 mm，树脂道边生；叶鞘脱落。球果圆锥状卵形，长5 ~ 7 cm，熟时淡黄褐色。种子大，卵形，褐色；种翅长0.6 cm。花期4 ~ 5月；球果翌年9 ~ 11月成熟。

【分布与习性】崂山太清宫及全市各大公园绿地均有栽培。适应性强，耐旱，耐 - 30 ℃低温，但不耐湿热；对土壤要求不严，在中性、酸性和石灰性土壤上均可生长，耐旱力强。阳性树，幼树略耐半荫。抗污染。

【应用】白皮松是珍贵的观赏树种，树干呈斑驳的乳白色，极为醒目，衬以青翠的树冠，独具奇观。

景观

枝叶

球果

景观

干皮

华山松 Pinus armandii

【科属】松科松属

【形态特征】常绿乔木，高达30 m。小枝平滑无毛。叶5针一束，细柔，长8 ~ 15 cm，径约1 ~ 1.5 mm，内有3个中生或边生树脂道；叶鞘脱落。球果圆锥状长卵形，长10 ~ 20 cm，径约5 ~ 8 cm，熟时种鳞张开。种子长1 ~ 1.5 cm，无翅或近无翅。花期4 ~ 5月；球果翌年9 ~ 10月成熟。

【分布与习性】崂山、中山公园及各区市公园绿地均有栽培。性喜温和凉爽、湿润的气候，耐寒力强，但不耐炎热；弱阳性树。

【应用】树姿优美，青岛地区常做城市绿化树种栽培。木材优良，树干可提树脂；树皮可提栲胶；针叶可提炼芳香油；种子含油40%，可食用，亦可榨油供食用或工业用油。

景观

小枝

球果

日本五针松 Pinus parviflora

【科属】松科松属

【形态特征】常绿乔木，在原产地高可达25 m，我国栽培一般高15 m以下；树冠圆锥形。小枝密生淡黄色柔毛。冬褐色，无树脂。叶针形，蓝绿色，5针一束，较短细，长3.5 ~ 5.5 cm，径不及1 mm；横切面三角形，有2个边生树脂道；叶鞘早落。球果卵形或卵状椭圆形。花期4 ~ 5月；球果翌年9 ~ 10月成熟。

【分布与习性】崂山太清宫及全市公园绿地普遍引种栽培，作庭园树或作盆景用。生长较慢。耐荫性较强，对土壤要求不严，但喜深厚湿润而排水良好的酸性土。生长缓慢。

【应用】树姿优美，枝叶密集，针叶细短而呈蓝绿色，望之如层云簇拥。以其树体较小，尤适于小型庭院与山石、厅堂配植，常丛植。也是著名的盆景材料。

景观

枝叶

球果

红松 Pinus koraiensis

【**别名**】海松、果松、朝鲜松

【**科属**】松科松属

【**形态特征**】常绿乔木，高达50 m；树冠卵状圆锥形；树皮灰褐色，内皮红褐色，鳞片状脱落。1年生枝密生锈褐色绒毛。叶5针一束，长6 ~ 12cm；叶鞘早落；树脂道3，中生。球果长9 ~ 14 cm；熟时种鳞不张开，种鳞先端向外反曲，鳞脐顶生；种子大，倒卵形，无翅，长1.5 cm，宽约1.0cm。花期5 ~ 6月；球果翌年9 ~ 11月成熟。

【**分布与习性**】崂山凉清河、仰口等地有引种造林，中山公园内也有栽植。幼树稍耐荫，成年后喜光；耐寒性强，适于冷凉湿润气候，不耐热；喜生于深厚肥沃、排水良好、适当湿润的微酸性土。浅根性，水平根发达。生长速度中等偏慢。

【**应用**】树形雄伟高大，是森林风景区重要造林树种，也常植于庭园观赏。木材优良，木材及树根可提松节油。种子含脂肪油及蛋白质，可榨油，亦可做干果“松子”食用。

景观

枝叶

树干

球果

赤松 Pinus densiflora

景观

【别名】红松

【科属】松科松属

【形态特征】常绿乔木，高达30 m；大枝平展，树冠圆锥形或扁平伞形；树皮橙红色，呈不规则薄片剥落。1年生枝橙黄色，略有白粉，无毛。针叶细柔，2针一束，长8 ~ 12 cm，径约1 mm，有细锯齿，树脂道4 ~ 6 (9) 个，边生。球果卵状圆锥形，长3 ~ 5.5 cm，径约2.5 ~ 4.0 cm，有短柄。花期4月；球果翌年9 ~ 10月成熟。

【分布与习性】青岛乡土树种，森林群落主要建群种之一，广泛分布于崂山、小珠山、大珠山、大泽山、浮山等，崂山华严寺、仰口、太平宫、流清河等处存有古树；城阳区、即墨市有栽培。强阳性树，对土壤要求不严，但喜生于微酸性至中性土中，不耐盐碱；耐干旱瘠薄，忌水涝。深根性树种，抗风力强。生长速度较快。

【应用】树皮橙红，斑驳可爱，幼时树形整齐，老时虬枝蜿垂，是绿化中不可缺少的优良观赏树木。木材可供建筑、家具及木纤维工业原料等用。树干可割树脂，提取松香及松节油；种子可榨油，供食用及工业用；针叶提取芳香油。

雄球花枝

雄球花枝

干皮

枝叶

黑松 Pinus thunbergii

【别名】日本黑松、白芽松

【科属】松科松属

【形态特征】常绿乔木，高达30 m；幼时树冠狭圆锥形，老年期呈扁平伞状。冬芽银白色，圆柱状椭圆形。针叶粗硬，2针一束，长6 ~ 12 cm，径约1.5 mm，树脂道6 ~ 11个，中生。球果圆锥状卵形或卵圆形，长4 ~ 6 cm；鳞盾隆起，横脊显著，种脐微凹，有短刺。种子倒卵状椭圆形。花期4 ~ 5月；球果翌年10月成熟。

【分布与习性】青岛市1914 ~ 1921年由日本引种，目前是沿海和山区绿化的主要造林树种。阳性树种，对土壤、要求不严，并较耐碱；耐干旱瘠薄，忌水涝。深根性，抗风力强。耐海潮风和海雾。

【应用】树形高大美观，树冠葱郁，干枝苍劲，冬芽银白色，在冬季极为醒目，耐海潮风，为著名的海岸绿化树种，优良的防风、防潮和防沙树。也用于厂矿地区绿化。

景观

雄球花

雌、雄球花

球果

樟子松 Pinus sylvestris var. mongolica

【别名】海拉尔松

【科属】松科松属

【形态特征】常绿乔木，高达30 m。1年生枝淡黄褐色，无毛。叶2针一束，粗硬，常扭转，长4 ~ 9 cm，径约1.5 ~ 2 mm；树脂道6 ~ 11，边生。球果长卵形，长3 ~ 6 cm，鳞盾长菱形，鳞脊呈4条放射线，肥厚，特别隆起，鳞脐疣状凸起，具易脱落短刺。花期5 ~ 6月；球果翌年9 ~ 10月成熟。

【分布与习性】崂山北九水、凉清河、李村公园有引种栽培，生长良好。极喜光，适应严寒气候，耐低温和干旱。喜酸性土，在干燥瘠薄、沙地、陡坡均可生长良好，忌盐碱土和排水不良的粘重土壤。深根性，抗风沙。

【应用】树干端直高大，枝条开展，枝叶四季常青，为优良的庭园观赏绿化树种，也是用材林、防护林和“四旁”绿化的理想树种，防风固沙效果显著。

植株

枝叶

球果

干皮

果枝

北美短叶松 Pinus banksiana

【别名】短叶松、班克松

【科属】松科松属

【形态特征】常绿乔木，枝近平展，每年生长2～3轮。针叶2针一束，粗短，常扭曲，长2～4 cm，径约2 mm，先端钝尖；树脂道2，中生；叶鞘褐色，宿存2～3年后脱落或与叶同时脱落。球果近无梗，窄圆锥状椭圆形，通常向内侧弯曲，长3～5 cm，径2～3 cm，宿存树上多年。

【分布与习性】青岛最早1978年开始引种，目前崂山太清宫、张坡、铁瓦殿等及胶州市艾山风景区、即墨市有栽培，生长较缓慢。

【应用】树冠塔形，针叶宽短，既可作山地造林树种，也栽培供观赏。

小枝

雄球花

枝叶

枝杆

火炬松 Pinus taeda

【别名】火把松

【科属】松科松属

【形态特征】常绿乔木，枝条每年生长数轮；冬芽褐色，无树脂。针叶3针一束，稀2针一束，长12 ~ 25 cm，径约1.5 mm，硬直，蓝绿色；横切面三角形，树脂道常2个，中生。球果卵状圆锥形，长6 ~ 15 cm，几无梗；鳞盾横脊显著隆起，鳞脐隆起延长成尖刺。花期4月上旬，球果翌年10月成熟。

【分布与习性】崂山张坡、太清宫后有少量引种栽培，二龙山、黄岛小珠山、青岛植物园亦有栽培。喜光，喜温暖湿润气候，适生于中性或酸性土壤。

【应用】树姿挺拔，针叶浓密，生长速度快，容易成景。宜配植于山间坡地、溪边等处，并适合营造大面积风景林。木材可供建筑、纸浆及木纤维工业用。树脂优良，可制松香。

景观

植珠

枝叶

干皮

杉木 Cunninghamia lanceolata

【科属】杉科杉木属

【形态特征】常绿乔木，高达30 m；叶条状披针形，螺旋状着生，在小枝上扭转成2列状，叶基下延，叶缘有细锯齿，长2 ~ 6 cm，宽3 ~ 5 mm。雄球花簇生；雌球花1 ~ 3个集生，苞鳞与珠鳞合生，苞鳞扁平革质，珠鳞小。球果卵球形，长2.5 ~ 4.5 cm，径约2.5 ~ 4 cm，熟时黄棕色；每种鳞腹面3枚种子。花期3 ~ 4月；球果10 ~ 11月成熟。

【分布与习性】崂山太清宫、滑溜口、崂山头、张坡、上清宫、八水河、青山等景区以及中山公园、即墨市钱谷山有引种栽培。

【应用】树干通直，树形美观，终年郁郁葱葱，是美丽的绿化造景材料，适于群植成林，可用于大型绿地中作为背景，也可列植，用于道路绿化，风景区内则可大面积造林。

景观

枝叶

干皮

球果枝

雄球花

雌球花枝

柳杉 Cryptomeria japonica var. sinensis

【别名】长叶孔雀松

【科属】杉科柳杉属

【形态特征】常绿乔木，高达40 m。大枝近轮生，小枝常下垂。叶钻形，螺旋状略成5行排列，基部下延，先端微内曲，长1 ~ 1.5 cm，幼树及萌枝之叶长达2.4 cm。雄球花单生叶腋，多数密集成穗状；雌球花单生枝顶。球果球形，径1.2 ~ 2 cm。种鳞约20枚，上部3 ~ 7裂齿。发育种鳞常具2粒种子。花期4月；球果10月成熟。

【分布与习性】崂山关帝庙、太清宫、蔚竹庵、八水河等景区，及中山公园、百花苑有引种栽培。喜温暖湿润、云雾弥漫、夏季较凉爽的山区气候；喜深厚肥沃的沙质壤土，忌积水。浅根性，侧根发达，主根不明显。抗污染。

【应用】树形圆整高大，树姿雄伟，大枝开展、小枝下垂、叶形优美、叶色翠绿，是优良的绿化美化树种。木材可供建筑、桥梁、车船及制作家具等用材。枝叶和木材加工时的碎料可提取芳香油。

球果

雄球花

景观

干皮

日本柳杉 Cryptomeria japonica

【别名】孔雀松

【科属】杉科柳杉属

【形态特征】常绿乔木，在原产地高达40 m。小枝下垂。叶钻形，先端通常不内曲，长0.4 ~ 2 cm。雄球花长椭圆形或圆柱形，球果近球形，径1.5 ~ 2.5 cm，稀达3.5 cm；种鳞20 ~ 30枚，上部裂齿较长，能育种鳞有2 ~ 5粒种子。花期4月；球果10月成熟。

【分布与习性】蔚竹庵、太清宫，即墨市有引种栽培。

【应用】树形圆整高大，树姿雄伟，大枝开展、小枝下垂、叶形优美、叶色翠绿，是优良的绿化美化树种。木材可供建筑、桥梁、车船及制作家具等用材。枝叶和木材加工时的碎料可提取芳香油。

植珠

球果枝

球果

北美香柏 Thuja occidentalis

【别名】香柏、美国侧柏

【科属】柏科崖柏属

【形态特征】常绿乔木，高达20 m；叶鳞形，长1.5 ~ 3 mm，生鳞叶的小枝扁平，排成一个平面，背面淡黄绿色；中生鳞叶尖头下方有圆形透明腺点，芳香。雌雄同株，球花生于枝顶。球果长椭圆形，长8 ~ 13 mm，径约6 ~ 10 mm，种鳞扁平，革质，较薄；种子扁平，椭圆形，两侧有翅。

【分布与习性】中山公园、崂山太清宫及青岛植物园等地有引种栽培。阳性树，也有一定的耐荫能力；较耐寒；不择土壤，耐瘠薄，能生长于潮湿的碱性土壤。抗烟尘和有毒气体。耐修剪。

【应用】树形端庄，树冠呈圆锥形，适于规则式绿化应用，可沿道路、建筑等处列植，也可丛植和群植。材质坚韧，耐腐性强，有香气，可作家具等。

球果

景观

侧柏 Platycladus orientalis

【别名】扁柏、扁松、扁桧、香柏

【科属】柏科侧柏属

【形态特征】常绿乔木，高达20 m。小枝扁平，排成一平面。叶鳞形，交互对生，长1 ~ 3 mm，先端微钝。雌雄同株，球花单生于小枝顶端。雌球花具4对珠鳞，仅中间2对珠鳞各有1 ~ 2胚珠。球果卵形，长1.5 ~ 2.5 cm，熟后变木质，开裂。种子无翅。花期3 ~ 4月；球果9 ~ 10月成熟。

【分布与习性】全市普遍栽培，寿命长，常有百年以上的古树。喜光，对土壤要求不严，耐瘠薄，并耐轻度盐碱；耐旱力强，忌积水。萌芽力强，耐修剪；生长速度中等偏慢。抗污染。

【应用】树姿优美，幼树树冠呈卵状尖塔形，老树则呈广圆锥形。在庭院和城市公共绿地中，孤植、丛植或列植均可，也可作绿篱。也是北方重要的山地造林树种。

【品种】1. **千头柏**‘Sieboldii’丛生灌木，无主干。枝密斜伸；树冠卵圆形或球形。普遍栽培。供观赏。

2. **金塔柏**‘Beverleyensis’树冠塔形，叶金黄色。崂山太清宫等地有栽培。供观赏。

3. **金黄球柏**‘Semperaurescens’树冠球形，叶全年为金黄色。崂山北九水、王哥庄、即墨墨河公园等地有栽培。供观赏。

植株

景观

球果枝

球果枝

成熟球果

千头柏

金塔柏

金黄球柏

日本扁柏 Chamaecyparis obtusa

【别名】钝叶扁柏、扁柏

【科属】柏科扁柏属

【形态特征】常绿乔木，在原产地高达40 m。树冠尖塔形。生鳞叶的小枝扁平，排成一个平面，背面有不明显白粉；鳞叶对生，长1 ~ 1.5 mm，肥厚，先端钝，紧贴小枝。雌雄同株，球花单生枝顶。球果球形，径8 ~ 12 mm，红褐色，种鳞4对，种子近圆形，两侧有窄翅。花期4月；球果10 ~ 11月成熟。

【分布与习性】中山公园、崂山、城阳奥林匹克公园、即墨市等地有栽培。中等喜光，喜温暖湿润气候，不耐干旱和水湿，浅根性。生长速度较慢。

【应用】树形端庄，枝叶多姿，为珍贵名木。绿化中孤植、列植、丛植、群植均适宜，也可用于风景区造林。

【品种】洒金云片柏'Breviramea Aurea'小乔木。树冠窄塔形，生鳞叶的小枝薄片状，侧生片状小枝盖住顶生片状小枝，如层云状，顶端鳞叶呈金黄色。中山公园，崂山明道观、太清宫有栽培。

枝叶

枝叶

干皮

洒金云片柏

日本花柏 Chamaecyparis pisifera

【别名】花柏、五彩松

【科属】柏科扁柏属

【形态特征】常绿乔木，在原产地高达50 m；生鳞叶小枝条扁平，排成一平面。鳞叶先端锐尖，侧面之叶较中间之叶稍长，小枝上面中央之叶深绿色，下面之叶有明显的白粉。球果较小，圆球形，径约6 mm，熟时暗褐色；种鳞5 ~ 6对，顶部中央稍凹，有凸起的小尖头；种子两侧有宽翅，径约2 ~ 3 mm。

【分布与习性】崂山、中山公园等地有栽培。习性可参考日本扁柏。

【应用】树形端庄，绿化中孤植、列植、丛植、群植均适宜，也可用于风景区造林。

【品种】1. 绒柏'Squarrosa'灌木或小乔木。枝叶浓密，叶条状刺形，柔软；小枝下部叶的中脉两侧有白粉带。中山公园、崂山太清宫等地有栽培。

2. 线柏'Filifera'灌木或小乔木。树冠近球形，通常宽大于高；枝叶浓密；小枝细长下垂；鳞叶先端锐尖。中山公园有栽培。

植株

景观

干皮

球果

球果枝

绒柏

绒柏

绒柏

线柏

线柏

蓝冰柏 Cupressus arizonica var. glabra 'Blue Ice'

【科属】柏科柏木属

【形态特征】常绿乔木，株型垂直，整体呈圆锥形。生鳞叶的小枝四棱形或近四棱形，所有叶片终年呈现霜蓝色，中部有明显的圆形腺点，球果宽椭圆状球形，种鳞3 ~ 4对，种子稍扁，微具棱。该种为优秀的色块观赏树种。

【分布与习性】城阳区百姓乐园，黄岛区（山东科技大学校园）有栽培，生长良好。耐寒性较强。

【应用】树体壮观，树姿优美，枝叶霜蓝色，是优良彩叶观赏树种。

球果

枝叶

植珠

福建柏 Fokienia hodginsii

【别名】建柏、滇柏

【科属】柏科福建柏属

【形态特征】常绿乔木，高达20 m。生鳞叶的小枝扁平，排成平面。小枝上下中央之叶较小，紧贴，两侧之叶较大，对折而互覆于中央之叶的侧边；下面的鳞叶有白色气孔带。鳞叶长4 ~ 7 mm，幼树及萌芽之叶可长达10 mm，先端尖或钝尖。雌雄同株，球花单生枝顶；雌球花具6 ~ 8对珠鳞，胚珠2。种鳞木质，盾形，顶端中央微凹，熟时张开。花期3 ~ 4月；球果翌年10 ~ 11月成熟。

【分布与习性】崂山张坡、太清宫等地有引种栽培。幼树耐荫，但成株喜光；适温暖多雨潮湿气候；立地土壤为薄层多腐殖质的黄棕壤，呈酸性，pH值5 ~ 6。浅根性，侧根发达。

【应用】国家二级重点保护树种。挺拔雄伟，树姿优美，大枝平展，鳞叶扁宽，蓝白相间，奇特可爱，是优良的绿化绿化树种，亦可作造林树种。

景观

枝叶

球果枝

圆柏 Sabina chinensis

【别名】桧柏、桧

【科属】柏科圆柏属

【形态特征】常绿乔木，高达20 m。叶二型：鳞叶交互对生，先端钝尖，生鳞叶的小枝径约1 mm；刺叶常3枚轮生，长6 ~ 12 mm。雌雄异株，间有同株者。球果近球形，径6 ~ 8 mm，熟时暗褐色，被白粉。种子2 ~ 4，卵圆形。花期4月；球果翌年10 ~ 11月成熟。

【分布与习性】崂山及全市各地栽培。喜光，幼龄耐庇荫，耐寒而且耐热；对土壤要求不严，能生于酸性土、中性土或石灰质土中，对土壤的干旱及潮湿均有一定抗性，耐轻度盐碱；抗污染，阻尘和隔音效果良好。

【应用】是我国著名的绿化绿化树种，在公园、庭院中列植、丛植、群植均适，性耐修剪，还是著名的盆景材料。

【品种】1. **龙柏**‘Kaizuca’树冠圆柱状或柱状塔形；枝条向上直展，常有扭转上升之势；小枝密，在枝端形成几乎等长的密簇。鳞叶排列紧密。球果蓝色，微被白粉。全市各地均有栽培。

2. **塔柏**‘Pyramidalis’圆柱状尖塔形；枝向上直展，密生。叶多为刺叶，稀兼有鳞叶。树冠中山公园、黄岛区环海林场、崂山区王山口社区等地有栽培。

3. **鹿角桧**‘Pfitzeriana’丛生灌木；干枝自地面向四周斜上伸展，通常全为鳞叶。中山公园、鹤山路东龙山段、山东科技大学、大泽山等地有栽培。

4. **金球桧**‘Aureoglobosa’丛生矮型圆球形灌木，枝密生，叶鳞形，兼有刺叶，幼枝绿叶中有黄金色枝叶。青岛市区普遍栽培，崂山太清宫、开发区鹿角湾等地亦有栽培。

5. **龙角桧**‘Ceratocaulis’植株呈扁圆锥形，小枝密生，侧枝伸展广，枝端略上翘，小枝密生，叶多为刺叶，顶部老枝上鳞叶较多。中山公园有栽培。

雄球花枝

球果枝

干皮

龙柏

龙柏

塔柏

塔柏

鹿角桧

鹿角桧

金球桧

龙角柏

龙角柏

龙角柏

北美圆柏 Sabina virginiana

【别名】铅笔柏

【科属】柏科圆柏属

【形态特征】常绿乔木，在原产地高达30 m；树冠圆锥形或柱状圆锥形。小枝常下垂。叶2型：鳞叶先端急尖或渐尖，刺叶交互对生，长5 ~ 6 mm。球果近球形，比圆柏的小，长5 ~ 6 mm，当年成熟，蓝绿色，被白粉，有1 ~ 2粒种子。花期3月；球果10月成熟。

【分布与习性】中山公园、崂山北九水、太清宫、东姜社区等地有栽培，适应性强，耐干旱瘠薄，并耐盐碱，生长速度较圆柏为快；抗污染。

【应用】树形挺拔，枝叶清秀，为优良绿化树种。也可作造林树种。

景观

景观

球果

枝叶

雄球花枝

杜松 Juniperus rigida

【别名】刚桧、软叶杜松

【科属】柏科刺柏属

【形态特征】常绿小乔木，高达10 m，常多干并生。枝近直展，树冠圆柱形、塔形或圆锥形。小枝下垂。刺叶坚硬，先端锐尖，长1.2 ~ 1.7 cm，上面深凹成槽，槽内有1条窄的白粉带，背面有明显纵脊。球花单生叶腋，球果呈浆果状，种鳞肉质、合生。

【分布与习性】中山公园、即墨等地有引种栽培。阳性树种，耐干旱寒冷气候。喜光，稍耐荫；耐寒冷气候。对土壤要求不严，耐干旱瘠薄，但在湿润排水良好的砾质粗沙土壤上生长最好。根系发达，生长较慢。

【应用】树冠塔形或圆柱形，姿态优美，适于庭园和公园中对植、列植、丛植、群植。

干皮

枝叶

景观

枝叶

枝叶

刺柏 *Juniperus formosana*

【别名】刺松

【科属】柏科刺柏属

【形态特征】常绿乔木，高12 m。冬芽显著。小枝下垂。叶条状刺形，3枚轮生，不下延，长1.2 ~ 2 cm，宽1 ~ 2 mm，上面微凹，两侧各有1条较绿色边缘宽的白色气孔带，在先端汇合。雌雄异株或同株，球花单生叶腋；雌球花具3对珠鳞，胚珠3，生于珠鳞之间。球果近球形，长6 ~ 10 mm，被白粉，种鳞合生，肉质。花期3月；球果翌年10月成熟。

【分布与习性】即墨有引种栽培，喜光，喜温暖湿润气候，适应性强，常生于石灰岩上或石灰质土壤中。

【应用】树形秀丽，树姿优美，枝条斜展，小枝下垂，适于庭园和公园中对植、列植、孤植、群植，也可用于水土流失地、护坡工程地造林。

枝条

罗汉松 Podocarpus macrophyllus

【科属】罗汉松科罗汉松属

【形态特征】常绿乔木，高达20 m。叶条形，螺旋状着生，长7 ~ 12 cm，宽7 ~ 10 mm，先端尖，两面中脉显著。雄球花3 ~ 5簇生叶腋，圆柱形，长3 ~ 5 cm；雌球花单生叶腋。种子卵圆形，径约1 cm，熟时假种皮紫黑色，外被白粉，着生于膨大的种托上，种托肉质，椭圆形，红色或紫红色。花期4 ~ 5月；种了8 ~ 10月成熟。

【分布与习性】中山公园、青岛植物园、崂山太清宫、城阳西后楼社区及青岛大学校园等地均有栽培。耐寒性较弱，较耐荫；喜排水良好而湿润的砂质壤土，耐海风海潮。抗污染。生长速度较慢，寿命长。

【应用】树形优美，四季常青，种子形似头状，生于红紫色的种托上，似身披红色袈裟的罗汉，故有罗汉松之名。庭园中孤植、对植、散植于厅堂之前均为适宜。

叶片

种子

植株

景观

南方红豆杉 *Taxus wallichiana* var. *mairei*

【别名】美丽红豆杉、海罗松、红叶水杉

【科属】红豆杉科红豆杉属

【形态特征】常绿乔木。叶较疏，排成2列，多呈弯镰状，常较宽长，通常长2 ~ 4.5 cm，宽3 ~ 5 mm，上部渐窄，先端渐尖，边缘不卷曲，上面绿色，有光泽，下面淡黄绿色，有两条气孔带，中脉带的色泽与气孔带不同。雄球花淡黄色，雄蕊8 ~ 14枚。种子较大，微扁，多呈倒卵圆形，种脐常呈椭圆形。

【分布与习性】黄岛区（山东科技大学校园）有栽培。喜温暖湿润气候。

【应用】树姿古朴端庄，树形优美，叶色深绿，种子假种皮鲜红色，是优良的庭园中观赏树种。木材纹理直，可供建筑、家具、文具等用材。

景观

枝叶

枝条

日本榧树 Torreya nucifera

【科属】红豆杉科榧树属

【形态特征】常绿乔木，原产地高达25 m。1年生小枝绿色，3 ~ 4年生枝条红褐色或微带紫色，有光泽。叶条形，交互对生，长2 ~ 3 cm，宽2.5 ~ 3 mm，先端有刺状长尖头，上面微拱圆，下面气孔带黄白色或淡褐黄色。种子椭圆状倒卵圆形，熟时假种皮紫褐色，长2.5 ~ 3.2 cm，径1.3 ~ 1.7 cm。花期4 ~ 5月；种子翌年10月成熟。

【分布与习性】中山公园、青岛植物园、崂山太清宫等地有引种栽培。耐寒性强。

【应用】株型优美、四季常绿，耐寒性强，常栽培供庭院观赏，可孤植、丛植和群植。亦是重要干果树种。

景观

种子

枝条

叉子圆柏 Sabina vulgaris

【别名】砂地柏

【科属】柏科圆柏属

【形态特征】常绿匍匐灌木，高不及1 m。枝密生，斜上伸展。叶2型：刺叶出现在幼树上，轮生，长3 ~ 7 mm，中部有腺体；壮龄树几全为鳞叶，鳞叶斜方形或菱状卵形，长1 ~ 2.5 mm，先端微钝或急尖，背面有明显腺体。雌雄异株，稀同。球果生于下弯的小枝顶端，卵球形或球形，径5 ~ 9 mm，熟时蓝黑色，有蜡粉；种子1 ~ 2粒。

【分布与习性】中山公园、银川西路、即墨墨河公园、珠山森林公园和城阳区（青岛农业大学校园）等地有栽培。阳性树，极耐干旱瘠薄，能在干燥的沙地和石山坡上生长良好，喜生于石灰质的肥沃土壤，忌低湿地。

【应用】枝干匍匐，植株贴地而生，最适于岩石园应用，也可配植于草坪角隅、悬崖、池边、石隙、台坡、林缘等处，是优良的木本地被植物。极耐干旱瘠薄，可作为水土保持和固沙树种。

景观

景观

铺地柏 Sabina procumbens

【别名】匍地柏、矮桧、偃柏

【科属】柏科圆柏属

【形态特征】常绿匍匐小灌木，高达75 cm，冠幅2 m以上；枝条沿地面伏生，枝梢向上斜展。叶全为刺叶，条状披针形，先端锐尖，长6 ~ 8 mm，常3枚轮生；上面凹，有2条白色气孔带，气孔带常在上部汇合；下面蓝绿色；叶基下延生长。球果近球形，径8 ~ 9 mm，熟时黑色，被白粉。种子2 ~ 3，有棱脊。

【分布与习性】青岛崂山北九水、即墨等地有栽培。阳性树，耐旱性强，较耐寒，忌低湿。

【应用】枝干匍匐，是理想的木本地被植物，可配植于草坪角隅、悬崖、池边、石隙、台坡、林缘等处，尤适于岩石园应用。还是著名的盆景材料，常用于制作悬崖式盆景。

枝叶

景观

粉柏 Sabina squamata 'Meyeri'

枝叶

【别名】翠柏

【科属】柏科圆柏属

【形态特征】常绿灌木，高1～3m。小枝密，倾斜向上。叶条状披针形，全为刺叶，3叶轮生，排列紧密，上下两面均有白粉，呈翠绿色。球果卵圆形，成熟后蓝黑色，无白粉，内有种子1枚；种子卵圆形，有棱。

【分布与习性】中山公园、崂山太清宫、中国海洋大学鱼山校区、即墨市田横岛等地有栽培。喜光，喜凉爽湿润的气候，生长慢。

【应用】叶色翠蓝，是优良的庭园观赏树种和盆景材料。可用于作草地、庭院、大型建筑周围，常丛植，也可于干道两侧列植，还可作盆景观赏。

景观

粗榧 Cephalotaxus sinensis

干皮

【科属】三尖杉科三尖杉属

【形态特征】常绿灌木或小乔木；小枝常对生。叶条形，螺旋状着生，侧枝之叶基部扭转排成2列，长2 ~ 5 cm，宽约3 mm，通常直，叶基圆形或圆截形，下面有两条白粉气孔带，较绿色边带宽2 ~ 4倍。雄球花6 ~ 11聚生成头状。种子2 ~ 5生于总梗上端，卵圆形或近球形，长1.8 ~ 2.5 cm，假种皮几乎全包种子。花期3 ~ 4月；种子10 ~ 11月成熟。

【分布与习性】青岛植物园有栽培。喜温凉、湿润气候，较耐寒。喜温凉湿润气候及黄壤、黄棕壤、棕色森林土。

【应用】树干较低矮，树形不甚整齐，可成片配植于其他树群的边缘或沿草地、建筑周围丛植。

景观

雄球花

雄球花

伽椤木 Taxus cuspidata var. nana

【别名】矮紫杉

【科属】红豆杉科红豆杉属

【形态特征】常绿灌木，高可达2m。叶较密，排成彼此重叠的不规则二列，斜上伸展，条形，直或微弯，先端通常凸尖，上面深绿色，下面有两条灰绿色气孔带。雄球花有雄蕊9 ~ 14枚，各具5 ~ 8个花药。种子紫红色，有光泽，卵圆形，顶端有小钝尖头，种脐通常三角形或四方形。花期5 ~ 6月，种子9 ~ 10月成熟。

【分布与习性】中山公园、青岛植物园、城阳区（青岛农业大学校园）、崂山区、即墨等地均有栽培。

【应用】适于草地丛植，或用于岩石园，也可修剪成型。由于耐荫性强，也适于用作树丛之下木。

植株

种子

枝叶

曼地亚红豆杉 Taxus × media

【科属】红豆杉科红豆杉属

【形态特征】常绿灌木，高达2 m。叶条形，长约2.5 cm。为一杂交种，母本为东北红豆杉，父本为欧洲红豆杉，在美国、加拿大生长发展已有近百年历史。

【分布与习性】市北区、城阳区有栽培，萌发力强，耐低温。

【应用】枝叶茂盛，常栽培观赏。

植株　叶　干皮　种子

被子植物

落叶乔木

景观

玉兰 Magnolia denudata

【别名】白玉兰

【科属】木兰科木兰属

【形态特征】落叶乔木，高达15 m；树冠幼时狭卵形，成年则为宽卵形至球形。花芽大而显著，密毛。叶片倒卵状长椭圆形，长10 ~ 15 cm，先端突尖。花单生枝顶，径12 ~ 15 cm，纯白色，芳香，花萼、花瓣相似，9片，肉质。聚合蓇葖果圆柱形，长8 ~ 12 cm。花期3 ~ 4月，叶前开放；果9 ~ 10月成熟。

【分布与习性】全市各地普遍栽培。喜光，稍耐荫；喜温暖气候，但耐寒性颇强，喜肥沃、湿润而排水良好的弱酸性土壤，但也能生长于中性至微碱性土中（pH 值7 ~ 8）。根肉质，不耐水淹，耐旱性也一般。

【应用】早春白花满树，气味芳香，为驰名中外的庭园观赏树种。亦可用作行道树。

景观

果实

花枝

花

望春玉兰 Magnolia biondii

【别名】望春花

【科属】木兰科木兰属

【形态特征】落叶乔木，高6～12 m。叶多为长圆状披针形，长10～18 cm，宽3.5～6 cm，先端急尖，基部阔楔形。花先叶开放，花被片9，外轮3片紫红色，狭倒卵状条形，长约1 cm；内两轮近匙形，白色，外面基部带紫红色，长4～5 cm，宽1.3～2.5 cm，内轮的较狭小。聚合蓇葖果圆柱形，长8～14 cm，常因部分不育而扭曲。花期3月；果期9月。

【分布与习性】崂山明霞洞、洞西岐、八水河等地，山东头，城阳区世纪公园、城阳区（青岛农业大学校园）、中山公园、即墨岙山广青园有栽培。生长快，适应性强，耐寒，不耐积水。

【应用】树干光滑，枝叶茂密，树形优美，花期早，是优良绿化绿化树种，可列植、群植，最适于道路、广场及大型建筑前应用。

干皮

枝叶

果

花

二乔玉兰 Magnolia × soulangeana

【科属】木兰科木兰属

【形态特征】落叶小乔木或大灌木，高6 ~ 10 m。小枝无毛。叶片倒卵形，长6 ~ 15 cm，宽4 ~ 7.5 cm，先端短急尖，上面基部中脉常残存有毛，下面多少被柔毛。花先叶开放，径约10 cm，芳香；花被片6 ~ 9，外轮小，呈花瓣状，长约为内轮长的1/2 ~ 2/3，先端钝圆或尖，基部较狭，外面基部为浅红色至深红色，里面近白色。聚合蓇葖果圆筒形，长约8 cm，径约3 cm，种子深褐色，种子有红色假种皮。花期2 ~ 3月；果期9 ~ 10月。

【分布与习性】全市各公园绿地普遍栽培。性喜光，喜温暖湿润气候，耐寒性强，在 - 20℃条件下可安全越冬。

【应用】花朵优美，是早春观花树种，庭院、公园等栽植供观赏。

花枝

花苞

景观

花枝

花

皱叶木兰 Magnolia praecocissima

花枝

【别名】日本辛夷

【科属】木兰科木兰属

【形态特征】落叶乔木，高达20m。叶倒卵状椭圆形，长8 ~ 17 cm，宽3.5 ~ 9.5 cm，先端急渐尖，基部楔形，下面沿脉及脉腋有白色柔毛；侧脉8 ~ 12对，叶缘稍波状。花先叶开放，白色，芳香，径9 ~ 10 cm；花被片9，外轮3片萼片状，绿色或淡褐色，长1.5 ~ 4 cm，中内两轮白色，有时基部带红色，匙形或狭倒卵形，长5 ~ 7 (9) cm，内轮3片稍狭小。聚合果常因部分心皮不育而扭曲；蓇葖近扁圆球形。花期3 ~ 4月，果期9 ~ 10月。

【分布与习性】崂山明霞洞，青岛植物园有栽培。

【应用】花大而美丽，是著名的的庭园观赏树种。花蕾药用；木材供家具及建筑等用。

枝叶

花

植株

黄玉兰 Magnolia acuminata 'Elizabeth'

【科属】木兰科木兰属

黄玉兰为黄瓜玉兰（M . acuminata）和玉兰（M .denudata）的杂交种。黄瓜玉兰作为父本，花色为绿色，而杂交后代为淡黄色花朵，其它形状介于二者之间。生态适应性与玉兰接近，较父本耐寒性强。

崂山区海宁路，城阳区有栽培。花色优美，栽培供观赏。

花枝

花

景观

花

植珠

果实

厚朴 Magnolia officinalis

【科属】木兰科木兰属

【形态特征】落叶乔木，高达20 m。小枝粗壮；顶芽发达。叶集生枝顶，长圆状倒卵形，长22 ~ 45 cm，宽10 ~ 24 cm，先端圆钝，侧脉20 ~ 30对，下面被灰色柔毛和白粉。花白色，径10 ~ 15 cm，芳香；花被片9 ~ 12(17)，长8 ~ 10 cm，外轮淡绿色，其余白色。聚合果圆柱形，长9 ~ 15 cm，蓇葖发育整齐，先端具突起的喙。花期5 ~ 6月；果期8 ~ 10月。

【分布与习性】崂山华严寺、太平宫、明霞洞，中山公园、黄岛区（山东科技大学校园）有栽培。喜光，幼时耐荫，喜温和湿润气候和肥沃、疏松的酸性至中性土。根系发达。

【应用】厚朴叶大荫浓，花大而洁白，干直枝疏，可用作行道树及园景树，在一般庭院中宜孤植。树皮、根皮、花、种子及芽皆可入药，以树皮为主，为著名中药。

景观

花

【亚种】凹叶厚朴 subsp. biloba

叶先端凹缺，成两钝圆状的浅裂片，但幼苗的叶先端钝圆，并不凹缺；聚合果基部较窄。花期5月，果期9～10月。

崂山太清宫、上清宫、洞西岐，黄岛区（山东科技大学校园）有栽培。

枝条

果枝

植珠

日本厚朴 Magnolia hypoleuca

【科属】木兰科木兰属

【形态特征】落叶乔木，高达30 m，小枝初绿后变紫色，芽无毛。叶集聚于枝端，倒卵形，长20 ~ 38 (45) cm，宽12 ~ 18 (20) cm，下面苍白色，托叶痕为叶柄长之半或过半。花乳白色，杯状，径14 ~ 20 cm，花被片9 ~ 12，外轮3片黄绿色，背面染红色，内轮6或9片，倒卵形或椭圆状倒卵形，花丝紫红色。聚合果鲜红色，长12 ~ 20 cm，径6 cm。花期6 ~ 7月；果期9 ~ 10月。

【分布与习性】崂山明霞洞，市区中山公园、青岛植物园有栽培，生长旺盛。喜光，喜温凉湿润气候及肥沃、排水良好的酸性土壤。

【应用】叶片大型，花大而色香兼备，为著名庭园观赏树种。

景观

花枝

果枝

天女花 Magnolia sieboldii

【别名】小花木兰、天女木兰

【科属】木兰科木兰属

【形态特征】落叶小乔木，高达10 m。托叶状芽鳞1片。叶宽倒卵形，长9 ~ 13 cm，宽4 ~ 9 cm，先端突尖，下面有短柔毛和白粉；叶柄长1 ~ 4 cm。花在新枝上与叶对生，径7 ~ 10 cm，花梗长而下垂；花被片9，外轮淡粉红色，其余白色。聚合果狭椭圆形，长5 ~ 7 cm，熟时紫红色；蓇葖卵形，先端尖。花期5 ~ 6月；果期8 ~ 9月。

【分布与习性】崂山茶涧庙旧址有古树，开花结果正常。喜庇荫，喜凉爽湿润的环境和深厚肥沃的酸性土壤，甚耐寒；不耐热，也不耐干旱和盐碱。

【应用】花梗细长，花朵随风飘摆如天女散花，为著名观赏树种，最适于山地风景区应用，也可丛植或孤植于庭院、草坪观赏。

景观

枝叶

花

鹅掌楸 Liriodendron chinense

【别名】马褂木

【科属】木兰科鹅掌楸属

【形态特征】落叶大乔木，高达40 m。叶形似马褂，先端截形或微凹，每边1个裂片向中部缩入，先端2浅裂，老叶背面有乳头状白粉点。花单生枝顶，黄绿色，杯形，径5 ~ 6 cm；花被片9，外轮3片绿色，萼片状，内两轮6片，花瓣状，具黄色纵条纹，花药长10 ~ 16 mm，花丝长5 ~ 6 mm。聚合果长7 ~ 9 cm，具翅的小坚果长约6 mm。花期5 ~ 6月；果期10月。

【分布与习性】崂山、青岛植物园、崂山区、黄岛区、即墨市、胶州市、平度市、莱西市均有栽培。喜光，喜温暖湿润气候。喜深厚肥沃、湿润而排水良好的酸性或弱酸性土壤（pH4.5 ~ 6.5）。不耐旱，也忌低湿水涝。

【应用】树干通直，树冠圆锥形，端庄雄伟，且叶形奇特，入秋叶色金黄，花大而美丽，形如金杯，为世界珍贵绿化树种。

枝叶

干皮

花

花枝

亚美鹅掌楸 Liriodendron sino-americanum

【别名】杂交马褂木、杂种马褂木

【科属】木兰科鹅掌楸属

【形态特征】为鹅掌楸和美国鹅掌楸的杂交种，由南京林业大学林业育种学家叶培忠教授于1963年育成。落叶乔木，叶形变异较大，花黄白色。杂种优势明显，抗逆性与生长势超过亲本，10年生植株高可达18 m，径达25 ~ 30 cm。

【分布与习性】全市各地普遍栽培。耐寒性强，喜深厚肥沃和排水良好之砂质壤土。

【应用】树姿雄伟，树干挺拔，树冠开阔，枝叶浓密，春天花大而美丽，入秋后叶色变黄，宜作庭园树和行道树，或栽植于草坪及建筑物前。

行道树景观

植株景观

树枝

干皮

叶

二球悬铃木 Platanus acerifolia

【别名】悬铃木、英国梧桐

【科属】悬铃木科悬铃木属

【形态特征】落叶乔木，高达35 m；树皮灰绿色，片状剥落，内皮平滑，淡绿白色。嫩枝、叶密被褐黄色星状毛。叶三角状宽卵形，掌状5裂，有时3或7裂；叶缘有不规则大尖齿，中裂片三角形，长宽近相等。花4基数。果序常2个（偶1 ~ 3个）生于1个总果柄上；宿存花柱刺状，长2 ~ 3 mm。花期4 ~ 5月；果期9 ~ 10月。

【分布与习性】全市各地普遍栽培。喜光，耐寒、耐旱，也耐湿；对土壤要求不严，无论酸性、中性或碱性土均可生长，并耐盐碱。萌芽力强，耐修剪。

【应用】树形雄伟端庄，叶大荫浓，干皮光滑，适应性强，为世界著名行道树和庭园树，被誉为“行道树之王”。

景观

景观

果枝

果实

三球悬铃木 Platanus orientalis

【别名】法国梧桐

【科属】悬铃木科悬铃木属

【形态特征】落叶大乔木，高达20 ~ 30 m；树冠阔钟形。树皮灰绿褐色至灰白色，呈薄片状剥落，露出洁白的内皮。叶片掌状5 ~ 7裂，裂深达中部，裂片长大于宽，叶基阔楔形或截形，边缘有不规则锯齿；叶脉掌状；托叶圆领状。头状花序3 ~ 6个一串；宿存花柱长，呈刺毛状，果序梗长而下垂。花期4 ~ 5月；果期9 ~ 10月。

【分布与习性】全市普遍栽培，主要行道树之一。适应性强。喜光，耐寒、耐旱，也耐湿；对土壤要求不严，无论酸性、中性或碱性土均可生长，并耐盐碱。萌芽力强，耐修剪。

【应用】优良的庭荫树和行道树种。据记载，小坚果煮水饮服后有发汗作用。

景观

果枝

果枝

果实

一球悬铃木 Platanus occidentalis

【别名】美国梧桐

【科属】悬铃木科悬铃木属

【形态特征】落叶乔木，高达40 m。树皮常固着干上，不脱落。叶大、阔卵形，通常3浅裂，稀5浅裂，宽10 ~ 22 cm，长度比宽度略小，中裂片阔三角形；托叶较大，长2 ~ 3 cm，基部鞘状，上部扩大为喇叭状。花4 ~ 6基数，单性，聚成圆球形头状花序。果序通常单生，偶2个1串，径约3 cm，果序表面较平滑，宿存花柱短。

【分布与习性】中山公园、平度市植物园及崂山区、黄岛区等有栽培。生长迅速，耐修剪，抗烟尘，能吸收有害气体，适应性和抗逆性强。

【应用】常栽培作行道树及观赏用。

果实

雌花序

干皮

雄花序及雌花序

景观

枫香 Liquidambar formosana

景观

【科属】金缕梅科枫香属

【形态特征】落叶乔木，高达40 m，径达1.4 m。叶互生，宽卵形，长6 ~ 12 cm，掌状3裂（萌枝叶常5 ~ 7裂），有细锯齿。花单性同株，雄花序为短穗状花序，数个排成总状；雌花组成头状花序，单生。果序直径3 ~ 4 cm，宿存花柱长达1.5 cm，刺状萼片宿存。花期3 ~ 4月；果期10月。

【分布与习性】崂山张坡、八水河、华楼等地及中山公园、李村公园、城阳世纪公园、青岛大学校园、黄岛区（山东科技大学校园）、胶州市、即墨市有栽培。喜光，幼树稍耐荫，喜温暖湿润气候，耐干旱瘠薄，不耐水湿。萌芽性强，抗污染。

【应用】著名的秋色叶树种，宜低山风景区内大面积成林。在城市公园和庭园中，可孤植、列植。

景观

果实

叶片

果枝

雌、雄花

北美枫香 Liquidambar styraciflua

【别名】北美糖胶树、甜枫

【科属】金缕梅科枫香属

【形态特征】落叶乔木，高达30 m，幼树树干及枝条具木栓质的棱脊。叶互生，5 ~ 7裂，长7 ~ 19 (25) cm，宽4.4 ~ 16 cm，有细锯齿；托叶线状披针形，长3 ~ 4 mm，早落。花单性同株，雄花簇生呈穗状长3 ~ 6 cm，每朵花具雄蕊4 ~ 8 (10) 枚；雌花无花被。头状果序熟时褐色，球形，径约3 ~ 4 cm。花期3 ~ 5月。

【分布与习性】黄岛区（山东科技大学校园）有栽培，生长良好。生长极迅速。喜光，在排水良好的微酸性及中性土壤上生长较好。深根性，抗风；萌发力强。

【应用】著名的秋叶色树种，可植为行道树、庭荫树，也适于成片植为秋景林。

叶片

果

景观

檫木 Sassafras tzumu

【别名】檫树

【科属】樟科檫木属

【形态特征】落叶乔木，高达35 m。小枝绿色。叶互生并常集生枝顶，卵形，长8 ~ 20 cm，全缘或2 ~ 3裂，背面有白粉。花两性，黄色；花被片披针形，长约4 mm。果实球形，径约8 mm，熟时蓝黑色，外被白粉；果柄肥大，红色；果托浅碟状。花期2 ~ 3月，叶前开放；果期7 ~ 8月。

【分布与习性】崂山太清宫、张坡等有栽培。阳性树，喜温暖湿润气候及深厚而排水良好之酸性土壤，忌水湿，在水湿及低湿地生长不良。深根性，萌芽力强。生长速度较快。

【应用】树干通直，枝条着生干端，叶片宽大奇特，姿态清幽，部分秋叶经霜变红，红绿相间，艳丽多彩，为世界观赏名木之一，为良好的观赏树和行道树。

枝叶

枝叶

花

多花泡花树 Meliosma myriantha

【别名】山东泡花树

【科属】清风藤科泡花树属

【形态特征】落叶乔木，高达20 m。单叶，膜质或薄纸质，倒卵状椭圆形、倒卵状长圆形或长圆形，长8 ~ 30 cm，宽3.5 ~ 12 cm，有刺状锯齿；侧脉20 ~ 25 (30) 对，直达齿端。圆锥花序顶生，分枝细长；花径约3 mm，萼片卵形或宽卵形，外面3片花瓣近圆形，内面2片花瓣披针形。核果倒卵形或球形，直径4 ~ 5 mm。花期夏季；果期5 ~ 9月。

【分布与习性】产崂山太清宫、八水河一带。生于海拔200 m以下湿润山地落叶阔叶林中。

【应用】树冠宽大，遮阴效果好，花朵虽小但花序硕大，白花繁密、芳香，秋季果实红色，可栽培观赏，适于庭院和公园作庭荫树，可孤植、丛植。

植株　花序　果　叶

羽叶泡花树 Meliosma oldhamii

干皮

【别名】红枝柴

【科属】清风藤科泡花树属

【形态特征】落叶乔木，高达20 m。裸芽。小叶7 ~ 15片，卵状椭圆形至披针状椭圆形，长5 ~ 10 cm，宽1.5 ~ 3 cm，边缘具疏离的锐尖锯齿，侧脉7 ~ 8对。圆锥花序长和宽15 ~ 30 cm；花白色，外面3片花瓣近圆形，内面2片花瓣2 ~ 3裂达中部。核果球形，径4 ~ 5 mm，熟时紫红色，后转黑色。花期5 ~ 6月；果期9 ~ 10月。

【分布与习性】产崂山太清宫、八水河、茶涧庙、流清河、北九水等地。喜温暖湿润气候环境及深厚肥沃的湿润土壤，喜光也耐荫，抗寒力较强。

【应用】树干端直，冠枝横展，花序宽大，花白果红，是良好的绿化观赏和绿荫树种。木材坚硬，可作车辆用材；种子油可制润滑油。

幼株

植株

叶

枝叶

枝条

连香树 *Cercidiphyllum japonicum*

【科属】连香树科连香树属

【形态特征】落叶乔木，高达25 m，径达1 m。有长枝和距状短枝，后者在长枝上对生。叶在长枝上对生，在短枝上单生；卵圆形或近圆形，长4 ~ 7 cm，宽3.5 ~ 6 cm；掌状脉5 ~ 7条。花先叶开放或与叶同放。蓇葖果圆柱形，熟时紫黑色，微被白粉，长8 ~ 20 cm。花期4月；果期9 ~ 10月。

【分布与习性】崂山北九水、黄岛（山东科技大学校园）有栽培。喜湿润气候，颇耐寒；较耐荫。深根性。萌蘖力强，树干基部常萌生许多新枝。生长速度中等偏慢。

【应用】为著名的孑遗树种，树体高达雄伟，叶形奇特，新叶亮紫色，秋叶黄色或红色，枝条微红，均极为悦目，是优良的山地风景树种。树姿古雅优美，也极适于庭院前庭、水滨、池畔及草坪中孤植或丛植，或作行道树。树皮耐火力强。

景观

植珠

银缕梅 Parrotia subaequalis

【别名】小叶银缕梅

【科属】金缕梅科银缕梅属

【形态特征】落叶小乔木，高达4 ~ 5 m；裸芽，被绒毛。叶倒卵形，长4 ~ 6.5 cm，宽2 ~ 4.5 cm，先端钝，上面有光泽，下面有星状柔毛；侧脉4 ~ 5对；托叶早落。头状花序生于当年枝叶腋，有花4 ~ 5朵；花无花梗，萼筒浅杯状；子房近上位，基部与萼筒合生。蒴果近圆形，长8 ~ 9 mm，花柱宿存。花期5月。

【分布与习性】黄岛区（山东科技大学校园）有引种栽培。适应性较强，耐干旱瘠薄。

【应用】树态婆娑，枝叶繁茂，而且秋叶变红，是一种优美的庭园观赏树种。

景观

树叶

枝叶

枝叶

植株

杜仲 Eucommia ulmoides

【别名】丝棉树

【科属】杜仲科杜仲属

【形态特征】落叶乔木，高达20 m。全株各部分断裂后有白色弹性胶丝。叶片椭圆形至椭圆状卵形，长6 ~ 18 cm，宽3 ~ 7.5 cm，有锯齿，表面网脉下陷，有皱纹。雌雄异株，花簇生于当年生枝基部，无花被。翅果狭椭圆形，扁平，长3 ~ 4 cm，宽1 ~ 1.3 cm，顶端2裂。花期3 ~ 4月，先叶或与叶同放；果期10月。

【分布与习性】各地普遍栽培。喜光，喜温暖湿润气候。在土层深厚疏松、肥沃湿润而排水良好的土壤生长良好。耐干旱和水湿的能力均一般；在pH值5 ~ 8.6的酸性、中性至碱性土壤上均可生长，耐轻度盐碱。深根性，萌芽力强。

【应用】杜仲是我国特产的著名特用经济树种，树皮药用。绿化中可作庭荫树和行道树，也可在草地、池畔等处孤植或丛植。

叶

景观

果实

干皮

榆树 Ulmus pumila

景观

【别名】白榆

【科属】榆科榆属

【形态特征】落叶乔木，高达25 m。小枝灰色，细长。叶互生，卵状长椭圆形，长2 ~ 8 cm，宽1.2 ~ 3.5 cm，先端尖，基部偏斜，边缘有不规则单锯齿。花簇生于去年生枝上，早春先叶开花；花萼浅裂。翅果近圆形，径1 ~ 1.5 cm，顶端有缺口，种子位于中央。花期3 ~ 4月，先叶开放；果期4 ~ 5月。

【分布与习性】产于崂山太清宫、仰口、北九水等地，普遍栽培。喜光，耐寒、耐旱；喜肥沃、湿润而排水良好的土壤，较耐水湿。耐干旱瘠薄和盐碱土。抗风力、保土力强；萌芽力强。对烟尘和有毒气体抗性较强。生长速度较快。

【应用】是华北地区的乡土树种，树体高大，绿荫较浓，小枝下垂，且适应性强，是城乡绿化的重要树种，也可用于营造防护林。榆树老桩也是优良的盆景材料。

【品种】1. **金叶榆**'Meiren' 叶金黄色，尤新叶为甚。公园绿地及单位庭院广泛栽培。

2. **垂枝榆**'Tenue' 树干上部的主干不明显，分枝较多，树冠伞形；树皮灰白色，较光滑；一至三年生枝下垂而不卷曲或扭曲。李村公园、即墨市、胶北市、平度市有栽培。

3. **金叶垂枝榆**枝条柔软下垂，叶金黄色。黄岛区（山东科技大学校园）有栽植。

果实

景观

叶

金叶榆　　金叶榆

垂枝榆　　垂枝榆

金叶垂枝榆

榔榆 Ulmus parvifolia

【别名】小叶榆

【科属】榆科榆属

【形态特征】落叶乔木，高达25 m；树皮不规则薄鳞片状剥落。叶片较厚，长椭圆形至卵状椭圆形，长2 ~ 5 cm，表面无毛，背面脉腋间有白色柔毛，有单锯齿。花簇生叶腋，秋季开花；花萼4深裂，无花瓣。翅果长椭圆形，长约1 cm，种子位于翅果中部，无毛。花期8 ~ 9月；果期10 ~ 11月。

【分布与习性】产于崂山、浮山、大珠山、胶州艾山及灵山岛；各地常见栽培。喜光，稍耐荫；喜温暖气候；喜肥沃、湿润土壤，也耐干旱瘠薄和水涝。萌芽力强。抗污染。

【应用】树皮斑驳，枝叶细密，姿态潇洒，具有较高观赏价值，在庭院中孤植、丛植，或与亭榭、山石配植均很合适，也是优良的行道树和园景树。此外，榔榆还是优良的盆景材料。

植株

叶片

花

花

果枝

冬芽

干皮

枝叶

欧洲白榆 Ulmus laevis

【别名】大叶榆、欧洲榆

【科属】榆科榆属

【形态特征】落叶乔木，高达30 m；冬芽纺锤形。叶倒卵状宽椭圆形或椭圆形，长8 ~ 15 cm，中上部较宽，先端凸尖，基部极偏斜，具重锯齿，齿端内曲，无毛或叶脉凹陷处有疏毛。簇生状短聚伞花序，有花20 ~ 30朵；花梗纤细下垂，不等长，长6 ~ 20 mm。翅果卵形或卵状椭圆形，长约15 mm，两面无毛，边缘有睫毛。花果期4 ~ 5月。

【分布与习性】即墨市岙山广青生态园有栽培。阳性树，适应性强，既耐高温又耐低温。深根性，喜生于土壤深厚、湿润、疏松的沙壤土或壤土上，抗病虫能力强。

【应用】树体高大，叶片大型，冠大荫浓，适应性强，常作行道树。也是防风固沙、水土保持和盐碱地造林的重要树种。

枝干

黑榆 Ulmus davidiana

【别名】山毛榆、东北黑榆

【科属】榆科榆属

【形态特征】落叶乔木，高达15 m。萌枝及幼树小枝具不规则纵裂的木栓层；冬芽卵圆形。叶倒卵形或倒卵状椭圆形，长4 ~ 9 cm，宽1.5 ~ 4 cm，基部歪斜，叶面幼时有散生硬毛，后脱落无毛，具重锯齿。翅果倒卵形或近倒卵形，长10 ~ 19 mm，宽7 ~ 14 mm，果核被毛，上端接近缺口。花果期4 ~ 5月；果期5 ~ 6月。

【分布与习性】产于全市各主要山地。适应性强，耐干旱瘠薄，也耐盐碱。

【应用】适应性强，为低山阳坡的常见森林树种。绿化中可作行道树、庭荫树，也可用于低海拔山地营造风景林。

干皮

景观

景观

叶背面

黄榆 Ulmus macrocarpa

【别名】大果榆

【科属】榆科榆属

【形态特征】落叶乔木，高达20 m，有时灌木状。萌枝常具2 ~ 4条木栓翅。叶倒卵形，长5 ~ 9 cm，宽3.5 ~ 5 cm，先端突尖，基部偏斜，有重锯齿；质地粗糙，表面有粗硬毛。花簇生于去年生枝叶腋。翅果倒卵形或近圆形，径2.5 ~ 3.5 cm，两面被柔毛；种子位于果翅中部。花期3 ~ 4月；果期4 ~ 6月。

【分布与习性】全市低山丘陵均有分布，市区公园偶见栽培。适应性强，喜光，抗寒、耐干旱瘠薄。

【应用】适应性强，极耐干旱瘠薄，深秋叶片红褐色，点缀山林颇为美观，是北方秋色叶树种之一，可栽培观赏。

植株

果实

叶

枝叶

裂叶榆 Ulmus laciniata

【别名】青榆、大青榆、麻榆、大叶榆

【科属】榆科榆属

【形态特征】落叶乔木，高达27 m，小枝无木栓翅。叶倒卵形、倒三角状、倒三角状椭圆形或倒卵状长圆形，长7 ~ 18 cm，宽4 ~ 14 cm，先端通常3 ~ 7裂；叶柄极短，长2 ~ 5 mm，叶基明显偏斜。翅果椭圆形或长圆状椭圆形，长1.5 ~ 2 cm，宽1 ~ 1.4 cm。花果期4 ~ 5月。

【分布与习性】即墨市、青岛世园会有栽培。喜光，稍耐荫，较耐干旱瘠薄。

【应用】叶片大而奇特，可作庭荫树和行道树。

景观

枝叶

枝叶

枝条

叶片

光叶榉 *Zelkova serrata*

【别名】榉树

【科属】榆科榉属

【形态特征】落叶乔木，高达30 m；树皮呈不规则片状剥落。冬芽单生。叶卵形、椭圆形至卵状披针形，长3 ~ 10 cm，宽1.5 ~ 5 cm，两面幼时被毛；侧脉7 ~ 14对。雄花具极短的梗，雌花近无梗。核果几无梗，径2.5 ~ 3.5 mm，斜卵状圆锥形。花期4月；果期9 ~ 11月。

【分布与习性】崂山蔚竹庵、滑溜口、双石屋及全市各地常见栽培。喜光，略耐荫。喜温暖湿润气候，喜深厚、肥沃土壤，尤喜石灰性土，耐轻度盐碱，不耐干瘠。深根性，抗风强。耐烟尘，抗污染，寿命长。

【应用】枝细叶美，绿荫浓密，入秋叶色红艳，是重要的秋色树种，常用作庭荫树、行道树。防风、耐烟尘、抗污染，适于粉尘污染区绿化，可选作工厂区防火林带树种。

景观

朴树 Celtis sinensis

【科属】榆科朴属

【形态特征】落叶乔木，高达20 m，径达1 m。叶宽卵形、椭圆状卵形，长3 ~ 9 cm，宽1.5 ~ 5 cm，基部偏斜，中部以上有粗钝锯齿；沿叶脉及脉腋疏生毛。花杂性同株，雄花和两性花均生于新枝叶腋，淡黄绿色。核果圆球形，橙红色，径4 ~ 6 mm，果柄与叶柄近等长。花期4月；果期9 ~ 10月。

【分布与习性】产于崂山太清宫、大梁沟等地；全市普遍栽培。弱阳性，较耐荫；喜温暖气候和肥沃、湿润、深厚的中性土，既耐旱又耐湿，并耐轻度盐碱。抗污染。寿命长。

【应用】树形美观，树冠宽广，春季新叶嫩黄，夏季绿荫浓郁，秋季红果满树，是优美的庭荫树，宜孤植、丛植。因其抗烟尘和有毒气体，适于工矿区绿化。

花

景观

枝叶

果实

果实

小叶朴 Celtis bungeana

【别名】黑弹树

【科属】榆科朴属

【形态特征】落叶乔木，高达23 m。小枝无毛，萌枝幼时密毛。叶狭卵形至卵状椭圆形、卵形，长3 ~ 7 (15) cm，宽2 ~ 4 cm，先端长渐尖，锯齿浅钝或近全缘；两面无毛或仅幼树及萌枝之叶背面沿脉有毛。核果熟时紫黑色，径4 ~ 5 mm；果柄长为叶柄长之2 ~ 3倍，细软。花期4 ~ 5月；果期9 ~ 11月。

【分布与习性】产于崂山、浮山、大泽山及灵山岛，长门岩岛等地。喜光，稍耐荫，喜深厚湿润的中性粘土；耐寒，在沈阳生长良好。深根性，萌蘖力强。抗有毒气体，对烟尘污染抗性强。生长慢，寿命长。

【应用】可作庭荫树、行道树，适应性强，也适于工矿区绿化。崂山太清宫有小叶朴古树，树龄最长的已有800余年，高达23.5 m，胸围5.50 m，仍然生长旺盛，树干苍劲雄健。

古树　景观

叶　叶子背面和核果　果枝

大叶朴 Celtis koraiensis

【科属】榆科朴属

【形态特征】落叶乔木，高达15 m；树皮暗灰色，浅微裂。叶椭圆形至倒卵状椭圆形，长7 ~ 16 cm，宽4 ~ 9 cm，边缘具粗锯齿；先端圆截形，有不整齐裂片，中央具明显尾状尖。萌发枝上叶较大，且具较多硬毛。果单生叶腋，近球形至球状椭圆，径约10 ~ 12 mm，橙黄色至暗红色，果梗长1.5 ~ 2.5 cm。花期4 ~ 5月；果期9 ~ 10月。

【分布与习性】产于崂山、大珠山、大泽山等山区。喜光，也颇为耐荫，喜湿润，也耐旱。

【应用】树体高大，树皮光洁，叶片大而奇特，遮阴效果好，且在秋末变为亮黄色，核果橙色而大，是优良的绿荫树，可用作庭荫树和行道树，也适合北方山地营造风景林。

果实　花　果枝

枝条

枝叶

枝叶

珊瑚朴 Celtis julianae

【科属】榆科朴属

【形态特征】落叶乔木，高达30 m。小枝、叶柄、叶下面均密被黄色绒毛。叶厚纸质，较大，宽卵形至卵状椭圆形，长6 ~ 12 cm，宽3.5 ~ 8 cm；中部以上有钝齿或近全缘，先端具突然收缩的短渐尖至尾尖；叶柄长1 ~ 1.5 cm。果单生叶腋，金黄色至橙黄色，径1 ~ 1.3 cm；果梗粗壮，长1.5 ~ 3 cm。花期3 ~ 4月；果期9 ~ 10月。

【分布与习性】黄岛区（山东科技大学校园）有栽培。喜光，略耐荫，耐寒性比朴树稍差。适应性强，不择土壤，耐旱，较耐水湿；深根性，抗风力强。抗污染力。生长速度中等。

【应用】树势高大，冠阔荫浓，早春满树着生红褐色肥大花丛，状若珊瑚，秋季果球形橘红色，观赏效果良好，是优良的行道树和庭荫树。

枝叶

刺榆 Hemiptelea davidii

【别名】枢、柘榆

【科属】榆科刺榆属

【形态特征】落叶小乔木，高达10 m，或为灌木状。枝刺硬，长2 ~ 10 cm。叶椭圆形至椭圆状矩圆形，稀倒卵状椭圆形，长4 ~ 7 cm，宽1.5 ~ 3 cm，叶缘具钝锯齿；羽状脉，侧脉直达锯齿先端。花杂性，单生或2 ~ 4朵簇生叶腋；萼4 ~ 5裂，雄蕊4 ~ 5。坚果斜卵形，长5 ~ 7 mm，扁平，上半部有鸡冠状翅。花期4 ~ 5月；果期9 ~ 10月。

【分布与习性】产于崂山太清宫、钓鱼台及灵山岛。喜光，耐寒，耐旱，对土壤适应性强。

【应用】树形优美，耐修剪，枝具刺，既适合绿化中丛植观赏，也是优良的绿篱材料。

枝叶

植株

小枝

果枝

花

青檀 Pteroceltis tatarinowii

【别名】翼朴

【科属】榆科青檀属

【形态特征】落叶乔木，高达20 m。树皮薄片状剥落。叶卵形或卵圆形，长3 ~ 13 cm，宽2 ~ 4 cm，叶缘除基部外有锐尖锯齿；基脉3出，侧脉不达齿端。花单性同株，生于当年生枝叶腋。雄花花被片与雄蕊5；雌花花被片4。坚果两侧有薄木质翅，近圆形，径1 ~ 1.7 cm。花期4 ~ 5月；果期8 ~ 9月。

【分布与习性】青岛市区公园、黄岛区（山东科技大学校园）及即墨市公园栽培。适应性强，喜光，稍耐荫；喜生于石灰岩山地，也能在花岗岩、砂岩地区生长；耐干旱瘠薄，根系发达。寿命长。

【应用】树冠开阔，宜作庭荫树、行道树；可孤植、丛植于溪边，适合在石灰岩山地绿化造林。树皮纤维优良，为著名的宣纸原料。

景观

枝条

叶片

果实

果实

糙叶树 Aphananthe aspera

【别名】沙朴、白鸡油

【科属】榆科糙叶树属

【形态特征】落叶乔木，高25 m。小枝被平伏硬毛。叶卵形或椭圆状卵形，长4 ~ 14.5 cm，宽1.8 ~ 4.0 (7.5) cm，基脉3出，侧脉6 ~ 10对，伸达齿尖，两面有平伏硬毛。花单性同株；雄花序生于新枝基部叶腋，雌花单生新枝上部叶腋；花萼5 (4) 裂；雄蕊5 (4) 。核果近球形，径8 ~ 13 mm，黑色。花期4 ~ 5月；果期10月。

【分布与习性】崂山太清宫、市区百花苑有栽培。喜光，略耐荫；喜温暖湿润气候，不耐严寒，适生于深厚肥沃土壤中。

【应用】树姿婆娑，叶形秀丽，浓荫匝地，是绿荫树之佳选，也可用于谷地、溪边绿化。其年龄愈老，则树干多瘤而愈古奇。崂山太清宫有古树，相传为唐代所植，高15m，径1.25m，树干弯而苍劲，势若苍龙出海，有“龙头榆”之称，是当地著名的景点。

景观

枝条

叶

果实

桑树 Morus alba

【别名】白桑、家桑

【科属】桑科桑属

【形态特征】乔木，高达15 m。叶卵形或广卵形，长6 ~ 15 cm，宽4 ~ 12 cm，有粗大锯齿，有时分裂，表面无毛，背面脉腋有簇毛。雌雄异株，柔荑花序，雄花序长2 ~ 3 cm，雌花序长1 ~ 2 cm。花柱极短或无，柱头2裂。聚花果（桑椹）长卵形至圆柱形，长1 ~ 2.5 cm，熟时紫黑色、红色或黄白色。花期4月；果期5 ~ 6月。

【分布与习性】产于崂山、大泽山等山地，常生于山坡、沟边；常见栽培。喜光，耐寒，耐干旱瘠薄和水湿，在微酸性、中性和石灰性土壤上均可生长，耐盐碱。深根性；萌芽力强。

【应用】桑树是我国栽培历史最悠久的树种之一，自古以来与梓树均常植于庭院，故以“桑梓”指家乡。是优良的绿化绿化树种。

植株

果枝

叶

干皮

果实

花枝

【变种】鲁桑 var. multicaulis 又称湖桑，灌木或小乔木，枝条粗壮，叶片大而肥厚，长达15 ~ 30 cm，宽10 ~ 20 cm，浓绿色，不分裂；果实较大，长1.5 ~ 2 cm，成熟时白绿色或紫黑色。各地普遍栽培。叶大，肉厚多汁，常作养蚕用。

【品种】龙桑 'Tortuosa' 又称湖桑，又称九曲桑，枝条扭曲向上，叶片不分裂。市区公园及单位庭院常见栽培。

果实

龙桑枝条

龙桑景观

蒙桑 Morus mongolica

景观

【别名】岩桑、山桑

【科属】桑科桑属

【形态特征】落叶乔木或灌木状。叶长椭圆状卵形，长8 ~ 15 cm，宽5 ~ 8 cm，叶缘有刺芒状锯齿，表面光滑无毛，背面脉腋常有簇毛。幼树及萌枝之叶有糙毛。雄花序长3 cm，雌花序长1 ~ 1.5 cm，花暗黄色，花柱长，柱头2裂。聚花果熟时红色至紫黑色。花期3 ~ 4月；果期4 ~ 5月。

【分布与习性】产于崂山、大珠山、大泽山、即墨豹山、黄岛区毛家山等丘陵山地，常生于山崖、沟谷、地堰及荒坡。

【应用】树形美观，秋叶金黄色，可用于公园和城市绿化。结果量大，是产区野生鸟类重要的食源树种。

枝叶

叶片

构树 Broussonetia papyrifera

雄花序

【别名】楮

【科属】桑科构属

【形态特征】落叶乔木，高达15 m；枝叶有乳汁。小枝、叶柄、叶背、花序柄均密被长绒毛。叶互生，有时近对生；卵圆形至宽卵形，长8 ~ 13 cm，不分裂或不规则2 ~ 5深裂，上面密生硬毛。雄花组成柔荑花序，圆柱形，下垂；雌花组成头状花序，球形。聚花果球形，熟时橘红色或鲜红色。种子圆形，红褐色。花期4 ~ 5月；果期7 ~ 9月。

【分布与习性】产于崂山及各山区，多生于荒坡及石灰岩风化的土壤地区，喜钙；全市普遍栽培。耐盐碱。抗污染，其中抗烟尘能力很强。萌芽力和萌蘖力均强。生长速度快。

【应用】枝叶繁茂，虽然观赏价值一般，但抗逆性强，抗污染，滞尘能力强，可作城乡绿化树种，尤其适于工矿区和荒山应用。果为野生鸟类的食源。

树干

景观

果枝

叶子背面

果实

景观

果枝

柘 *Maclura tricuspidata*

【别名】柘刺、柘桑

【科属】桑科柘属

【形态特征】落叶灌木或小乔木，可高达10 m。枝刺长0.5 ~ 2 cm。叶卵圆形或卵状披针形，长5 ~ 11 cm，宽3 ~ 6 cm，先端渐尖，全缘或3裂；侧脉4 ~ 6对。雌雄异株，头状花序腋生；雄花序径约0.5 cm，雌花序径约1 ~ 1.5 cm。聚花果球形、肉质，红色，径约2.5 cm。花期5 ~ 6月；果期9 ~ 10月。

【分布与习性】产于全市各山区及灵山岛，生于低山、丘陵灌丛中，习见。喜光，耐干旱瘠薄，喜钙质土，较耐寒。生长缓慢。

【应用】柘树多生枝刺，可作绿篱、刺篱，也是重要的荒山绿化及水土保持树种。果实熟时红色，也可作为观果树种栽培。

古树景观

果实

枝叶

花枝

无花果 Ficus carica

【科属】桑科榕属

【形态特征】落叶小乔木或灌木，小枝粗壮，节间明显。叶广卵形或近圆形，3 ~ 5掌状裂，裂片有粗锯齿或全缘，表面粗糙。隐头花序单生叶腋。隐花果扁球形或倒卵形、梨形，长5 ~ 6 cm，径3 cm 以上，黄绿色、紫红色或近于白色。花果期因产地和栽培条件而异，自春至秋季果实陆续成熟。

【分布与习性】青岛各区市均有栽培。喜光，喜温暖气候，在 - 12 ℃时新梢受冻；喜排水良好的沙壤土，耐旱而不耐涝。侧根发达，根系浅。抗污染。

【应用】无花果是一种古老的果木，果期长，也是优良的造景材料，绿化中可结合生产栽培，配植于庭院房前、墙角、阶下、石旁也甚适宜。

景观

果实

叶

果实

化香树 Platycarya strobilacea

【别名】山麻柳、花龙树

【科属】胡桃科化香树属

【形态特征】落叶乔木，高达15 m。小枝髓心充实。小叶7 ~ 15 (23) 枚，卵状披针形或长椭圆状披针形，长3 ~ 11 cm，宽1.5 ~ 3.5 cm，有细尖重锯齿，基部歪斜。葇荑花序直立，雄花序3 ~ 15个集生，雌花序单生或2 ~ 3个；无花被。果序呈球果状，卵圆形或近球形，长2.5 ~ 5 cm，径2 ~ 3 cm；苞片披针形。花期5 ~ 7月；果期7 ~ 10月。

【分布与习性】崂山太清宫、小珠山有栽培，小珠山有片林。喜光，耐干旱瘠薄，为荒山绿化先锋树种；对土壤要求不严，酸性土至钙质土上均可生长。生长快，萌芽性强。

【应用】适应性强，在绿化中可丛植观赏，也是重要的荒山造林和生态建设树种。还可用作嫁接核桃、山核桃和薄壳山核桃的砧木。

枝叶

花序

果序

植株

片林景观

枫杨 Pterocarya stenoptera

【别名】枰柳

【科属】胡桃科枫杨属

【形态特征】落叶乔木，高达30 m。小枝具片状髓；裸芽。小枝、叶柄和叶轴有柔毛。羽状复叶，叶轴有翅；小叶10 ~ 28枚，长椭圆形至长椭圆状披针形，长4 ~ 11 cm，有细锯齿，顶生小叶常不发育。总状花序，雄花序生于去年生枝侧，雌花序生于当年生枝顶，花无瓣。果序长20 ~ 40 cm；果近球形，具2椭圆状披针形果翅。花期4 ~ 5月；果期8 ~ 9月。

【分布与习性】产崂山、大泽山、小珠山、大珠山等地，生于山谷溪边；也常栽培。喜光，喜温暖湿润，也耐寒；耐湿性强；萌芽力强。抗烟尘和有毒气体。

【应用】适应性强，可作公路树、行道树和庭荫树之用，庭园中宜植于池畔、堤岸、建筑附近，尤其适于低湿处造景。也适于工矿区绿化。

果实

雄花序

雌花序

植株

景观

胡桃 Juglans regia

【别名】核桃

【科属】胡桃科胡桃属

【形态特征】落叶乔木，高达30 m，径达1 m。小叶5 ~ 9 (11)，近椭圆形，长6 ~ 14 cm，全缘或幼树及萌生枝之叶有锯齿，表面光滑，背面脉腋有簇毛。雄花组成柔荑花序，生于当年生枝侧；雌花1 ~ 3 (5) 朵成穗状花序。果球形，径4 ~ 5 cm，果核近球形，有不规则浅刻纹和2纵脊。花期4 ~ 5月；果期9 ~ 10月。

【分布与习性】各区市普遍栽培。喜光，喜凉爽气候，不耐湿热。喜深厚、肥沃而排水良好的微酸性至微碱性土壤。深根性，有粗大肉质直根，耐干旱而怕水湿。

【应用】胡桃为中国重要的干果和油料树种，已有2000多年的栽培历史。冠大荫浓，树皮灰白、平滑，树体内含有芳香性挥发油，有杀菌作用，是优良的庭荫树。

景观

果实

枝条

胡桃楸 Juglans mandshurica

【别名】核桃楸

【科属】胡桃科胡桃属

【形态特征】落叶乔木，高达20 m。奇数羽状复叶，小叶9 ~ 17枚，椭圆形至长椭圆状披针形，具细锯齿，上面有稀疏短柔毛，后仅中脉被毛，下面被贴伏短柔毛及星芒状毛。雄葇荑花序长9 ~ 20 cm；雌穗状花序具4 ~ 10雌花，柱头鲜红色。果序常具5 ~ 7果；果实球状或椭圆状，密被腺质短柔毛，长3.5 ~ 7.5 cm。花期5月；果期8 ~ 9月。

【分布与习性】产于崂山北九水石门及双石屋、蔚竹庵、八水河等地。生于土质肥厚、湿润的山沟或山坡。耐寒性强。喜湿润、深厚、肥沃而排水良好的土壤。深根性，抗风力强。

【应用】珍贵用材树种，北方也常栽培作嫁接核桃之砧木。树体高大，枝叶有香味，也可植于庭院作绿荫树。

幼果

果实

雄花序

雄花序

植株

雌花

薄壳山核桃 Carya illinoensis

【别名】美国山核桃、长山核桃、碧根果

【科属】胡桃科山核桃属

【形态特征】落叶乔木。鳞芽，被黄色短柔毛。小叶11 ~ 17，呈不对称的卵状披针形，常镰状弯曲，长9 ~ 13 cm，下面脉腋簇生毛。雄花组成柔荑花序，3个簇生，下垂；雌花1至数朵组成穗状花序。果3 ~ 10集生，长圆形，长4 ~ 5 cm，有4纵脊，果壳薄，种仁大。花期5月；果期10 ~ 11月。

果实

【分布与习性】崂山张坡，中山公园栽培，中山公园有大树。喜光，喜温暖湿润气候，适生于深厚肥沃的沙壤土，不耐干瘠，耐水湿，对土壤酸碱度适应性较强。深根性，根系发达，寿命长。

【应用】树体高大，根深叶茂，树姿雄伟壮丽，也是优良的行道树和庭荫树。种仁味美，是重要的干果油料树种。

果枝

板栗 Castanea mollissima

【别名】栗、毛栗、魁栗

【科属】壳斗科栗属

【形态特征】落叶乔木，高达15 m；树冠扁球形。叶矩圆状椭圆形至卵状披针形，长8 ~ 18 cm，基部圆或宽楔形，叶缘有芒状齿，上面亮绿色，下面被灰白色星状短柔毛。花序直立，多数雄花生于上部，数朵雌花生于基部。壳斗球形，密被长针刺，直径6 ~ 9 cm，内含1 ~ 3个坚果。花期4 ~ 6月；果期9 ~ 10月。

【分布与习性】全市各地均有栽培。喜光，耐低温；耐旱，喜空气干燥；对土壤要求不严。深根性，根系发达，萌蘖力强。

【应用】板栗是我国栽培最早的干果树种之一，树冠宽大，枝叶茂密，可用于草坪、山坡等地孤植、丛植或群植。板栗是绿化结合生产的优良树种，大型风景区内可辟专园经营，亦可用于山区绿化。

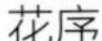

花序

果实

雄花枝

植株景观

麻栎 Quercus acutissima

植株

【别名】橡子树

【科属】壳斗科栎属

【形态特征】落叶乔木，高达30 m。叶长椭圆状披针形，长9 ~ 16 cm，宽3 ~ 5 cm，先端渐尖，叶缘有刺芒状锐锯齿，侧脉13 ~ 18对。雄花组成柔荑花序，长6 ~ 12 cm，雌花单生于总苞内。壳斗杯状，包围坚果1/2，苞片钻形，反曲；坚果卵球形或卵状椭圆形，高2 cm，径1.5 ~ 2 cm。花期4 ~ 5月；果期翌年9 ~ 10月。

【分布与习性】产于全市各山区；中山公园、城阳区、即墨市有栽培。喜光，幼树耐侧方庇荫。对气候、土壤的适应性强，耐干旱瘠薄，不耐积水。抗污染。深根性，主根明显，抗风力强；不耐移植。萌芽力强。

【应用】根系发达，适应性强，是营造防风林、水源涵养林及防火林带的优良树种。绿化中可孤植、丛植、或群植，也适于工矿区绿化。

果枝

果实

景观

栓皮栎 Quercus variabilis

【别名】软木栎、粗皮青冈

【科属】壳斗科栎属

【形态特征】落叶乔木，高达30 m。与麻栎近似，但树皮的木栓层特别发达，富弹性；叶片卵状披针形或长椭圆形，背面有灰白色星状毛，老时也不脱落；叶缘具刺芒状锯齿。壳斗包围坚果2/3，果近球形或宽卵形，高、径约1.5 cm，顶端平，果脐突起圆。花期3 ~ 4月；果期翌年9 ~ 10月。

【分布与习性】产崂山北九水、太清宫、上清宫、华楼、流清河、铁瓦殿、黑风口等地；中山公园栽培，有大树。较麻栎更为耐旱。

【应用】重要的山地风景林树种，亦可植为庭园观赏树。树皮木栓发达，耐火力强，其栓皮为国防及工业重要材料，因而栓皮栎也是特用经济树种。

叶背面

果实

树干

景观

柳叶栎 Quercus phellos

【别名】柳栎

【科属】壳斗科栎属

【形态特征】落叶乔木，高达30m。小枝红棕色，光滑。顶芽无毛。叶片窄，长5 ~ 12 cm，宽1 ~ 2.5 cm，全缘。壳斗浅碟状，高3 ~ 6.5 mm，宽7.5 ~ 11 mm，包着坚果1/4 ~ 1/3，外表面被绒毛，内表面有柔毛；苞片排列紧密，锐尖，径4.5 ~ 6 mm。坚果卵形到半圆形，长8 ~ 12 mm，宽6.5 ~ 10 mm，光滑。坚果翌年成熟。

【分布与习性】黄岛区（山东科技大学校园）有栽培，喜光，喜温和湿润气候，喜酸性肥沃土壤，但能适应多种土壤，抗盐碱能力较强。

【应用】冠型优美，秋叶鲜艳，生长速度快，是优良的行道树和庭院观赏树种。

枝条

叶

果实

植株景观

小叶栎 Quercus chenii

【科属】壳斗科栎属

【形态特征】落叶乔木，高达30m。叶披针形或卵状披针形，长7 ~ 12 cm，具刺芒状锯齿，幼时被黄色柔毛，老叶仅下面脉腋被柔毛，侧脉12 ~ 16对。雄花序长4 cm，花序轴被柔毛。壳斗杯状，连小苞片高约8 mm，径约1.5 cm，小苞片线形，直伸或反曲，下部小苞片三角状，紧贴；果椭圆形，长1.5 ~ 2.5 cm，径1.3 ~ 1.5 cm，顶端被微毛。花期3 ~ 4月，果期翌年10月。

【分布与习性】黄岛区（山东科技大学校园）有栽培。

【应用】木材坚韧，为优良用材树种。可作绿化树种。

景观

枝叶

枝叶

叶

果实

蒙古栎 Quercus mongolica

【别名】柞树、柞栎、橡子树

【科属】壳斗科栎属

【形态特征】落叶乔木，高达30 m。叶倒卵形或长倒卵形，长7 ~ 19 cm，基部窄耳形，具7 ~ 11对圆钝齿或粗齿，下面无毛；侧脉7 ~ 11对；叶柄长2 ~ 5 mm，无毛。壳斗浅碗状，包围坚果1/3 ~ 1/2，小苞片鳞形，背部具瘤状突起，密被灰白色短绒毛。坚果卵形或椭圆形，径1.3 ~ 1.8 cm，高2 ~ 2.3 cm。花期5 ~ 6月；果期9 ~ 10月。

【分布与习性】产崂山滑溜口、北九水、蔚竹庵、仰口、流清河等地；青岛大学校园及市北区、城阳区居住区有栽培。喜光，喜凉爽气候，耐寒性强；深根性，耐干旱瘠薄。生长速度较慢。

【应用】秋叶紫红色，别具风韵，也是优良的秋色叶树种。绿化中可作庭荫树、行道树应用。

植株

辽东栎 Quercus wutaishanica

【科属】壳斗科栎属

【形态特征】落叶乔木，高达15 m，树皮灰褐色，纵裂。幼枝绿色，无毛。叶片倒卵形至长倒卵形，长5 ~ 17 cm，具有5 ~ 7对波状圆齿，幼时沿脉有毛，老时无毛；侧脉5 ~ 7对。壳斗浅杯形，包着坚果约1/3，小苞片扁平三角形，无瘤状突起，疏被短绒毛；坚果卵形或卵状椭圆形，径1 ~ 1.3 cm，高约1.5 cm。花期4 ~ 5月；果期9月。

【分布与习性】产崂山滑溜口、蔚竹庵等地。多见于阳坡、半阳坡。喜光，耐干旱瘠薄能力特强。

景观　叶　干皮　果实

花枝

总苞

槲树 Quercus dentata

【别名】波罗栎

【科属】壳斗科栎属

【形态特征】落叶乔木，高达25 m。小枝粗壮，有沟棱，密被黄褐色星状绒毛。叶倒卵形至椭圆状倒卵形，长10 ~ 30 cm，先端钝圆，有波状裂片或粗齿，下面密被星状绒毛；叶柄长2 ~ 5 mm。壳斗杯状，包围坚果1/2 ~ 2/3；小苞片长披针形，棕红色，张开或反曲；果卵形或椭圆形，长1.5 ~ 2.3 cm。花期4 ~ 5月；果期9 ~ 10月。

【分布与习性】产崂山、小珠山、大珠山、大泽山、胶州艾山等地；中山公园、即墨温泉公园有栽培。喜光，稍耐荫；耐寒；耐干旱瘠薄，忌低湿。深根性，萌芽力强。抗烟尘和有毒气体。

【应用】树形奇雅，叶大荫浓，秋叶红艳，是著名的秋色叶树种之一。在庭园中可孤植，供遮荫用，或丛植、群植以赏秋季红叶。

景观

树皮

叶片

果实

槲栎 Quercus aliena

果

枝叶

【别名】细皮青冈

【科属】壳斗科栎属

【形态特征】落叶乔木，高达25 m。小枝近无毛。叶长椭圆状倒卵形或倒卵形，长10 ~ 20（30）cm，具波状钝齿，背面密生灰色星状毛；侧脉10 ~ 15对；叶柄长1 ~ 3 cm。壳斗杯形，包着坚果约1/2，小苞片卵状披针形，排列紧密，被灰白色柔毛。花期4 ~ 5月；果期9 ~ 10月。

【分布与习性】产崂山蔚竹庵、潮音瀑，灵山岛。喜光，耐干旱瘠薄。萌芽性强。

【应用】槲栎叶片大且肥厚，叶形奇特、美观，叶色翠绿油亮、枝叶稠密，是优美的观叶树种，适宜山地风景区造林，也是优良的城市绿化树种，可作庭荫树。

景观

短柄枹栎 Quercus serrata var. brevipetiolata

【科属】壳斗科栎属

【形态特征】落叶乔木，或呈灌木状。叶常聚生于枝顶，长椭圆状倒卵形或卵状披针形，长5～11 cm，宽1.5～5 cm，叶缘具内弯浅锯齿，叶柄长2～5 mm。壳斗杯状，包着坚果1/4～1/3，直径1～1.2 cm，高5～8 mm；坚果卵形至卵圆形。花期3～4月；果期9～10月。

【分布与习性】产于崂山各景区；中山公园、青岛植物园、崂山区晓望水库，黄岛区（山东科技大学校园）有栽培。

【应用】叶形秀丽，秋季变黄、红，可用于营造风景林或孤植观赏。

果枝

花序

花枝

景观

沼生栎 Quercus palustris

【科属】壳斗科栎属

【形态特征】落叶乔木，高达25 m。冬芽长卵形，长3 ~ 5 mm。叶卵形或椭圆形，长10 ~ 20 cm，宽7 ~ 10 cm，顶端渐尖，边缘5 ~ 7羽状深裂，裂片再尖裂，两面无毛或叶背脉腋有簇毛。壳斗杯形，包围坚果1/4 ~ 1/3；小苞片鳞形，排列紧密；坚果长椭圆形，径1.5 cm，长2 ~ 2.5 cm，淡黄色。花期4 ~ 5月；果期翌年9月。

【分布与习性】中山公园、青岛植物园、即墨岙山广青生态园，黄岛区（山东科技大学校园）及大泽山铁涧子等地有引种栽培；中山公园、青岛植物园有大树。喜光，喜温暖湿润气候及深厚肥沃土壤，耐水湿，也较耐寒。

【应用】沼生栎约于20世纪初引入山东青岛，生长良好。树干光洁、树形优美，树冠扁球形而宽大，新叶亮嫩红色，秋叶橙红色或橙黄色，为优良行道树和庭荫树。

叶片

果实

景观

花序

北美红栎 *Quercus rubra*

【科属】壳斗科栎属

【形态特征】落叶乔木，高达30 m。小枝红棕色，无毛。顶芽深红棕色，无毛或顶端有深红色簇毛。叶片卵形、椭圆形或倒卵形，长12 ~ 20 cm，宽6 ~ 12 cm，叶缘7 ~ 11裂片，有12 ~ 50芒，裂片常椭圆形。壳斗浅碟状到杯状，高5 ~ 12 mm，宽18 ~ 30 mm，包着坚果1/4 ~ 1/3，外表面被绒毛；苞片不到4 mm，排列紧密。坚果卵形到椭圆形，较大，长15 ~ 30 mm，宽10 ~ 21 mm。

【分布与习性】黄岛区（山东科技大学校园）有栽培。

【应用】优良观赏树种和用材树种。

景观

果实

景观

叶片

白桦 Betula platyphylla

【科属】桦木科桦木属

【形态特征】乔木，高达27 m；树皮白色，纸质薄片状剥落。小枝光滑无毛。叶三角状卵形、菱状卵形或三角形，下面密被树脂点，长3 ~ 7 cm，有重锯齿；侧脉5 ~ 8对。果序单生，圆柱形，细长下垂，长2 ~ 5 cm；果苞长3 ~ 6 mm，中裂片三角形。小坚果椭圆形或倒卵形。花期4 ~ 5月；果期8 ~ 9月。

【分布与习性】青岛崂山北九水长涧，崂山区、黄岛区及市内部分小区有引种栽培。阳性树，耐寒性强，在沼泽地、干燥阳坡和湿润阴坡均能生长，喜酸性土。生长速度快。

【应用】是中高海拔地区优美的山地风景树种，也是优良的城市绿化树种。

干皮

叶片

景观

小枝

干皮

坚桦 Betula chinensis

【别名】杵榆

【科属】桦木科桦木属

【形态特征】落叶灌木或小乔木。芽、小枝密被长柔毛。叶卵形、宽卵形，长1.5 ~ 6 cm，宽1 ~ 5 cm，叶背沿脉被绒毛，侧脉8 ~ 10对。果序单生，近球形或矩圆形，长1 ~ 2 cm，径6 ~ 15 mm；果苞中裂片条状披针形，较侧裂片长2 ~ 3倍；小坚果卵圆形，翅极窄。花期4 ~ 5月；果期8月。

【分布与习性】分布于崂山、小珠山、大珠山，多生于山坡、山脊、石山坡及沟谷等的林中。

【应用】木材坚重，为北方地区优良的硬木用材树种。株型低矮，生长缓慢，也可栽培观赏，或用于制作树桩盆景。

景观

果实

花序

花序

千金榆 Carpinus cordata

【科属】桦木科鹅耳枥属

【形态特征】落叶乔木，高达 18 m；枝、芽无毛。叶长卵形、椭圆状卵形或倒卵状椭圆形，长8 ~ 15 cm，锯齿先端毛刺状。果序长5 ~ 12 cm，果苞卵状长圆形，长1.5 ~ 2.5 cm，内侧上部有尖锯齿，下部全缘，基部具内折裂片；外侧具锯齿，全缘，基部内折；基出脉5，中脉位于果苞中央；小坚果矩圆形，无毛。花期5月；果期9 ~ 10月。

【分布与习性】产于崂山大梁沟、明霞洞，生于深厚湿润的山坡杂木林中。喜光，稍耐荫，耐寒；对土壤要求不严，最喜排水好的湿润土壤。

【应用】树体高大，冠形优美，叶形似榆而秀美，秋色美丽，落叶迟，果穗也具有较高的观赏价值，可作行道树和园景树。

景观

枝叶

果实

鹅耳枥 Carpinus turczaninowii

【别名】穗子榆

【科属】桦木科鹅耳枥属

【形态特征】落叶小乔木，高5 ~ 10 m。小枝细，幼时有柔毛。叶卵形、卵状椭圆形，长2 ~ 6 cm，宽1.5 ~ 3.5 cm，有重锯齿；侧脉10 ~ 12对。花单性，雌雄同株。果序长3 ~ 6 cm，果苞阔卵形至卵形，有缺刻；小坚果阔卵形，长约3 mm。花期4 ~ 5月；果期8 ~ 10月。

【分布与习性】产于崂山、大珠山、小珠山、即墨豹山；城阳世纪公园有栽培。稍耐荫，喜肥沃湿润的中性至酸性土壤，也耐干旱瘠薄，在干旱阳坡、湿润沟谷和林下均能生长。萌芽力强。

【应用】树体不甚高大，最宜于公园草坪、水边丛植，也极适于小型庭院。也是常见的树桩盆景材料。

枝叶

植株

叶片

果序

花序

日本桤木 Alnus japonica

【别名】赤杨

【科属】桦木科桤木属

【形态特征】落叶乔木。冬芽有柄，芽鳞2。短枝上的叶倒卵形、长倒卵形，长4 ~ 6 cm，宽2.5 ~ 3 cm，基部楔形，边缘具疏锯齿；长枝上的叶披针形、椭圆形，稀长倒卵形；侧脉7 ~ 11对。雄花序2 ~ 5枚排成总状。果序椭圆形，2 ~ 5 (8) 枚排成总状或圆锥状，约2 cm，径1 ~ 1.5 cm，果序梗粗壮。坚果椭圆形至倒卵形，具狭翅。花期2 ~ 3月；果期9 ~ 10月。

【分布与习性】产崂山北九水、蔚竹庵、太清宫、仰口、明霞洞、上清宫等地，青岛植物园有栽培，喜水湿，常生于低湿滩地、河谷、溪边。生长速度快，根系发达，具根瘤菌和菌根。

【应用】是低湿地、护岸固堤、改良土壤的优良造林树种，庭院中植为庭荫树也颇适宜。果序、树皮含鞣质，可提制栲胶。

植株　景观

花枝　花序　果实　叶片

辽东桤木 Alnus hirsuta

【别名】水冬瓜

【科属】桦木科桤木属

【形态特征】落叶乔木，高达20 m。幼枝褐色，密被灰色柔毛。叶卵圆形或近圆形，长4 ~ 9 cm，先端圆，叶缘具不规则粗锯齿和缺刻，下面粉绿色；侧脉5 ~ 6 (8) 对。果序近球形或长圆形，2 ~ 8个集生，长1 ~ 2 cm，果序梗长2 ~ 3 mm。花期5月；果期8 ~ 9月。

【分布与习性】产崂山、大泽山双双沟、百果山等地。生于山谷林中。耐寒性强，喜湿润。

【应用】为速生用材及护岸保土树种，适于山地沟谷、水边营造风景林。

景观

果实

雄花序

叶

糠椴 Tilia mandshurica

【别名】大叶椴、辽椴

【科属】椴树科椴树属

【形态特征】落叶乔木。1年生枝密生灰白色星状毛。叶卵圆形，长8 ~ 10 cm，宽7 ~ 9 cm，基部歪心形或斜截形，有粗锯齿，齿尖芒状，长1.5 ~ 2 mm；背面密生灰色星状毛。花序由7 ~ 12朵花组成，苞片倒披针形；花黄色，有香气，花瓣条形，长7 ~ 8 mm；退化雄蕊花瓣状。果实近球形，密生黄褐色星状毛。花期7 ~ 8月；果期9 ~ 10月。

【分布与习性】产崂山北九水、蔚竹庵、凉清河、三标山、花花浪子山沟等地。生于山坡杂木林中。喜光，喜冷凉湿润气候；对土壤要求不严，微酸性、中性和石灰性土壤均可。深根性，萌蘖性强。

【应用】树冠整齐，树姿清丽，枝叶茂密，夏日满树繁花，花黄色而芳香，是优良的行道树和庭荫树。

植株

叶背

花序

果序

紫椴 Tilia amurensis

【别名】籽椴

【科属】椴树科椴树属

【形态特征】落叶乔木。叶宽卵形至近圆形，长4.5 ~ 6 cm，宽4 ~ 5.5 cm，上面无毛，下面脉腋有黄褐色簇生毛，侧脉4 ~ 5对。聚伞花序长3 ~ 5 cm，有花3 ~ 20朵；苞片狭带形，长3 ~ 7 cm，宽5 ~ 8 mm。花瓣长6 ~ 7 mm，黄白色，无退化雄蕊；雄蕊约20枚。果近球形，长5 ~ 8 mm，密被灰褐色星状毛。花期6 ~ 7月；果期8 ~ 9月。

【分布与习性】崂山北九水、蔚竹庵等地及大珠山有分布。喜光，幼树较耐庇荫；深根性树种；喜温凉、湿润气候；对土壤要求比较严格，喜土层深厚、排水良好的湿润沙质壤土；不耐水湿；萌蘖性强。抗烟尘、有毒气体能力强。

【应用】树体高大，树姿优美，夏季黄花满树，秋季叶色变黄，是优良的行道树和绿荫树，也是重要的蜜源树种。

干皮

景观

叶背

枝干

花

花枝

欧椴 Tilia platyphyllus

【别名】欧洲椴

【科属】椴树科椴树属

叶片

【形态特征】落叶大乔木，高达40 m。叶广卵形或近圆形，长5 ~ 12 cm，宽4 ~ 12 cm，基部斜心形，先端短突尖，边缘锯齿较整齐，背面沿脉密生短毛，脉腋有淡褐色簇毛，5 ~ 7出脉。聚伞花序3 ~ 9朵花或更多，苞片广倒披针形，长约10 cm，宽达2 cm；花瓣淡黄色，倒卵形。果球形，长约1 cm，径约7 mm，具明显4 ~ 5肋，密被带淡灰褐色的短绒毛。花期6 ~ 7月；果熟期9月。

【分布与习性】中山公园有引种栽培。中性，喜凉爽湿润气候。

【应用】树冠半球形，叶大荫浓，花黄白色，可作行道树、庭荫树。

景观

花序

果实

幼果

南京椴 Tilia miqueliana

【科属】椴树科椴树属

【形态特征】落叶乔木，高达20 m。小枝、芽、叶下面、叶柄、苞片两面、花序柄、花萼、果实均密被灰白色星状毛。叶卵圆形至三角状卵圆形，长9 ~ 11 cm，宽7 ~ 9.5 cm，具整齐锯齿，齿尖长约1 mm；上面深绿色，无毛。花序有花3 ~ 6朵，退化雄蕊花瓣状。果球形，径9 mm，无棱。

【分布与习性】崂山北九水、中山公园有栽培。喜温暖湿润气候。

【应用】优良的绿化观赏树种，花为蜜源，并含有少量芳香油。

果实

叶

花序

景观

梧桐 Firmiana simplex

【别名】青桐

【科属】梧桐科梧桐属

【形态特征】落叶乔木，乔木，高15～20 m。树干端直，树冠卵圆形；干枝翠绿色，平滑。叶掌状3～5裂，裂片全缘，径15～30 cm，基部心形，表面光滑，下面被星状毛；叶柄约与叶片等长。圆锥花序长20～50 cm；萼裂片长条形，黄绿色带红，开展或反卷，外面被淡黄色短柔毛。蓇葖果5裂，开裂呈匙形。花期6～7月；果期9～10月。

【分布与习性】全市各地普遍栽培。喜光，喜温暖气候及土层深厚、肥沃、湿润、排水良好、含钙丰富的土壤。深根性，不耐涝；萌芽力弱，不耐修剪。对多种有毒气体都有较强抗性。

【应用】常用于庭院造景，适于房前、亭边、草地、水边种植。木材质地轻软，适宜做箱盒、乐器用。花、果、根皮及叶均可药用。种子煨炒后可食用。

果实

花

种子

景观

树皮

果枝

毛叶山桐子 Idesia polycarpa var. vestita

【科属】大风子科山桐子属

【形态特征】落叶乔木，高达15m。叶宽卵形至卵状心形，长8 ~ 16 cm，宽6 ~ 14 cm，基部心形，有疏锯齿，上面散生柔毛，脉上较密，下面被白粉，密生短柔毛，掌状基出5 ~ 7主脉，叶柄密生短柔毛，顶端有2突起腺体。圆锥花序长12 ~ 20 cm，下垂，萼片黄绿色；无花瓣。浆果球形，红褐色，径6 ~ 8 mm。花期6月；果期9 ~ 10月。

【分布与习性】崂山太清宫栽培，生长良好。喜光，喜温暖湿润，也较耐寒；喜深厚肥沃、湿润疏松的酸性和中性土。生长迅速，3 ~ 4年可开花结实。

【应用】春季繁花满树，入秋红果串串，是优良的观赏果木。果肉及种子可制成半干性油代桐油用，也是发展生物柴油的潜在树种资源。

果实

景观

枝叶

枝干

银白杨 Populus alba

【科属】杨柳科杨属

【形态特征】落叶乔木，高15 ~ 30 m。树皮灰白色，幼枝、叶及芽密被白色绒毛，老叶背面及叶柄密被白色毡毛。长枝之叶阔卵形或三角状卵形，掌状3 ~ 5浅裂，长4 ~ 10 cm，宽3 ~ 8 cm，有三角状粗齿，两面被白色绒毛；短枝之叶较小，卵形或椭圆状卵形，叶缘有波状齿，上面光滑，下面被白色绒毛。蒴果细圆锥形，长约5 mm。花期4 ~ 5月；果期5月。

【分布与习性】崂山柳树台、北九水及大泽山、崂山区、城阳区有零星栽培。喜光，耐严寒，耐干旱气候，但不耐湿热。耐盐碱。深根性，根系发达，抗风、固土能力强。

【应用】具有灰白色的树干和银白色的叶片，远看极为醒目，具有较高的观赏价值。在绿化中可用作行道树和庭荫树，或于草坪上孤植、丛植，还可作防护树种。

景观

枝叶

叶片

雌花序

毛白杨 Populus tomentosa

【科属】杨柳科杨属

【形态特征】落叶大乔木，高达30 m；树冠卵圆形或圆锥形；树皮皮孔菱形。长枝之叶阔卵形或三角状卵形，长10 ～ 15 cm，宽8 ～ 13 cm，下面密生绒毛，后渐脱落；短枝之叶较小，卵形或三角状卵圆形。叶缘有波状缺刻或锯齿。雌株大枝较为平展，雄株大枝多为斜生。柔荑花序，花无被。蒴果2裂。花期3月，叶前开放；果期4 ～ 5月。

【分布与习性】产于崂山北九水、仰口、华楼、八水河等地；各地普遍栽培。阳性树；对土壤要求不严，在酸性至碱性土上均能生长；稍耐盐碱；耐旱性一般。抗烟尘污染。

【应用】树干通直，树皮灰白，树体高大、雄伟，绿化中可作庭荫树或行道树。为防止种子污染环境，绿化宜选用雄株。

【变型】抱头毛白杨 f. fastigiata 树冠狭长，侧枝紧抱主干。青岛市区道路绿地、黄岛区（山东科技大学校园）及平度市植物园有栽培。木材可供建筑、家具等用。为用材林、防护林及农林间作树种。

景观

干皮

景观

雄花序

雌花序

抱头毛白杨

加拿大杨 Populus xcanadensis

【别名】欧美杨、加杨

【科属】杨柳科杨属

【形态特征】落叶乔木，高达30 m。小枝在叶柄下具3条棱脊；冬芽多粘质。叶近三角形，长7 ~ 10 cm，先端渐尖，基部截形，锯齿钝圆，叶缘半透明，两面无毛；叶柄扁平而长，有时顶端有1 ~ 2个腺体。雄花序长7 ~ 13 cm，苞片淡黄绿色，花药紫红色。花期4月；果期5 ~ 6月。

【分布与习性】全市各地普遍栽培。耐寒，也适应暖热气候；喜光，不耐荫；对土壤要求不严，对水涝、盐碱和瘠薄土地均有一定耐性。萌芽力、萌蘖力均强。生长迅速，寿命短。雄株较多，雌株少见。

【应用】生长速度快，树体高大，树冠宽阔，叶片大而具光泽，夏季绿荫浓密，是优良的庭荫树、行道树、公路树及防护林材料。也是北方重要的速生用材树种。

植株景观

干皮

叶片

小叶杨 Populus simonii

【别名】南京白杨

【科属】杨柳科杨属

【形态特征】落叶乔木，高达20 m，径达50 cm。萌条及长枝有棱角。冬芽瘦尖，有粘质。叶菱状卵形、菱状倒卵形至菱状椭圆形，长4 ~ 12 cm，宽2 ~ 8 cm，中部以上最宽，具细钝锯齿，背面苍白色；叶柄近圆形。雄花序长2 ~ 7 cm，果序长达15 cm。花期3 ~ 5月；果期4 ~ 6月。

【分布与习性】产崂山、黄岛开发区东山，生于山谷两旁；平原地区有栽培。喜光，耐干旱，又耐水湿；喜肥沃湿润土壤，亦耐干瘠及轻盐碱土。根系发达，抗风沙力强。萌芽力和根蘖力强。

【应用】小叶杨是中国主要乡土树种和栽培树种。适作行道树、庭荫树，也是防风固沙、保持水土、护岸固堤的重要树种。塔形小叶杨树冠狭窄，适于列植。

叶

枝条

植株

箭杆杨 Populus nigra var. thevestina

【形态特征】落叶乔木，树冠窄圆柱形。树皮灰白色，幼时光滑，老时基部稍裂。叶片三角状卵形至卵状菱形，长宽近相等，先端渐尖至长尖，基部楔形至圆形，两面无毛，边缘半透明，具钝细齿。只有雌株。

【分布与习性】崂山青山有栽培。喜光，抗干旱气候，耐寒，稍耐盐碱及水湿，但在低洼常积水处生长不良。生长快。

【应用】树姿优美，树冠狭窄而紧凑，柱状而耸立，常用作公路行道树，也是优良的农田防护林及"四旁"绿化树种。

【变种】钻天杨 var. italica 崂山登瀛有栽培，侧枝成20 ～ 30° 角开展，树冠圆柱形，长枝的叶扁三角形，宽大于长，短枝的叶菱状三角形至菱状卵圆形，叶柄无腺点。

枝叶

叶

景观

山杨 Populus davidiana

【科属】杨柳科杨属

【形态特征】落叶乔木，高达25 m。叶三角状卵圆形或近圆形，长宽约3 ~ 6 cm，具浅波状齿；萌枝的叶较大，三角状卵圆形；叶柄侧扁，长2 ~ 6 cm。雄花序长5 ~ 9 cm，雄蕊5 ~ 12，花药紫红色；雌花序长4 ~ 7 cm。果序长达12 cm；果卵状圆锥形，无毛，2瓣裂，有短梗。花期3 ~ 4月；果期4 ~ 5月。

【分布与习性】产崂山凉清河、源泉、北九水等地。零星生长于山坡及山沟。极喜光，耐寒冷、干旱瘠薄，对土壤适应性较强，常于原生林破坏后形成小面积次生纯林。

【应用】树形优美，白皮类型的树皮灰白色，与白桦相似，早春新叶红色，观赏价值高。是优良的山地风景林树种，也可用于营造防护林。

景观　植株

枝条　秋叶　花序　叶

旱柳 Salix matsudana

雄花序

【科属】杨柳科柳属

【形态特征】落叶乔木，高达18 m，径达80 cm；树冠倒卵形或近圆形。枝条直伸或斜展。叶披针形，长5 ~ 10 cm，宽1 ~ 1.5 cm，有细锯齿，背面微被白粉；叶柄长5 ~ 8 mm。雄蕊2，花丝分离，基部有长柔毛；雌花子房背腹面各具1个腺体。花期3 ~ 4月；果期4 ~ 5月。

【分布与习性】产于崂山北九水、砖塔岭、观崂村、凉清河、仰口等地；各地常见栽培。适应性强。喜光，耐寒；在干瘠沙地、低湿河滩和弱盐碱地上均能生长。耐干旱和水湿。

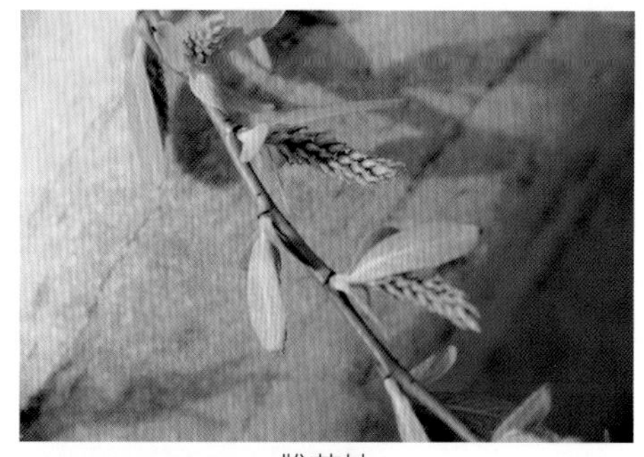
雌花枝

【应用】树冠丰满，生长迅速，枝叶柔软嫩绿，早春金黄，发叶早、落叶迟，是北方常用的庭荫树和行道树，也常用作公路树、防护林及沙荒地造林、农村“四旁”绿化。

【变型】1. **绦柳** f. pendula 枝细长而下垂。市区公园庭院有栽培。绿化树种。

2. **龙爪柳** f. tortuosa 枝卷曲。各地常见栽培。为庭院绿化树种。

3. **馒头柳** f. umbraculifera 树冠半圆形，形如馒头状。市区公园庭院有栽培。为风景观赏树。

雌花序

雄花序

景观

景观

绦柳　绦柳　绦柳

绦柳

龙爪柳

龙爪柳

龙爪柳

龙爪柳

馒头柳

垂柳 Salix babylonica

【科属】杨柳科柳属

【形态特征】落叶乔木，高达18 m。小枝细长下垂，淡褐黄色或带紫色，无毛。叶互生，狭披针形或条状披针形，长9 ~ 16 cm，宽0.5 ~ 1.5 cm，先端长渐尖，基部楔形，无毛或幼叶微有毛，具细锯齿；叶柄长 (3) 5 ~ 10 mm；托叶披针形。雄蕊2，花丝分离，花药黄色，腺体2；雌花子房仅腹面具1个腺体，背面无腺体。花期3 ~ 4月；果期4 ~ 5月。

【分布与习性】全市各地均有栽植，多生于河流、水塘及湖水边。喜光，对土壤要求不严，最适于湿润的酸性至中性土壤上生长。耐水湿；根系发达，萌芽力强。抗有毒气体。

【应用】垂柳枝条细长，随风飘舞，姿态优美潇洒，最宜配植在水边，如桥头、池畔、河流、湖泊沿岸等处。也可作行道树、公路树，亦适用于工厂绿化。

枝条

雌花序

景观

腺柳 Salix chaenomeloides

【别名】河柳

【科属】杨柳科柳属

【形态特征】落叶乔木，高达10 m。叶片宽大，椭圆状披针形至椭圆形、卵圆形，长4 ~ 8 (10) cm，宽1.8 ~ 3.5 (4) cm，有腺齿，下面苍白色，嫩叶常紫红色；叶柄顶端有腺点；托叶半圆形。雄蕊3 ~ 5，花丝基部有毛，腺体2；子房仅腹面有1腺体。花期4月；果期5月。

【分布与习性】产于崂山、大珠山、百果山等地，生于沟边、河滩及路旁；中山公园、即墨市栽培，中山公园有古树。喜光，不耐荫，喜潮湿肥沃的土壤，耐水湿。萌芽力强，耐修剪。

【应用】植株高大，新叶紫红色，枝叶茂密，叶片宽大，是优良的绿化观赏树种，绿化中适于种植在水旁岸边，也是重要护堤、护岸的绿化树种。

雄花序

景观

景观

枝条

新叶

枝叶

金丝垂柳 Salix 'Tristis'

【科属】杨柳科柳属

【形态特征】落叶乔木，高达18 m。树冠卵圆形或伞形，小枝细长，金黄色，下垂。叶窄披针形或条状披针形，长9 ~ 16 cm，宽0.5 ~ 1.5 cm，两面无毛或幼叶微被毛，有细锯齿；托叶斜披针形。花期3 ~ 4月；果期4 ~ 5月。

【分布与习性】金丝垂柳为一杂交种（金枝白柳 × 垂柳），各地普遍栽培。适应性强，生长速度快，寿命较短。

【应用】金丝垂柳枝条金黄色，自然下垂，树形优美，冬季满树金黄色的枝条如同一条条黄色丝绦，明媚耀眼，春季黄色枝条与绿色新芽交相辉映，美丽异常，夏秋季节则浓荫蔽日，满眼青翠，观赏价值高于垂柳。应用方式可参考垂柳。

景观

柿树 Diospyros kaki

【科属】柿树科柿树属

【形态特征】落叶乔木，高达15 m；树皮呈长方块状裂。叶宽椭圆形至卵状椭圆形，长6 ~ 18 cm，近革质，下面被黄褐色柔毛。雄花3朵排成小聚伞花序，雌花单生叶腋，多雌雄同株；花4基数，花冠钟状，黄白色。浆果大，径约2.5 ~ 8 cm，橙黄色、鲜黄色或红色。花期5 ~ 6月；果期9 ~ 10月。

【分布与习性】各地广泛分布及栽培。性强健，耐寒，喜光，略耐庇荫；对土壤要求不严，在山地、平原、微酸性至微碱性土壤上均能生长。较耐干旱，但过于干旱易落果。抗污染。

【应用】柿树是叶果兼供观赏的优良绿化树种，秋色宜人，可植于庭院、草地、山坡等各处，孤植、丛植、群植均可。还是优良的行道树。

古树景观

花

果实

果实

花枝

君迁子 Diospyros lotus

【别名】黑枣、软枣

【科属】柿树科柿树属

【形态特征】落叶乔木，高达15 m。小枝灰色。冬芽先端尖，叶长椭圆形，质地较柿树为薄，下面被灰色柔毛。花单性或两性，雌雄异株或杂性，雌花单生，雄花2 ~ 3朵簇生。花冠壶形，淡黄色至淡红色。浆果长椭圆形或球形，长1.5 ~ 2 cm，径约1.2 ~ 1.5 cm，熟前黄色，熟后蓝黑色，外面有蜡质白粉。花期4 ~ 5月；果期9 ~ 10月。

【分布与习性】各山地丘陵均有分布，也常栽培。性强健。喜光，耐半荫；耐干旱瘠薄和耐寒的能力均强于柿树，稍耐盐碱，较耐水湿。深根性，侧根发达。

【应用】君迁子树干挺直，树冠圆整，适应性强，可在绿化中用作庭荫树或行道树，也是嫁接柿树最常用的砧木。

花

花枝

果

植株

野茉莉 Styrax japonicus

果实

【别名】安息香

【科属】野茉莉科野茉莉属

【形态特征】落叶小乔木，高达10 m。嫩枝和叶有星状毛，后脱落。叶椭圆形或倒卵状椭圆形，长4 ~ 10 cm，宽2 ~ 6 cm，叶缘有浅齿。总状花序由3 ~ 6 (8)朵花组成，下垂；花冠白色，5深裂，长约1.5 ~ 2 cm；花丝基部合生。核果卵球形，长8 ~ 14 mm，径约8 ~ 10 mm。花期6 ~ 7月；果期9 ~ 10月。

【分布与习性】产于崂山、大珠山、小珠山、大泽山等地；黄岛区（山东科技大学校园）有成片栽培，生长良好。喜光，也较耐荫；喜湿润、肥沃、深厚而疏松富腐殖质土壤，耐旱、忌涝。生长较快。

【应用】树体较小，最适宜小型庭园造景，可植于池畔、水滨、窗前、草地等处，也可作园路树，江南各地常见栽培。花、叶、果均可药用。

景观

花枝

花枝

花

玉铃花 Styrax obassis

【科属】野茉莉科野茉莉属

【形态特征】落叶乔木，高达14 m，或呈灌木状。叶两型：小枝最下两叶近对生，椭圆形或卵形，长4.5 ~ 10 cm，宽2 ~ 5 cm，叶柄长3 ~ 5 mm；小枝上部的叶互生，宽椭卵形或近圆形，长5 ~ 15 cm，宽4 ~ 10 cm，具粗锯齿。总状花序有花10 ~ 20朵，白色或粉红色。果卵形，长1.5 ~ 1.8 cm，径约1.2 cm，密被黄褐色星状毛。花期5 ~ 7月；果期8 ~ 9月。

【分布与习性】产崂山八水河、太清宫、棋盘石等地，生于背阴山坡、沟谷的杂木林内；胶州市有栽培。喜温暖湿润、光照充足的环境，也耐半阴；较耐旱，忌涝。

【应用】树形自然，花朵洁白芳香，是美丽的观花树种，绿化中可栽培观赏。

植株

花序

幼株

小叶白辛树 Pterostyrax corymbosus

叶片

【科属】野茉莉科白辛树属

【形态特征】落叶乔木，高达15 m；嫩枝密被星状短柔毛。叶倒卵形、宽倒卵形或椭圆形，边缘有锐尖锯齿，下面稍被星状柔毛。圆锥花序伞房状，长3 ~ 8 cm；花白色，长约10 mm；花梗极短；花冠裂片长圆形，长约1 cm，宽约3.5 mm，近基部合生；雄蕊10枚，5长5短。果实倒卵形，长1.2 ~ 2.2 cm，5翅，密被星状绒毛。花期3 ~ 4月；果期5 ~ 9月。

【分布与习性】崂山区午山有栽培。耐寒性较强。

【应用】花白色而繁密，芳香，是良好的遮荫树，可用于庭园绿化，适于水滨、桥头应用，孤植、丛植均宜。也是低湿地造林或护堤树种。

果实

群落

枝条

花

干皮

秤锤树 Sinojackia xylocarpa

【别名】捷克木

【科属】野茉莉科秤锤树属

【形态特征】落叶小乔木，高达7 m；冬芽裸露，单生或2枚叠生。新枝密生灰褐色星状毛。叶椭圆形或椭圆状倒卵形，长4 ~ 10 cm，宽2.5 ~ 5.5 cm，叶缘有细锯齿。花两性，3 ~ 5朵组成总状花序，生于侧枝顶端；花白色，径约2 cm，花冠6 ~ 7裂。果木质，下垂，卵圆形或卵状长圆形，熟时栗褐色，连喙长1.5 ~ 2.5 cm。花期4 ~ 5月；果期8 ~ 10月。

【分布与习性】黄岛区（山东科技大学校园）有栽培。喜光，幼苗也不耐荫；耐寒性较强，可耐短期 -16 ℃低温，在山东可露地越冬；喜深厚肥沃、湿润而排水良好的中性至微酸性土壤，不耐干旱瘠薄。

【应用】秤锤树花朵繁密、色白如雪，果形奇特，状如秤锤，随风飘动，颇有特色，是优美的绿化观赏树种，宜丛植于庭院或开阔的草坪。

花枝

果枝

果枝

植株

山楂 Crataegus pinnatifida

【科属】蔷薇科山楂属

【形态特征】落叶小乔木，高达7 m；有短枝刺。叶片宽卵形至三角状卵形，长5 ~ 10 cm，宽4.5 ~ 7.5 cm，两侧各有3 ~ 5羽状浅裂或深裂，有不规则尖锐重锯齿；托叶半圆形或镰刀形。伞房花序直径4 ~ 6 cm，花径约1.8 cm。果近球形，红色或橙红色，径1 ~ 1.5 cm，表面有白色或绿褐色皮孔点。花期4 ~ 6月；果期9 ~ 10月。

【分布与习性】产于崂山、大珠山、小珠山、大泽山等各主要山区，生于海拔800 m 以下山坡林边或灌木丛中；各地常见栽培。适应性强。耐干旱瘠薄。萌芽力、萌蘖力强，根系发达。抗污染。

【应用】观花、观果兼观叶的优良绿化树种。绿化中可结合生产成片栽植，并是园路树的优良材料。经修剪整形，也可作果篱，供观果并兼有防护之效。

【变种】1. 山里红 var. major 叶片形大而厚，羽裂较浅；果大形，直径多在2.5 cm 左右。熟时深红色，有光泽。崂山北九水及各地果园常栽培。重要果树，果实供鲜吃、加工或作糖胡芦用。

2. 秃山楂 var. pilosa 叶片下面、叶柄、总花梗及花梗光滑无毛。产于崂山蟠桃峰。

景观

花

花序

果实

果实

毛山楂 Crataegus maximowiczii

【科属】蔷薇科山楂属

【形态特征】落叶灌木或小乔木，高达7 m。小枝粗壮，嫩时密生灰白色绒毛，2年生枝无毛。叶宽卵形或菱状卵形，长4 ~ 6 cm，宽3 ~ 5 cm，边缘有3 ~ 5对浅裂片并疏生重锯齿，下面密生灰白色柔毛。复伞房花序具，直径4 ~ 5 cm，多花；花白色，径约1.2 cm。果实球形，红色，径约7 ~ 8 mm。花期5 ~ 6月；果期8 ~ 9月。

【分布与习性】中山公园有栽培。

【应用】春季花白色，秋冬季果实红色，为优良绿化观赏树种。适宜于草坪、广场等开阔区域孤植、对植观赏。

果期景观

花期景观

花

欧楂 Mespilus germanica

【别名】西洋山楂

【科属】蔷薇科欧楂属

【形态特征】落叶小乔木，高达5 m，树冠伞形或球形。叶长椭圆形或倒披针形，长6 ~ 13 cm，宽3 ~ 5 cm，叶缘有不规则细锯齿或近全缘，羽状脉，侧脉约10对。花单生或2 ~ 3朵集生；花白色，径3 ~ 4 cm，花梗极短，萼筒密被毛；雄蕊30 ~ 40，花药紫红色；花柱5。果实倒卵状半球形，径约2 ~ 3 cm，熟时暗橙色，萼片宿存。花期4月；果期9 ~ 10月。

【分布与习性】中山公园有栽培。喜温暖湿润气候和排水良好的土壤；略喜光，抗逆性强，生长缓慢。

【应用】花大而白色，果实橙红色，可供庭院栽培观赏，也是久经栽培的果树。

花

果枝

景观

水榆花楸 Sorbus alnifolia

【别名】水榆、黄山榆

【科属】蔷薇科花楸属

【形态特征】落叶乔木，高达20 m。小枝有灰白色皮孔。单叶，卵形或椭圆状卵形，长5 ~ 10 cm，先端短渐尖，基部圆或宽楔形，具不整齐锐尖重锯齿，有时浅裂，下面脉上被疏柔毛;侧脉6 ~ 10 (14) 对。花序被疏柔毛，花白色。果椭圆形或卵形，径0.7 ~ 1 cm，红色或黄色，2室，萼片脱落。花期5月；果期8 ~ 9月。

【分布与习性】产于崂山、浮山、小珠山、大珠山、大泽山等地。耐荫喜湿，幼树喜阴，耐寒，不耐夏季高温干燥，喜腐殖质丰富、排水良好的微酸性土壤。

【应用】花朵洁白素雅，秋叶和果实均变红色或橘黄色，是重要的观叶、观花和观果树种。除了用于营造山地风景林以外，也适于草坪、假山、谷间、水际以及建筑周围等各处孤植或丛植。

【变种】裂叶水榆花楸 var. lobulata 叶缘浅裂，有粗大的重锯齿。产崂山。

景观

果实

花序

植株

花

果实景观

花楸 Sorbus pohuashanensis

【别名】百华花楸

【科属】蔷薇科花楸属

【形态特征】落叶小乔木，高达8 m。芽密生白色绒毛。小叶5 ~ 7对，卵状披针形至椭圆状披针形，长3 ~ 5 cm，宽1.4 ~ 1.8 cm，基部或中部以下全缘；托叶半圆形，有缺齿。复伞房花序大型，总梗和花梗被白色绒毛；花白色，花柱5。果球形，红色，径6 ~ 8 mm，萼片宿存。花期5 ~ 6月；果期9 ~ 10月。

【分布与习性】产崂山及小珠山，多生于海拔600m以上的阴坡、山顶或沟底。喜凉爽湿润气候，耐寒冷，惧高温干燥；较耐荫，喜酸性或微酸性土壤。

【应用】夏季繁花满树，花序洁白硕大，秋季红果累累，而且秋叶红艳，是著名的观叶、观花和观果树种。喜冷凉的高山气候，最适于山地风景区中、高海拔地区营造风景林。

景观

果实景观

枝叶

顶芽

果实

木瓜 Chaenomeles sinensis

【科属】蔷薇科木瓜属

【形态特征】落叶小乔木，高达10 m；树皮呈薄片状剥落。叶卵状椭圆形至椭圆状长圆形，长5 ~ 10 cm，有芒状锯齿，齿尖有腺；托叶卵状披针形。花单生，粉红色，径2.5 ~ 3 cm；萼片反折，有细齿。果椭圆形，长10 ~ 18 cm，黄绿色，近木质，芳香。花期4 ~ 5月；果期9 ~ 10月。

【分布与习性】崂山明霞洞、太清宫等景区及市区公园绿地有栽培。喜光，喜温暖，也较耐寒，适生于排水良好的土壤，不耐盐碱和低湿。

【应用】树皮斑驳可爱，果实大而黄色，芳香袭人，乃色香兼具的果木。适于小型庭院造景，常于房前或花台中对植、墙角孤植。果实香味持久，置于书房案头则满室生香。

干皮

果实

景观

花

大树景观

白梨 Pyrus bretschneideri

【科属】蔷薇科梨属

【形态特征】落叶乔木；高达8 m。枝、叶、叶柄、花序梗、花梗幼时有绒毛，后脱落。叶卵形至卵状椭圆形，长5 ~ 18 cm，基部宽楔形或近圆形，具芒状锯齿，幼叶棕红色。花径2 ~ 3.5 cm；花梗长1.5 ~ 7 cm。花柱5。果倒卵形或近球形，黄绿色或黄白色，径约5 ~ 10 cm，萼片脱落。花期4月；果期8 ~ 9月。

【分布与习性】崂山及各地果园常有栽培。喜温带气候，耐干冷，宜沙质土，对肥力要求不严，也较耐盐碱。

【应用】白梨是著名的果树，花朵亦繁密美丽，在大型风景区内可结合生产，成片栽植梨树。

景观

花枝

果实

果枝

果枝

果实

花

果实剖面

褐梨 Pyrus phaeocarpa

【科属】蔷薇科梨属

【形态特征】落叶乔木，高5 ~ 8m。叶椭圆卵形至长卵形，长6 ~ 10 cm，宽3.5 ~ 5 cm，有尖锐锯齿，托叶膜质，条状披针形，早落。伞形总状花序有花5 ~ 8朵，总花梗及花梗幼时被绒毛，后脱落；花径约3 cm；萼筒外被白色绒毛；花瓣卵形，白色；雄蕊20；花柱3 ~ 4。果实球形或卵形，径2 ~ 2.5 cm，熟时褐色，密生淡褐色斑点，萼片脱落。花期4月；果期8 ~ 9月。

【分布与习性】产于崂山蔚竹庵、太清宫、仰口、华严寺和大珠山；崂山区、平度市有栽培。

【应用】花朵繁密，可栽培观赏，也常作为栽培梨的砧木。果形中等，肉脆、皮粗，石细胞多，可生食。

大树景观

西洋梨 Pyrus communis var. sativa

【科属】蔷薇科梨属

【形态特征】乔木，高达15m。叶卵形、近圆形或椭圆形，长5 ~ 10 cm，宽3 ~ 6 cm，有圆钝锯齿，稀全缘。伞形总状花序，具花6 ~ 9朵，总花梗和花梗密被绒毛；萼片三角披针形；花瓣倒卵形，白色；雄蕊20，长约花瓣之半；花柱5。果实倒卵形或近球形，长3 ~ 5 cm，绿黄色，稀带红晕，萼片宿存；果柄粗厚，长2.5 ~ 5 cm。花期4月，果期7 ~ 9月。

【分布与习性】平度市有引种栽培。

景观

果实

花

果枝

豆梨 Pyrus calleryana

【科属】蔷薇科梨属

【形态特征】落叶乔木，高达8 m。小枝粗壮，幼嫩时有绒毛，不久脱落。叶两面、花序梗、花柄、萼筒、萼片外面无毛。叶阔卵形至卵圆形，长4 ~ 8 cm，宽3.5 ~ 6 cm，具圆钝锯齿，叶柄长2 ~ 4 cm。伞形总状花序具花6 ~ 12朵。花瓣卵形；花柱2，罕3；花梗长1.5 ~ 3 cm。果近球形，径1 ~ 2 cm，褐色，萼片脱落。花期4月；果期8 ~ 9月。

【分布与习性】广泛分布，也有栽培。喜光，喜温暖湿润气候，不耐寒。抗病力强。在酸性、中性、石灰岩山地都能生长。

【应用】嫁接梨树的良好砧木，也可栽培观赏，应用同杜梨。

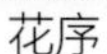
花序

果枝

花枝

大树景观

秋子梨 Pyrus ussuriensis

【别名】山梨、青梨

【科属】蔷薇科梨属

【形态特征】落叶乔木，高达15 m，树冠宽广。叶卵形至宽卵形，长5 ~ 10 cm，宽4 ~ 6 cm，边缘具有带刺芒状尖锐锯齿，两面无毛或幼嫩时被绒毛，不久脱落。花序有花5 ~ 7朵，花瓣倒卵形或广卵形，先端圆钝，长约18 mm，宽约12 mm，白色。果实近球形，黄色，直径2 ~ 6 cm，萼片宿存，具短果梗，长1 ~ 2 cm。花期5月；果期8 ~ 10月。

【分布与习性】产于崂山明道观、水石屋、北九水、崂顶等地。抗寒力很强，适于生长在寒冷而干燥的地区。

【应用】秋子梨在我国北方常见栽培，品种很多，市场上常见的香水梨、安梨、酸梨、沙果梨、京白梨、鸭广梨等均属于本种。既是著名果实，也可栽培于庭园供观赏。

叶片

果实

果实切面

植株景观

花期景观

杜梨 Pyrus betulaefolia

【别名】棠梨

【科属】蔷薇科梨属

【形态特征】落叶乔木，高达10 m。常具枝刺。幼枝、幼叶、花序密生灰白色绒毛。叶菱状卵形至椭圆状卵形，长4 ~ 8 cm，具粗尖锯齿，无刺芒；叶柄长1.5 ~ 4 cm。伞形总状花序有花6 ~ 15朵，总梗和小花梗均有密绒毛；花径约1.5 ~ 2 cm，白色。花柱2 ~ 3；花梗长2 ~ 2.5 cm。果近球形，径0.5 ~ 1 cm，萼片脱落。花期4 ~ 5月；果期8 ~ 9月。

【分布与习性】产于崂山、大珠山、大泽山；青岛植物园、崂山区、城阳区、黄岛区、胶州市有栽培。喜光，抗性强。深根性，萌蘖力强。

【应用】花朵繁密，适应性强，既是嫁接白梨的优良砧木，也可栽培观赏，适于庭园孤植、丛植，也是防护林及沙荒造林树种。

景观

花

果实

果实

崂山梨 Pyrus trilocularis

【科属】蔷薇科梨属

【形态特征】小乔木，高4 ~ 6 m。小枝光滑无毛。叶卵状披针形，基部宽楔形或圆形，长10 ~ 15 cm，宽3 ~ 5 cm，有钝锯齿，上面光滑无毛；叶柄纤细，长4 ~ 5 cm。梨果近球形，径约1 ~ 1.5 cm，干后紫褐色，8 ~ 10枚组成伞房状果序，子房3室；花萼在果实成熟时宿存，萼裂片向外反曲，外面光滑，内面密被绒毛。

【分布与习性】产崂山上清宫、明霞洞。生于山沟，阴坡及杂木林中。

植株

叶

果枝

垂丝海棠 Malus halliana

【**科属**】蔷薇科苹果属

【**形态特征**】落叶灌木或小乔木，高达5 m。叶卵形、椭圆形至椭圆状卵形，质地较厚，长3.5 ~ 8 cm，锯齿细钝或近全缘。花梗细长，下垂；花初开时鲜玫瑰红色，后渐呈粉红色，径3 ~ 3.5 cm；萼片三角状卵形，顶端钝，与萼筒等长或稍短；花柱4 ~ 5。果倒卵形，径6 ~ 8 mm，萼片脱落。花期3 ~ 4月；果期9 ~ 10月。

【**分布与习性**】公园绿地普遍栽培。喜光，不耐荫，喜温暖湿润，较耐寒；对土壤要求不严，不耐水涝。

【**应用**】花繁色艳，朵朵下垂，姿态潇洒，是著名庭园观赏花木，适于丛植、群植，最宜用于庭院、水边、路旁，也可盆栽。

花枝　　果实　　花

植株

西府海棠 Malus micromalus

【别名】小果海棠、海红、子母海棠

【科属】蔷薇科苹果属

【形态特征】落叶灌木或小乔木，高达5 m。树冠紧抱，枝直立性强。叶椭圆形至长椭圆形，长5 ~ 10 cm，锯齿尖锐。花序有花4 ~ 7朵，集生于小枝顶端；花淡红色，萼筒外面和萼片内均有白色绒毛，萼片与萼筒等长或稍长。果近球形，径1.5 ~ 2 cm，红色，基部及先端均凹陷；萼片宿存或脱落。花期4 ~ 5月；果期9 ~ 10月。

【分布与习性】全市普遍栽培。喜光，耐寒，耐干旱，忌空气湿度过大，对土壤要求不高，最适于肥沃、疏松而排水良好的沙质壤土，较耐盐碱，不耐水涝。抗病虫害，根系发达。

【应用】西府海棠株型紧凑，花色艳丽，自古就是著名的观赏花木，常植于庭园观赏。

花

花

孤植

行道树景观

海棠花 Malus spectabilis

【科属】蔷薇科苹果属

【形态特征】落叶小乔木或大灌木，高4～8 m；树形峭立，枝条耸立向上。叶椭圆形至长椭圆形，长5～8 cm，有密细锯齿；叶柄长1.5～2 cm。花在蕾期红艳，开放后淡粉红色，径约4～5 cm，花梗长2～3 cm；萼片较萼筒稍短。果近球形，径约2 cm，黄色，基部无凹陷，花萼宿存。花期3～5月；果期9～10月。

【分布与习性】产崂山太清宫、仰口、八水河。适应性强，对环境要求不严，但最适宜生长于排水良好的沙壤土，对盐碱土抗性较强。喜光；耐寒；耐干旱，忌水湿。

【应用】是我国久经栽培的传统花木，最适于自然式配植。

植株

果

花

景观

山定子 Malus baccata

【别名】山荆子

【科属】蔷薇科苹果属

【形态特征】落叶乔木，高达10 ~ 14 m。叶椭圆形或卵形，长3 ~ 8 cm，宽2 ~ 3.5 cm，边缘有细锐锯齿，叶柄长3 ~ 5 cm。花白色，径3 ~ 3.5 cm，萼片全缘，披针形，长于萼筒；花柱5或4。果近球形，径8 ~ 10 mm，红色或黄色，萼脱落。花期4 ~ 6月；果期9 ~ 10月。

【分布与习性】产于崂山、小珠山、大泽山等丘陵山区；中山公园、城阳世纪公园、胶州市、即墨市有栽培。喜光，耐寒性强；耐干旱，不耐涝，不耐盐碱。根系发达，抗风力强。

【应用】枝繁叶茂，幼树树冠圆锥形，老则开张呈圆形，早春满树白花，秋季红果累累，经久不落，是优良的庭园观赏树种，以其树体高大，也可作行道树。用作苹果和花红等砧木，也是培育耐寒苹果品种的原始材料。嫩叶可代茶。

果实景观

果实

花

果枝

楸子 Malus prunifolia

【别名】海棠果

【科属】蔷薇科苹果属

【形态特征】落叶灌木或小乔木，高3 ~ 8 m。树冠开张，枝下垂。嫩枝灰黄褐色。叶卵形至椭圆形，长5 ~ 9 cm，缘具细锐锯齿；叶柄长1 ~ 5 cm。花序由4 ~ 5朵花组成；花白色或带粉红色；萼片披针形，较萼筒长。果卵形，熟时红色，径2 ~ 2.5 cm，萼肥厚宿存。

【分布与习性】产崂山洞西岐；中山公园有栽培。

【应用】是优美的观花、观果树种。为苹果优良砧木。

果枝

花枝

苹果 Malus pumila

果实

叶背面

【科属】蔷薇科苹果属

【形态特征】落叶乔木，高达15 m。叶卵形、椭圆形至宽椭圆形，有圆钝锯齿；叶柄长1.2 ~ 3 cm。伞房花序有花3 ~ 7朵，花蕾期粉红色或玫瑰红色，开放后白色或带红晕，径3 ~ 4 cm；花萼倒三角形，较萼筒稍长；花柱5。果扁球形，径5 cm以上，两端均下洼，萼宿存。花期4 ~ 5月；果期7 ~ 10月。

【分布与习性】各地普遍栽培，以黄岛区、平度市、莱西市最多。喜光，要求比较冷凉和干燥的气候，不耐湿热；以深厚、肥沃、湿润而排水良好的土壤上生长较好，不耐瘠薄。根系发达。

【应用】是著名的水果，绿化中可结合生产，成片栽培，也可丛植点缀庭院。果大味美，营养丰富，耐储藏，被誉为“果中之王”，生食或加工为果脯和果酱食用。

植株

花红 Malus asiatica

【别名】沙果、文林郎果、林檎、频婆果、朱柰、五色柰

【科属】蔷薇科苹果属

【形态特征】落叶小乔木，高达6 m。嫩枝、花柄、萼筒和萼片内外两面都密生柔毛。叶片卵形至椭圆形，长5 ~ 11 cm，基部宽楔形，边缘锯齿常较细锐，下面密被短柔毛。花粉红色，萼片宽披针形，比萼筒长，花柱4 ~ 5；果卵球形或近球形，黄色或带红色，径2 ~ 5 cm，基部下洼，宿存萼肥厚而隆起。花期4 ~ 5月；果期7 ~ 9月。

【分布与习性】崂山、城阳、黄岛等果园有少量栽培。喜凉爽气候，适应性强于苹果，耐水湿和盐碱的能力较强，对土壤要求不严。

【应用】花红是我国古老的果树之一，株形美观，树姿开张，树势强健，春花粉红，果色艳丽，夏秋时节果实累累，是优良果树和观果树种。

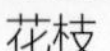

花枝

花

果实

湖北海棠 Malus hupehensis

幼株

【别名】甜茶、野花红、茶海棠

【科属】蔷薇科苹果属

【形态特征】落叶乔木，高达8 m。叶卵形或椭圆状卵形，长5 ~ 10 cm，宽2.5 ~ 4 cm，具不规则细尖锯齿。花白色，偶粉红色，径3.5 ~ 4 cm；萼片顶端尖，与萼筒等长或稍短；花柱3，罕4，基部有长绒毛。果近球形，黄绿色，稍带红晕，径约1 cm，黄绿色稍带红晕；萼片脱落。花期4 ~ 5月；果期8 ~ 9月。

【分布与习性】产于崂山流清河、标山、夏庄等景区。生山坡或山谷丛林中，也常见于水沟、溪边。适应性强，喜光，喜湿润，耐水湿，也耐旱，抗寒性强，并有一定的抗盐能力。

【应用】是优良的观花和观果树种，也是山地风景区优良的造景材料。常做嫁接苹果、垂丝海棠的砧木；嫩叶晒干作茶叶代用品，味微苦涩，俗名花红茶。

枝叶

景观

果枝

植株

桃 Amygdalus persica

【科属】蔷薇科桃属

【形态特征】落叶小乔木或大灌木，高达8 m；树皮暗红褐色，平滑。侧芽常3个并生。叶卵状披针形或矩圆状披针形，长8 ~ 12 cm，宽2 ~ 3 cm，先端长渐尖，有锯齿，叶片基部有腺体。花单生，粉红色，径2.5 ~ 3.5 cm，花梗短，萼紫红或绿色。果卵圆形或扁球形，黄白色或带红晕，径3 ~ 7 cm，稀达12 cm。花期4 ~ 5月；果6 ~ 7月成熟。

【分布与习性】全市各地普遍栽培。阳性树，不耐荫；耐 –20 ℃以下低温，也耐高温；喜肥沃而排水良好的土壤，不适于碱性土和粘性土。较耐干旱，极不耐涝。萌芽力和成枝力较弱，尤其是在干旱瘠薄土壤上更为明显。寿命较短。根系浅，不抗风。

【应用】桃树树形多样，着花繁密，无论食用桃还是观赏桃，盛花期均烂漫芳菲、妩媚可爱，是绿化中常见的花木和果木。

【变种】1. **寿星桃** var. densa 树形低矮，枝屈曲，节间短；花重瓣。中山公园、黄岛区（山东科技大学校园），青岛市农科院有栽培。作观赏用或食用桃的砧木。

2. **油桃** var. aganonucipersica 果实光滑无毛，果肉与核分离。果园有栽培。供食用。

3. **蟠桃** var. compressa 果实扁平形，两端凹入呈柿饼状；核小，有深沟纹。各果园有栽培。供食用。

【变型】1. **绛桃** f. camelliaeflora 花半重瓣，深红色。公园绿地常见栽培。

2. **碧桃** f. duplex 花粉色，重瓣、半重瓣。崂山北九水及各公园有栽培。

3. **白桃** f. alba 各公园常栽培。

4. **白碧桃** f. albo-plena 花白色。各公园常栽培。

5. **洒金碧桃** f. versicolor 花白色和粉红色相间，同一株或同一花2色，甚至同一花瓣上杂有红色彩。中山公园有栽培。

6. **紫叶桃** f. atropurpurea 叶始终为紫色，上面多皱折；花粉色，单瓣或重瓣。各公园、岛农业大学，胶州市有栽培。

7. **塔型碧桃** f. pyramidalis 各公园有栽培，常见照手白、照手红品种。

8. **垂枝碧桃** f. pendula 枝下垂；花有红、白2色。各公园常栽培。

小枝

花

花期景观

幼果

果实

寿星桃

寿星桃

寿星桃

绛桃

绛桃

绛桃

碧桃

碧桃

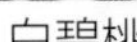

白碧桃

白碧桃

洒金碧桃

紫叶桃

紫叶桃

紫叶碧桃

紫叶桃

垂枝碧桃

垂枝碧桃

垂枝碧桃

干皮

山桃 Amygdalus davidiana

【科属】蔷薇科桃属

【形态特征】落叶乔木，高达10 m。树冠球形或伞形，较开张；树皮暗紫红色，平滑，常具有横向环纹，老时呈纸质脱落。冬芽无毛。叶卵状披针形，长5 ~ 12 cm，宽2 ~ 4 cm，具细锐锯齿；叶片基部有腺体或无。花单生，先叶开放，白色至淡粉红色，径2 ~ 3 cm；萼无毛。果近球形，径约3 cm；果肉薄而干燥，核小，球形，有沟纹及小孔。花期3 ~ 4月；果期7 ~ 8月。

【分布与习性】全市各公园常见栽培，供观赏。阳性树，耐旱，耐寒，较耐盐碱，忌水湿。

【应用】树体高大，而且花期更早，适应性更强。可孤植、丛植于庭院、草坪、水边等处赏花，成片植于山坡效果最佳。也是嫁接碧桃的优良砧木。

幼果

枝条

花枝

景观

梅 Armeniaca mume

【科属】蔷薇科杏属

【形态特征】落叶小乔木或大灌木，高达4 ~ 10 m；树形开展，小枝细长，绿色。叶卵形至广卵形，长4 ~ 10 cm，先端长渐尖或尾状尖，基部广楔形或近圆形，锯齿细尖。花单生或2朵并生，白色、粉红或红色，径2 ~ 2.5 cm，花梗短。果近球形，黄绿色，径2 ~ 3 cm，密被细毛；果核有多数凹点。花期因各地自然条件不同而异，青岛市一般3月。

【分布与习性】崂山太清宫及公园绿地有栽培，青岛十梅庵公园种植梅花品种200余个。阳性树，喜温暖湿润的气候，对土壤要求不严，无论是微酸性、中性，还是微碱性土均能适应。较耐干旱瘠薄，最忌积水。萌芽力强，耐修剪。寿命长。

【应用】梅花是我国特有的传统花木和果木，花开占百花之先，凌寒怒放，适植于庭院、草坪、公园、山坡各处，既可孤植、丛植，又可群植、林植。

【变种】1. **照水梅** var. pendula 枝条绿色，下垂；花朵开时朝向地面，有白色、粉色或紫红色。中山公园栽培。

2. **杏梅** var. bungo 小枝红褐色或灰褐色；萼紫红色，花粉红色或红色，半重瓣。抗寒性较强，可能是杏与梅的天然杂交种。十梅庵公园有栽培。

宫粉　　花　　景观

景观

照水梅

绿萼梅

绿萼梅

杏 Armeniaca vulgaris

【科属】蔷薇科杏属

【形态特征】落叶乔木，高达15 m；小枝红褐色。叶广卵形，长5 ~ 10 cm，宽4 ~ 8 cm，先端短尖或尾状尖，锯齿圆钝。花芽2 ~ 3个在枝侧集生，每个花芽内一花；花先叶开放，白色至淡粉红色，径约2.5 cm，花梗极短，花萼鲜绛红色。果实近球形，黄色或带红晕，径2.5 ~ 3 cm，有细柔毛；果核平滑。花期3 ~ 4月；果(5) 6 ~ 7月成熟。

【分布与习性】全市各地均有栽培，常作果树。喜光，耐寒，也耐高温；对土壤要求不严。萌芽力和成枝力较弱。生长迅速，5 ~ 6年生开始结果，可达百年以上。

【应用】我国著名的观赏花木和果树，绿化中最宜结合生产群植成林，也可于庭院、山坡、水边、草坪、墙隅孤植、丛植赏花。果实成熟早，也是初夏的观果树种。

花　　花枝　　果实　　果枝

列植景观

欧洲甜樱桃 Cerasus avium

【别名】大樱桃、欧洲樱桃

【科属】蔷薇科樱属

【形态特征】落叶乔木。叶倒卵状椭圆形或椭圆卵形，长3 ~ 13 cm，宽2 ~ 6 cm，先端骤尖或短渐尖，叶边有缺刻状圆钝重锯齿；托叶狭带形，长约1 cm，有腺齿。花序伞形有花3 ~ 4朵，花叶同开，花白色，花梗长2 ~ 3 cm，无毛，萼筒钟状，萼片长椭圆形，开花后反折；花瓣倒卵圆形，先端微凹。核果红色至紫黑色，径1.5 ~ 2.5 cm。花期4 ~ 5月；果期6 ~ 7月。

【分布与习性】青岛果园有引种栽培。适于土层深厚、疏松肥沃的土壤；根系较浅，抗风能力差，抗旱性一般，不耐涝。

【应用】果实大型，是久经栽培的著名果树。花朵白色而繁密，也是优良的庭院观赏植物。绿化中可结合生产大面积种植。

叶柄

花

果实

果枝

枝叶

果实

樱桃 Cerasus pseudocerasus

【科属】蔷薇科樱属

【形态特征】落叶小乔木，高达6 m。叶宽卵形至椭圆状卵形，长6 ~ 15 cm，具尖锐重锯齿，无芒；下面疏生柔毛；叶柄近顶端有2腺体。伞房花序或近伞形，花白色，略带红晕，径1.5 ~ 2.5 cm；萼筒钟状，有短柔毛；花梗长1.5 ~ 2 cm，有疏柔毛。果近球形，无沟，径1 ~ 1.5 cm，黄白色或红色。花期3 ~ 4月，先叶开放；果期5 ~ 6月。

【分布与习性】各地均有栽培，以崂山北宅、城阳夏庄一带最为著名。喜光，稍耐荫，较耐寒，对土壤要求不严，喜排水良好的沙质壤土，耐瘠薄。萌蘖力强。

【应用】既是著名的果品，也是晚春和初夏观果树种，果实繁密，色似赤霞、俨若绛珠。适于庭院种植，也可于公园、山谷等地丛植、群植。

果期景观　果实　花　景观　花枝

东京樱花 *Cerasus yedoensis*

【别名】日本樱花

【科属】蔷薇科樱属

【形态特征】落叶乔木，高4 ~ 16 m。叶卵状椭圆形至倒卵形，长5 ~ 12 cm；缘具芒状单或重锯齿，叶下面沿脉及叶柄被短柔毛，具1 ~ 2个腺体。花白色至淡粉红色，先叶开放，径2 ~ 3 cm，常为单瓣；萼筒圆筒形，萼片长圆状三角形，外被短毛。果实球形或卵圆形，径约1 cm，熟时紫褐色。花期较樱花为早，叶前开放或与叶同放。

【分布与习性】崂山北九水及中山公园栽培。园艺品种很多，供观赏。染井吉野1914年引入青岛，成为著名观赏植物。喜光，略耐荫；较耐寒、耐旱。对土壤要求不严，不喜低湿和土壤粘重之地，不耐盐碱。浅根性。对烟尘的抗性不强。

【应用】日本樱花为著名观花树种，花时满株灿烂，甚为壮观，宜植于山坡、庭园、建筑物前及园路旁，或以常绿树为背景丛植。

花枝　景观

花枝

花枝　花期景观

花朵

山樱花 Cerasus serrulata

【别名】野生福岛樱、樱花

【科属】蔷薇科樱属

【形态特征】落叶乔木，高达10 ~ 25 m。叶矩圆状倒卵形、卵形或椭圆形，长5 ~ 10 cm，宽3 ~ 5 cm，有尖锐单锯齿或重锯齿，齿尖刺芒状；叶柄顶端有2 ~ 4腺体。伞形或短总状花序由3 ~ 6朵花组成；花梗无毛，叶状苞片篦形，边缘有腺齿；萼筒筒状，无毛；花径2 ~ 5 cm，白色至粉红色。核果球形，径6 ~ 8 mm，黑色，无明显腹缝沟。花期3 ~ 4月，与叶同放；果期6 ~ 8月。

【分布与习性】产于崂山、小珠山、百果山、大珠山等山区；崂山区白龙湾，平度市李园有栽培。喜光，略耐荫；喜温暖湿润气候，但也较耐寒、耐旱。

【应用】是重要的春季花木，可孤植或丛植于草地、房前，既供赏花，又可遮荫；也可成片种植或群植成林，则花时缤纷艳丽、花团锦簇。

花期植株

植株

花

景观

果实

日本晚樱 Cerasus serrulata var. lannesiana

【科属】蔷薇科樱属

【形态特征】落叶小乔木，高3 ~ 5 m，偶达10 m。小枝粗壮、开展，无毛。叶倒卵形或卵状椭圆形，先端长尾状，边缘锯齿长芒状；叶柄上部有1对腺体；新叶红褐色。花大型而芳香，单瓣或重瓣，常下垂，粉红色、白色或黄绿色；2 ~ 5朵成伞房状花序；苞片叶状；花序梗、花梗、花萼、苞片均无毛。花期4 ~ 5月。

【分布与习性】全市公园绿地普遍栽培，品种有关山、普贤象、一叶等。

【应用】植株较为低矮，花朵大而下垂，花色丰富，有芳香，是最重要的绿化观赏树种之一，适于庭院、公园、风景区、居住区等各处应用，多丛植、群植。花期较晚，与其他种类的樱花配置在一起可延长观赏期。

花

花序

景观

品种‘普贤象’

景观

品种‘关山’

稠李 Padus avium

【科属】蔷薇科稠李属

【形态特征】落叶乔木，高达15 m。叶卵状长椭圆形至长圆状倒卵形，长4 ~ 10 cm，宽2 ~ 4.5 cm，有不规则锐锯齿；叶柄长1 ~ 1.5 cm，具2腺体。总状花序下垂，多花，长7 ~ 10 cm；花白色，径1 ~ 1.5 cm，芳香，花瓣长圆形，先端波状。核果卵球形，直径6 ~ 8 mm，无纵沟，亮黑色。花期4 ~ 5月，与叶同放；果期9 ~ 10月。

【分布与习性】产崂山凉清河、北九水、崂顶、潮音瀑、黑风口。喜光，略耐荫，耐寒；喜湿润土壤，不耐旱。根系发达，萌蘖力强。

【应用】树体高大，花序长而下垂，花朵白色繁密，秋叶变红或黄色，是优美的绿化造景材料。也是重要的蜜源植物。

大树

花枝

果实

果枝

紫叶稠李 Padus virginiana 'Canada Red'

【科属】蔷薇科稠李属

【形态特征】落叶乔木，高达6 ~ 8 m。单叶互生，叶片长椭圆形，深紫色，长达7.5 cm，宽约3.7 cm，有锯齿，背面尤其是脉腋有灰色柔毛。总状花序常10 ~ 16 cm，花白色。核果熟时紫红色。花期4 ~ 5月；果期6 ~ 7月。

【分布与习性】崂山及黄岛区（山东科技大学校园）有栽培。喜排水良好的土壤，喜光，稍耐半阴，耐干旱。

【应用】是优良的彩叶树种，适于草地、路边等地。

景观

花序

花序

花期景观

紫叶李 Prunus cerasifera f. atropurpurea

【别名】红叶李、红叶樱桃李

【科属】蔷薇科李属

【形态特征】落叶小乔木，高4 ~ 8 m。幼叶在芽内席卷状。叶紫红色，卵状椭圆形，长4.5 ~ 6 cm，宽2 ~ 4 cm，有细尖单锯齿或重锯齿，基部圆形。花常单生，稀2朵，淡粉红色，径2 ~ 2.5 cm，单瓣。核果球形，暗红色，径1.5 ~ 2.5 cm。花期4 ~ 5月；果6 ~ 7月成熟。

【分布与习性】全市各地普遍栽培。适应性强，较喜光，在背阴处叶片色泽不佳。喜温暖湿润气候；对土壤要求不严，在中性至微酸性土壤中生长最好。较耐湿，是同属树种中耐湿性最强的种类之一。

【应用】紫叶李是著名的观叶树种，且春季白花满树，也颇醒目。适于公园草坪、坡地、庭院角隅、路旁孤植或丛植，也是良好的园路树。

叶片

花枝

景观

景观

果实

花

果

李 Prunus salicina

【科属】蔷薇科李属

【形态特征】落叶小乔木，高达7 ~ 12 m。叶倒卵状椭圆形或倒卵状披针形，长3 ~ 7 cm，基部楔形，缘具细钝的重锯齿，叶柄近顶端有2 ~ 3腺体。花常3朵簇生，白色，花梗长1 ~ 1.5 cm。果卵球形，径4 ~ 7 cm，具缝合线，绿色、黄色或紫色，外被蜡质白霜；梗洼深陷；核有皱纹。花期3 ~ 4月；果期7 ~ 9月。

【分布与习性】崂山大崂观、夏庄、太清宫等地有栽培。喜光，亦耐半荫；适应性强，酸性土至钙质土上均能生长，喜肥沃湿润而排水良好的粘壤土；根系较浅。生长迅速，但寿命较短。

【应用】李是花果兼赏树种。可用于庭园、宅旁、或风景区等，适于清幽之处配植，或三五成丛，或数十株乃至百株片植均无不可。

景观

花

果实

欧洲李 Prunus domestica

【科属】蔷薇科李属

【形态特征】落叶乔木，高6 ~ 15 m。叶椭圆形或倒卵形，长4 ~ 10 cm，宽2.5 ~ 5 cm，先端急尖或圆钝，有稀疏圆钝锯齿，侧脉5 ~ 9对，向顶端呈弧形弯曲而不达边缘。花1 ~ 3朵簇生于短枝顶端，花梗长1 ~ 1.2 cm；花径1 ~ 1.5 cm，花瓣白色或带绿晕。核果卵球形到长圆形，径1 ~ 2.5 cm，有明显侧沟，红色、紫色、黄绿色，常被蓝色果粉。花期5月；果期9月。

【分布与习性】城阳区、胶州市有引种栽培。根系较浅，不耐干旱。

【应用】果实可鲜食，也可制作蜜饯、果酱、果酒、李干。广泛栽培为果树，绿化中可作观果树种。

果实

果枝

花

合欢 Albizia julibrissin

【别名】马缨花、夜合树

【科属】含羞草科合欢属

【形态特征】落叶乔木，高达15 m。2回偶数羽状复叶，羽片4 ~ 12对；小叶10 ~ 30对，镰刀状长圆形，长6 ~ 12 mm，宽1.5 ~ 4 mm，中脉明显偏于一侧。头状花序排成伞房状，顶生或腋生；花萼、花瓣黄绿色，雄蕊多数，花丝细长如绒缨状，粉红色，长2.5 ~ 4 cm。荚果扁条形，长9 ~ 17 cm。花期6 ~ 7月；果期9 ~ 10月。

【分布与习性】全市普遍栽培，低山丘陵也有野生。喜光，喜温暖气候，也较耐寒；对土壤要求不严，耐干旱、瘠薄，不耐水涝。

【应用】树冠开展，树姿优美，是一种优良的观花树种，可作庭荫树和行道树。甚耐干旱瘠薄，也是重要的荒山绿化造林先锋树种。花蕾入药，能安神解郁。

景观

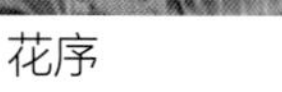

花序

花枝

果实

山槐 *Albizia kalkora*

【别名】山合欢

【科属】含羞草科合欢属

【形态特征】落叶乔木，高达15 m。2回羽状复叶，羽片2 ~ 4对；小叶5 ~ 14对，矩圆形，长1.5 ~ 4.5 cm，宽1 ~ 1.8 cm，两面被短柔毛；基部偏斜；中脉显著偏向叶片的上侧。头状花序2 ~ 7枚生于叶腋或于枝顶排成圆锥花序；花丝黄白色，花萼、花冠均密被长柔毛。荚果长7 ~ 17 cm，宽1.5 ~ 3 cm，深棕色。花期5 ~ 7月；果期9 ~ 11月。

【分布与习性】产于全市各主要山区，生于低山、丘陵向阳山坡的杂木林中。生长快，耐干旱及瘠薄地。

【应用】山合欢夏季开花，花美丽，是优良的观赏花树种，以其特别耐干旱瘠薄，尤其适于山地风景区应用。

植株

花序

荚果

花枝

叶片

皂荚 Gleditsia sinensis

【别名】皂角

【科属】云实科皂荚属

【形态特征】落叶乔木，高达30 m。枝刺圆锥形，常分枝。1回羽状复叶，小叶3 ~ 7 (9) 对，卵形至卵状长椭圆形，长3 ~ 8 cm，宽1 ~ 4 cm，顶端钝，叶缘有细密锯齿，上面网脉明显凸起。总状花序腋生；花杂性，黄白色，萼片、花瓣各4；雄蕊8。荚果肥厚，直而扁平，长12 ~ 30 cm，棕黑色，被白粉。花期5 ~ 6月；果期10月。

【分布与习性】产崂山太清宫、崂山头、明霞洞；各地常见栽培。喜光，稍耐荫；颇耐寒；对土壤酸碱度要求不严，无论是酸性土，还是石灰质土壤和盐碱地上均可生长。深根性，生长速度较慢，寿命长。

【应用】可植为绿荫树，宜孤植或丛植，也可列植或群植。也是大型防护篱、刺篱的适宜材料，但不宜植于幼儿园、小学校园内。果实富含皂素，可代皂用，洗涤丝绸不损光泽。

果实

枝刺

古树景观

景观

山皂荚 Gleditsia japonica

【别名】日本皂荚

【科属】云实科皂荚属

【形态特征】落叶乔木，高达25 m；枝刺扁而细，至少基部扁，长2 ~ 15 cm。1回或2回羽状复叶；小叶3 ~ 10对，卵状椭圆形或卵状披针形，长2 ~ 7 cm，宽1 ~ 3 cm（2回羽状复叶的小叶显著较小），全缘或具浅波状疏圆齿，上面网脉不明显。花黄绿色。荚果质地薄，长20 ~ 35 cm，宽2 ~ 4 cm，不规则旋扭或弯曲作镰刀状。花期4 ~ 6月；果期6 ~ 11月。

【分布与习性】产崂山、大珠山、大泽山，生于向阳山坡或谷地、溪边路旁；中山公园、城阳区（青岛农业大学校园）及崂山区有栽培。

【应用】山皂荚是优良的绿荫树，也可植为刺篱。

植株

果枝

果实

枝叶

枝刺

北美肥皂荚 Gymnocladus dioicus

【科属】云实科肥皂荚属

【形态特征】落叶乔木，高达30 m。枝粗壮，无顶芽。2回偶数羽状复叶，小叶互生，卵形，长5 ~ 8 cm，基部斜圆或宽楔形，全缘。花单性异株，绿白色，雌花成圆锥花序，雄花簇生状；花萼管状，5裂，花瓣5；雄蕊10，5长5短。荚果矩圆状镰形，肥厚肉质，长15 ~ 26 cm，褐色，冬季在树上宿存。花期5 ~ 6月；果期10月。

【分布与习性】中山公园有引种，长势旺盛。喜光，耐寒、耐旱，对土壤要求不严格但以深厚肥沃土壤生长较好；寿命长。

【应用】树干通直，树冠浓绿，羽状复叶大型，花色淡雅，为优良的观赏树种，最适于作庭荫树，群植或孤植均可。也可植为行道树。种子炒食，可代咖啡。

花

叶片

植株景观

怀槐 Maackia amurensis

【别名】朝鲜槐、高丽槐

【科属】蝶形花科马桉树属

【形态特征】落叶乔木，高达25 m。羽状复叶，长15 ~ 30 cm；小叶7 ~ 11枚，对生或近对生，卵形或卵状椭圆形，长3.5 ~ 8 cm，宽 2 ~ 4 cm，基部圆截或宽楔形；新叶两面密生白色细毛。总状花序长5 ~ 9 cm，3 ~ 4个集生；花黄白色。荚果扁平，长3 ~ 7 cm，宽1 ~ 1.2 cm，翅宽不及1 mm。花期6 ~ 7月；果期9 ~ 10月。

【分布与习性】产于崂山北九水、蔚竹庵、滑溜口、凉清河、太清宫、洞西岐、天茶顶、明霞洞、崂顶等地；青岛植物园有栽培。稍耐荫；耐寒性强；喜深厚肥沃土壤，耐旱。萌芽力强。

【应用】树姿优美，亭亭玉立，新叶黄绿色至乳黄色，花色黄白，是北方优良的绿化观赏树种，可作庭荫树和行道树。

景观

嫩枝

新叶

果实

毒豆 Laburnum anagyroides

【别名】金链树

【科属】蝶形花科毒豆属

【形态特征】落叶小乔木。掌状三出复叶，小叶全缘，椭圆形或长圆状椭圆形，长3 ~ 8 cm，上面近无毛，下面被贴伏细毛，侧脉6 ~ 7对。总状花序顶生于无叶枝端，下垂，长10 ~ 30 cm，具多花；花冠黄色；雄蕊单体，花药二型。荚果线形，种子肾形，黑色。花期4 ~ 6月；果期8月。

【分布与习性】城阳、黄岛、即墨、胶州、平度等区市有引种。

【应用】树冠整齐，花色美丽，可栽培作庭院观赏树。全株有毒，尤以果实和种子为甚。

果实

果序

果序

景观

国槐 Sophora **japonica**

【别名】家槐

【科属】蝶形花科槐属

【形态特征】落叶乔木，高达25 m；树冠球形或阔倒卵形。小枝绿色，皮孔明显。小叶7 ~ 17枚，卵形至卵状披针形，长2.5 ~ 5 cm，先端尖，背面有白粉和柔毛。圆锥花序顶生，直立；花黄白色。荚果串珠状，肉质，长2 ~ 8 cm，不开裂；种子肾形或矩圆形，黑色，长7 ~ 9 mm，宽5 mm。花期6 ~ 9月；果期10 ~ 11月。

【分布与习性】产崂山太清宫、张坡、华严寺、北九水、潮音瀑、华楼、三标山等地；全市普遍栽培。弱阳性；喜深厚肥沃而排水良好的沙质壤土。萌芽力，耐修剪。抗污染。

【应用】国槐是华北地区的乡土树种，被北方许多城市定为市树，栽培历史悠久，各地常见千年古树。国槐树冠宽广、枝叶茂密，花朵状如璎珞，香亦清馥，是北方最重要的行道树和庭荫树。

【变型】1. **五叶槐** f. oligophylla 奇数羽状复叶仅有3 ~ 5小叶，顶端小叶常3裂，侧生小叶下面常用大裂片，叶片下面有短绒毛。青岛植物园及即墨市、平度市有栽培。供观赏。

2. **龙爪槐** f. pendula 垂槐、盘槐。落叶小乔木，树冠呈伞形。大枝扭转斜向上伸展，小枝绿色，弯曲下垂。各地常见栽培。供观赏。

3. **杂蟠槐** f. hybrida 主枝健壮，向水平方向伸展，小枝细长，下垂。黄岛区（山东科技大学校园）有栽培。供观赏。

【品种】1. **黄金槐** ‘Huangjin’ 一二年生小枝金黄色。全市各地普遍栽培。供观赏。

2. **金叶国槐** ‘Jinye’ 新叶金黄色，后渐变为黄绿色。各地普遍栽培。供观赏。

古树

果

花

景观

五叶槐植株

五叶槐枝叶

龙爪槐

杂蟠槐

黄金槐

杂蟠槐

巨紫荆 Cercis gigantean

【科属】云实科紫荆属

【形态特征】落叶乔木，高可达20 m。叶近圆形，长5.5 ~ 13cm，宽6 ~ 13cm，下面基部有簇生毛。花淡紫红色，7 ~ 14朵簇生或着生于一极短的总梗上。

【分布与习性】青岛世园会园区、黄岛区（山东科技大学校园）有栽培。

【应用】树体高大，花多而美丽，是优良的行道树，也可列植、丛植于建筑周围。

花

果实

景观

景观

黄檀 Dalbergia hupeana

【别名】不知春

【科属】蝶形花科黄檀属

【形态特征】落叶乔木，高10 ~ 20 m。羽状复叶长15 ~ 25 cm；小叶互生，9 ~ 11枚，长圆形至宽椭圆形，长3 ~ 5.5 cm，宽2.5 ~ 4 cm，叶端钝圆或微凹，两面被伏贴短柔毛。圆锥花序顶生或近顶生，长15 ~ 20 cm；花密集，长6 ~ 7 mm，花冠淡紫色或黄白色。荚果阔舌状，长4 ~ 7 cm，宽13 ~ 15 mm。花期5 ~ 7月；果期9 ~ 10月。

【分布与习性】产于崂山北九水、流清河及大珠山等地；儿童公园、黄岛区（山东科技大学校园）及崂山区有栽培。喜光，耐干旱瘠薄；深根性，萌芽性强。

【应用】树形自然优雅，花色淡雅芳香，可作庭荫树、风景树、行道树应用。也是荒山荒地绿化的先锋树种，尤适于石灰质山地绿化。

花序

果实

新叶

景观

刺槐 Robinia pseudoacacia

【别名】洋槐

【科属】蝶形花科刺槐属

【形态特征】落叶乔木，高达25 m。小叶7 ~ 19，全缘，对生或近对生，椭圆形至卵状长圆形，长2 ~ 5 cm，宽1 ~ 2 cm，叶端钝或微凹；有托叶刺。腋生总状花序，下垂，花序长10 ~ 20 cm；花白色，芳香，长1.5 ~ 2 cm。荚果条状长圆形，长4 ~ 10 cm。花期4 ~ 5月；果期9 ~ 10月。

【分布与习性】全市普遍栽培。强阳性，幼苗也不耐庇荫；喜干燥而凉爽环境，对土壤要求不严，在酸性土、中性土、石灰性土和轻度盐碱土上均可生长。耐干旱瘠薄，不耐水涝。萌芽力、萌蘖力强。浅根性，抗风能力差。

【应用】刺槐于19世纪末引入青岛，是工矿区、荒山坡、盐碱地区绿化不可缺少的树种。花朵繁密而芳香，绿荫浓密，在庭院、公园中可植为庭荫树、行道树，在山地风景区内宜大面积造林。花可食，也是著名的蜜源植物。

【变型】1. **无刺刺槐** f. inermis 枝条上无刺，枝条茂密，树冠塔形，美观。中山公园有栽培。作行道树及庭院树。

2. **伞刺槐** f. umbraculifera 分枝密；树冠近球形，无刺或有很小软刺，开花极少。青岛市区有栽培。作观赏树或行道树。

3. **红花刺槐** f. decaisneana 花粉红色，较小，长1.5 ~ 2 cm。青岛市区有栽培。供观赏。

【品种】1. **曲枝刺槐**‘Tortuosa’枝条扭曲。黄岛区（山东科技大学校园）有栽培。供观赏。

2. **香花槐**‘Idaho’花紫红色。全市普遍栽培。供观赏。

荚果

花序

植株

无刺刺槐

无刺刺槐

红花刺槐

红花刺槐

曲枝刺槐

曲枝刺槐

曲枝刺槐

香花槐

香花槐

香花槐

香花槐

沙枣 Elaeagnus angustifolia

【别名】桂香柳、银柳

【科属】胡颓子科胡颓子属

【形态特征】落叶灌木或小乔木，高达10 m，树冠阔卵圆形；有时有枝刺。小枝、花序、果、叶背与叶柄密生银白色鳞片。叶椭圆状披针形至狭披针形，长4 ~ 6 cm，宽8 ~ 11 mm，基部广楔形，先端尖或钝。花1 ~ 3朵生于小枝下部叶腋，花被筒钟状，外面银白色，内面黄色，芳香，花梗甚短。果椭圆形，熟时黄色，果肉粉质。花期5 ~ 6月；果期9 ~ 10月。

【分布与习性】即墨市鹤山路有引种栽培。喜光，耐寒、耐干旱瘠薄，也耐水湿、盐碱，抗风沙，能生长在荒漠、盐碱地和草原上。萌蘖性强，抗风沙。根系发达，有可固氮的根瘤菌共生，能改良土壤，提高土壤肥力。

【应用】叶片银白，秋果淡黄，可植于庭院观赏。果可食，叶可做饲料；鲜花可提制香精。

植株

花

枝叶

枝叶

紫薇 Lagerstroemia indica

【别名】百日红、痒痒树

【科属】千屈菜科紫薇属

【形态特征】落叶乔木或灌木，高达7 m，枝干多扭曲。树皮淡褐色，薄片状剥落后树干特别光滑。小枝4棱，近无毛。单叶对生，叶椭圆形至倒卵形，长3 ~ 7 cm，先端尖或钝，基部广楔形或圆形。圆锥花序顶生，长9 ~ 18 cm；花蓝紫色至红色，径约3 ~ 4 cm，花萼、花瓣均为6枚，雄蕊多数，外轮6枚特长。果椭圆状球形，6裂。花期6 ~ 9月；果期10 ~ 11月。

【分布与习性】全市各地普遍栽培。喜光，稍耐荫；喜温暖气候；喜肥沃湿润而排水良好的石灰性土壤，在中性至微酸性土壤上也可生长。耐干旱，忌水涝。萌蘖性强。生长较慢。

【应用】花色鲜艳美丽，花期长，已广泛栽培为观赏植物。

【变种】银薇 var. alba 萼裂内侧微红色，花瓣檐部白色，爪部淡红色至红色。崂山太清宫及各公园普遍栽培。

花　花枝　花　植株

景观　景观

银薇　银薇　银薇花

福建紫薇 Lagerstroemia limii

【别名】浙江紫薇

【科属】千屈菜科紫薇属

【形态特征】落叶乔木，高达10 m；树皮细纵裂。幼枝密被灰黄色柔毛。叶互生至近对生，矩圆状披针形至矩圆状倒卵形，长10 ~ 15 cm，宽4 ~ 6 cm，上面光滑或疏生柔毛，下面密被柔毛，侧脉10 ~ 17对。顶生圆锥花序，密被柔毛；花堇紫色至淡红紫色，花瓣卵圆形，有皱纹，具长6 mm的柄。蒴果卵形，长8 ~ 12 mm，宽5 ~ 8 mm。花期短，5 ~ 6月开花；果期7 ~ 8月。

【分布与习性】黄岛区（山东科技大学校园），城阳绍林苗圃栽培。喜光，较耐寒，在山东栽培生长良好。不择土壤，但在肥沃、湿润、排水通畅的土壤上生长良好，生长期需水分充足。

【应用】树体高大，花色堇紫色至淡红紫色，花朵较小但花序硕大，是优良的观花树种和绿化绿化树种，孤植、群植均可。

花枝

花序

果

枝叶

石榴 Punica granatum

【别名】安石榴

【科属】石榴科石榴属

【形态特征】落叶乔木，高达10 m，或呈灌木状。幼枝四棱形，顶端多为刺状；有短枝。单叶，全缘，对生或近对生，或在侧生短枝上簇生；叶倒卵状长椭圆形或椭圆形，长2 ~ 9 cm，无毛。花单生或簇生；萼钟形，红色或黄白色，肉质；花瓣红色、白色或黄色，多皱座。果近球形，径6 ~ 8 cm或更大，红色或深黄色。花期5 ~ 6月；果期9 ~ 10月。

【分布与习性】全市各地普遍栽培，多见于庭院或果园。喜光，喜温暖气候，可耐 - 20 ℃左右的低温；喜深厚肥沃、湿润而排水良好的石灰质土壤，但可适应pH值4.5 ~ 8.2的范围；耐旱。

【应用】是著名的庭院观赏花木和果木。常见观赏类型有白石榴（'albescens'）、重瓣白石榴（'multiplex'）、月季石榴（火石榴）（' nana'）等。

花

重瓣石榴花

果枝

果实

景观

景观

蓝果树 Nyssa sinensis

【**别名**】紫树

【**科属**】蓝果树科蓝果树属

【**形态特征**】落叶乔木，高达20 m。叶椭圆形或长椭圆形，长12 ~ 15 cm，宽5 ~ 6 cm，侧脉6 ~ 10对。伞形或短总状花序，总梗长3 ~ 5 cm；花单性；雄花生于无叶的老枝上，雄蕊5 ~ 10。雌花生于具叶的幼枝上，花瓣鳞片状，子房下位。核果椭圆形或长倒卵圆形，长1 ~ 1.2 cm，宽6 mm，熟时深蓝色。花期4月下旬；果期9月。

【**分布与习性**】太清宫，青岛植物园栽培，太清宫有大树。阳性树，也耐荫，喜温暖湿润气候，生长快。

【**应用**】适宜孤植为庭荫树或公园风景树等。

秋季景观

叶片

果实

大树

喜树 Camptotheca acuminata

【科属】蓝果树科喜树属

【形态特征】落叶乔木，高达30 m。小枝绿色，髓心片隔状。叶椭圆形至长卵形，长12 ~ 28 cm，宽6 ~ 12 cm，全缘或微波状。花单性同株，头状花序常数个组成总状复花序，上部为雌花序，下部为雄花序；花萼5裂；花瓣5，淡绿色；雄蕊10；子房1室。翅果长2 ~ 3 cm，集生成球形。花期5 ~ 7月；果9 ~ 11月成熟。

【分布与习性】崂山太清宫，中山公园、青岛植物园有引种栽培，生长良好。喜光，幼树稍耐荫。喜温暖湿润气候，深根性，喜肥沃湿润土壤。较耐水湿。生长速度快。

【应用】是优良的行道树、庭荫树。

景观

景观

果实

花序

花枝

景观

果实

灯台树 Bothrocaryum controversum

【科属】山茱萸科灯台树属

【形态特征】落叶乔木，高达20 m；大枝平展，轮状着生。单叶互生，常集生枝顶，广卵形，长6 ~ 13 cm，宽3 ~ 6.5 cm，侧脉 6 ~ 8 对。伞房状聚伞花序，花白色，径8 mm。核果球形，熟时由紫红色变蓝黑色，径6 ~ 7 mm，果核顶端有一方形孔穴。花期5 ~ 6月；果期9 ~ 10月。

【分布与习性】崂山太清宫、明霞洞，中山公园、青岛大学校园，城阳区（青岛农业大学校园）、黄岛区（山东科技大学校园），胶州市、平度市植物园有栽培，太清宫内有大树。喜光，稍耐荫；喜温暖湿润气候，也颇耐寒；喜肥沃湿润而排水良好的土壤。

【应用】树形齐整，大枝平展，是一优美的观形树种，适宜孤植于庭院、草地，也可作行道树。

大树

果实景观

花

花序

毛梾 Swida walteri

【科属】山茱萸科梾木属

【形态特征】落叶乔木，高6 ~ 12 m。叶卵形至椭圆形，长4 ~ 10 cm，宽2 ~ 5 cm，先端渐尖，基部楔形，叶缘全缘并略波浪状，两面有短柔毛，背面较密；侧脉弧形，4 ~ 5对；叶柄长1 ~ 3 cm。伞房状聚伞花序顶生，长约5 cm；花白色，花瓣4，舌状披针形；雄蕊4。核果球形，径6 ~ 7 mm，熟后黑色。花期5月；果期9 ~ 10月。

【分布与习性】产崂山、胶州艾山、灵山岛等地；中山公园、城阳区（青岛农业大学校园）、崂山区、黄岛区、即墨市栽培。较喜光；喜深厚湿润肥沃土壤，也耐干旱瘠薄；在中性、酸性及微碱性土壤上均能生长。深根性，根系发达；萌芽性强，生长快。

【应用】适应性强，是北方山地风景区优良的固土树种和蜜源植物。花色洁白繁密，适应性强，绿化中也常栽培观赏。果肉和种仁均含油脂，可供工业用。

景观

花枝

果实

花

光皮梾木 Swida **wilsoniana**

【**别名**】光皮树

【**科属**】山茱萸科梾木属

【**形态特征**】落叶乔木，高达18 m，有时呈灌木状；树皮白色带绿，斑块状剥落后形成明显的斑纹。叶对生，椭圆形至卵状椭圆形，长6 ~ 12 cm，先端渐尖，基部楔形或宽楔形，背面密生乳头状突起和平贴的灰白色短柔毛，侧脉3 ~ 4对。圆锥状聚伞花序，花小而白色。核果球形，径约6 ~ 7 mm，紫黑色。花期5月；果期10 ~ 11月。

【**分布与习性**】黄岛区（山东科技大学校园）有栽培。较喜光；耐寒，也耐热，在石灰岩山地和酸性土中均可生长，在排水良好、湿润肥沃的壤土中生长良好。深根性，萌芽力强。

【**应用**】光皮梾木干直而挺秀，树皮斑斓，叶茂密，树荫浓，初夏满树银花，是优良的庭荫树和行道树，也适于山地风景区大片林植。

树干

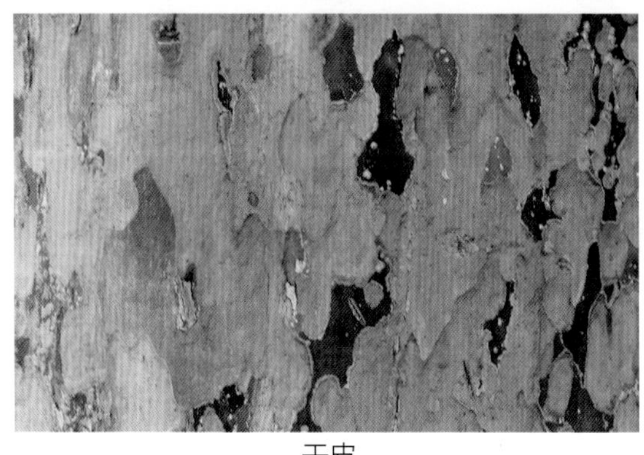

干皮

植株

四照花 Dendrobenthamia japonica

【**科属**】山茱萸科四照花属

【**形态特征**】落叶小乔木，高达9 m。叶卵形、卵状椭圆形，长6 ~ 12 cm，下面粉绿色，脉腋有淡褐色绢毛簇生，侧脉3 ~ 5对。头状花序球形，花黄白色；花序基部有4枚白色花瓣状大苞片；花萼内侧有1圈褐色短柔毛。核果聚为球形的果序，成熟后紫红色。花期5 ~ 6月；果期9 ~ 10月。

【**分布与习性**】崂山太清宫，中山公园、青岛植物园有引种栽培。喜光，稍耐荫，喜温暖湿润气候，较耐寒，喜湿润而排水良好的沙质壤土。

【**应用**】宜丛植、列植于草地、路边、林缘、池畔等各处，或混植于常绿树丛中。

花序

植株

果序

山茱萸 Cornus officinalis

【科属】山茱萸科山茱萸属

【形态特征】落叶乔木，高达10 m；树皮灰褐色。芽被毛。叶卵状椭圆形，稀卵状披针形，长5 ~ 12 cm，先端渐尖，上面疏被平伏毛，下面被白色平伏毛，脉腋有褐色簇生毛，侧脉6 ~ 8对。伞形花序有花15 ~ 35朵；总苞黄绿色，椭圆形；花瓣舌状披针形，金黄色。核果长1.2 ~ 1.7 cm，红色或紫红色。花期3月；果期8 ~ 10月。

【分布与习性】崂山太清宫、明霞洞，李沧十梅庵公园、城阳翰林苑，黄岛区（山东科技大学校园）有栽培。喜肥沃湿润土壤，在干燥瘠薄环境中生长不良。

【应用】是优美的观果和观花树种。果实是著名的中药材。

叶片

花序

果实

花序

花枝

景观

丝棉木 Euonymus maackii

【别名】明开夜合、桃叶卫矛、白杜

【科属】卫矛科卫矛属

【形态特征】落叶灌木或小乔木，高3 ~ 10 m；树冠圆形或卵圆形。小枝绿色，圆柱形。叶卵形至卵状椭圆形，长4 ~ 10 cm，宽2 ~ 5 cm；侧脉6 ~ 8对。花淡绿色，径8 ~ 9 mm，4基数；花瓣披针形或长卵形。蒴果菱状倒卵形，直径9 ~ 10 mm，粉红色，4深裂，种子具橘红色假种皮。花期 4 ~ 7月；果期 9 ~ 10月。

【分布与习性】产崂山、大珠山、胶州艾山等地；公园常见栽培。喜光，稍耐荫；耐寒，对土壤要求不严；耐干旱，也耐水湿，以肥沃、湿润而排水良好的土壤生长最佳。根系发达，抗风力强。

【应用】是优良的观果植物，宜植于林缘、路旁、草坪、湖边等处，也适于庭院绿化，各地城市绿化中普遍应用。

植株

花序

景观

景观

果实

重阳木 Bischofia polycarpa

【别名】朱树

【科属】大戟科重阳木属

【形态特征】落叶乔木，高达15 m；树冠近球形。小枝红褐色；小叶卵圆形至椭圆状卵形，长6 ~ 9 (14) cm，宽4.5 ~ 7 cm，有细齿，基部圆形或近心形，先端短尾尖，两面光滑无毛。总状花序下垂，雄花序长8 ~ 13 cm，雌花序较疏散。果肉质，径5 ~ 7 mm，红褐色。花期4 ~ 5月；果期10 ~ 11月。

【分布与习性】青岛植物园、黄岛区（山东科技大学校园），城阳区北后楼社区、即墨岙山广青生态园有栽培。喜光，稍耐荫；喜温暖湿润气候，耐寒力弱；喜湿润并耐水湿。对土壤要求不严，根系发达，抗风。

【应用】树姿婆娑优美，绿荫如盖，早春嫩叶鲜绿光亮，秋叶红色，艳丽夺目，适宜作庭荫树、行道树。也是优良的堤岸绿化和风景区造林材料。

嫩枝

叶片

景观

乌桕 Triadica sebifera

【别名】蜡子树

【科属】大戟科乌桕属

【形态特征】落叶乔木，高达15 ~ 20 m。小枝纤细。叶菱形至菱状卵形，长宽均约5 ~ 9 cm，先端尾尖，基部宽楔形，两面光滑无毛；叶柄顶端有2腺体。花序长6 ~ 14 cm；花黄绿色。蒴果3棱状球形，径约1.5 cm。种子黑色，被白蜡。花期4 ~ 7月；果期10 ~ 11月。

【分布与习性】各地常见栽培，崂山太清宫、即墨田横度假区有大树。喜光，要求温暖湿润气候；对土壤要求不严，酸性、中性或微碱性土均可，具有一定的耐盐性，在土壤含盐量0.3%以下的盐土地可以生长。喜湿，耐短期积水。

【应用】乌桕树姿潇洒、叶形秀丽，入秋经霜先黄后红，艳丽可爱，绿化中适于丛植、群植。在山地风景区适于在山谷大面积成林，又因其较耐水湿、耐盐碱和海风，常用以护堤，也用于沿海大面积海涂造林。

植株　秋叶景观　景观

叶片　果实　花序

油桐 Vernicia fordii

果实

叶片

花

【别名】三年桐

【科属】大戟科油桐属

【形态特征】落叶小乔木，高达9 m。树冠扁球形。枝粗壮，无毛。单叶互生，卵形或椭圆形，长5 ~ 15 (18) cm，宽3 ~ 12 (17) cm，全缘，稀3 ~ 5浅裂，基部截形或心形；叶柄顶端腺体扁平，紫红色。花单性同株，圆锥花序顶生；花白色，有淡红色斑纹。核果，卵球形，径4 ~ 6 cm，表面平滑；种子3 ~ 4粒。花期3 ~ 4月；果期10月。

【分布与习性】崂山八水河、张坡、鲍鱼岛、流清河等地及大珠山高峪有栽培。喜光，喜温暖湿润气候，不耐寒，不耐水湿及干瘠，在背风向阳的缓坡地带，以深厚、肥沃、排水良好的酸性、中性或微石灰性土壤上生长良好。

【应用】是珍贵特用经济树种、木本油料植物，可栽培观赏，植为行道树和庭荫树，或大片群植，是绿化结合生产的树种之一。

植株

枣树 Ziziphus jujuba

【科属】鼠李科枣属

【形态特征】落叶乔木，高 15 m。叶长圆状卵形至卵状披针形，稀为卵形，长2 ~ 6 cm。花黄绿色，两性，5基数，单生或密集成腋生聚伞花序，花瓣倒卵圆形。核果卵形至长椭圆形，长2 ~ 6 cm，熟时深红色，核锐尖。花期5 ~ 6月；果期9 ~ 10月。

【分布与习性】全市普遍栽培。强阳性树种，对气候、土壤适应性强，喜中性或微碱性土壤，耐干旱瘠薄，在 pH 值5.5 ~ 8.5，含盐量0.2% ~ 0.4% 的中度盐碱土上可生长。根系发达，萌蘖力强。

【应用】树冠宽阔，花朵虽小而香气清幽，结实满枝，自古以来就是重要的庭院树种。

【变种】1. **酸枣** var. spinosa 灌木，托叶刺1长1短，叶片和果实均小，果肉薄，果核两端钝。产于全市各丘陵山区。种仁入药，有镇定安神之功效，主治神经衰弱、失眠等症；果肉富含维生素 C，可生食或制作果酱；花芳香多蜜腺，为重要蜜源植物；枝具锐刺，常用作绿篱。

2. **无刺枣** var. inermis 长枝无皮刺；幼枝无托叶刺。崂山蔚竹庵，中山公园均有栽培。

【品种】**龙爪枣** 'Tortuosa' 小枝常扭曲上伸，无刺；果较小；果柄长。中山公园、平度市有栽培。

景观

果枝

花

酸枣

酸枣

龙爪枣

龙爪枣

北枳椇 Hovenia dulcis

【别名】拐枣

【科属】鼠李枳椇属

【形态特征】落叶乔木，高达15 m。叶广卵形至卵状椭圆形，长7 ~ 17 cm，宽4 ~ 11 cm，有不整齐粗钝锯齿，3出脉。聚伞圆锥花序不对称，顶生，稀兼腋生；花小，黄绿色，径6 ~ 10 mm，花瓣倒卵状匙形，子房球形，花柱3浅裂。浆果状核果近球形，径6.5 ~ 7.5 mm，有3种子；果梗肥大肉质，经霜后味甜可食。花期5 ~ 7月；果期8 ~ 10月。

【分布与习性】产于崂山明霞洞、青山、太清宫、明道观、三标山、北九水、上清宫、太平宫、仰口、解家河等地；青岛植物园、黄岛区（山东科技大学校园）有栽培。喜光，较耐寒；对土壤要求不严，在微酸性、中性和石灰性土壤上均能生长，以土层深厚而排水良好的沙壤土最好。深根性，萌芽力强。生长较快。

【应用】枝条开展，树冠呈卵圆形或倒卵形，树姿优美，叶大而荫浓，果梗奇特、可食，有“糖果树”之称。适应性强，是优良的庭荫树、行道树和山地造林树种。

植株

树干

叶片

果实

叶片

花序

果枝

果实

瘿椒树 Tapiscia sinensis

【别名】银鹊树

【科属】省沽油科瘿椒树属

【形态特征】落叶乔木，高8 ~ 15 (20) m。小叶5 ~ 9枚，狭卵形或卵形，长6 ~ 12 cm，边缘有锯齿，叶柄红色。花序腋生，雄花序长25 cm，两性花序长10 cm，花小而有香气，黄色。浆果状核果近球形，黄色并变为紫黑色，微被白粉，径5 ~ 6 mm。花期6 ~ 7月；果期8 ~ 9月。

【分布与习性】黄岛区（山东科技大学校园）有栽培，生长良好。中性偏喜光，幼树较耐荫。适应性强，在酸性、中性乃至偏碱性土壤上均能生长。较耐寒。

【应用】我国特有的珍稀树种，树干通直，树形端正，黄花芬芳，秋叶黄灿，树姿优美，枝叶茂盛，花朵芳香，果实鲜艳。适于公园和自然风景区造景，也可作行道树、园景树或沿建筑列植。

景观

伯乐树 Bretschneidera sinensis

【别名】钟萼木

【科属】伯乐树科伯乐树属

【形态特征】落叶乔木，高10 ~ 15 m。小枝粗壮。羽状复叶互生，长40 ~ 80 cm；小叶7 ~ 15枚，长椭圆状卵形至狭倒卵形，长7.5 ~ 23 cm，宽3.5 ~ 9 cm，全缘。总状花序长20 ~ 42 cm，花序轴密生锈色柔毛；花淡红色，径约4 cm。蒴果梨形，长2 ~ 4 cm，熟时红色。花期4 ~ 6月；果期10月。

【分布与习性】崂山太清宫引种栽培。中性偏阴树种，幼年喜湿润的庇荫环境；稍耐寒，可耐 - 9 ℃以下低温，但不耐高温；喜肥沃的酸性土。深根性，抗风力强。生长速度较慢。

【应用】花美丽，秋季果实累累，果色鲜艳，是花果兼赏的优良绿化绿化树种。

叶片

叶背面

植株

枝条

花序

无患子 Sapindus saponaria

【别名】木患子、苦患树

【科属】无患子科无患子属

【形态特征】落叶或半常绿，高达20 m。小叶8 ~ 16，互生或近对生，狭椭圆状披针形或近镰状，长7 ~ 15 cm，宽2 ~ 5 cm，先端尖或短渐尖，基部不对称，薄革质，无毛。圆锥花序顶生，长15 ~ 30 cm，花黄白色或带淡紫色，花萼、花瓣5，雄蕊8。核果球形，径2 ~ 2.5 cm，熟时黄色或橙黄色；种子球形，黑色。花期5 ~ 6月；果期9 ~ 10月。

【分布与习性】崂山太清宫，中山公园、黄岛区（山东科技大学校园）有栽培。喜光，稍耐荫；喜温暖湿润气候，也较耐寒；对土壤要求不严，酸性、微碱性至钙质土均可。萌芽力较弱，不耐修剪。生长速度中等。

【应用】无患子主干通直，树姿挺秀，秋叶金黄，是美丽的秋色叶树种。适于用作庭荫树和行道树。

花序

果实

幼果

景观

栾树 Koelreuteria paniculata

【别名】北京栾

【科属】无患子科栾树属

【形态特征】落叶乔木，高达20 m。奇数羽状复叶，有时部分小叶深裂而为不完全2回；小叶卵形或卵状椭圆形，长3 ~ 8 cm，有不规则粗齿。花黄色，径约1 cm，中心紫色。蒴果三角状卵形，长4 ~ 5 cm，顶端尖，熟时红褐色或橘红色。花期6 ~ 8月；果9 ~ 10月成熟。

【分布与习性】产崂山太清宫、摹尾石；各地常见栽培。喜光，稍耐半荫；耐干旱瘠薄；不择土壤，喜生于石灰质土壤上，也耐盐碱和短期水涝。深根性，萌蘖力强。抗污染。

【应用】是优良的花果兼赏树种，适宜作庭荫树、行道树和园景树，可植于草地、路旁、池畔。也可用作防护林、水土保持及荒山绿化树种。

景观

果实景观

果实

花

新叶

复羽叶栾树 *Koelreuteria bipinnata*

【别名】黄山栾、全缘叶栾树

【科属】无患子科栾树属

【形态特征】落叶乔木，高达 20 m。2回羽状复叶，长45 ~ 70 cm；各羽片有小叶7 ~ 17，互生，稀对生，斜卵形，长3.5 ~ 7 cm，宽 2 ~ 3.5 cm，全缘或有锯齿。花序开展，长达35 ~ 70 cm；花金黄色，花萼5裂，花瓣4，稀5。蒴果椭球形，长4 ~ 7 cm，径3.5 ~ 5 cm，顶端钝而有短尖，嫩时紫色，熟时红褐色。花期6 ~ 9月；果期8 ~ 11月。

【分布与习性】全市公园绿地普遍栽培。喜光，幼年耐荫；喜温暖湿润气候，耐寒性较栾树差；对土壤要求不严，微酸性、中性土上均能生长。深根性，不耐修剪。

【应用】树体高大，枝叶茂密，冠大荫浓，夏秋开花，金黄夺目，不久就有淡红色灯笼似的果实挂满树梢；黄花红果，交相辉映，十分美丽。宜作庭荫树、行道树及园景树栽植，也可用于居民区、工厂区及农村“四旁”绿化。

果实

果枝

花

花枝

景观

七叶树 Aesculus chinensis

【科属】七叶树科七叶树属

【形态特征】落叶乔木，高达25 m。掌状复叶；小叶5 ~ 7 (9)，矩圆状披针形、矩圆形至矩圆状倒卵形，长8 ~ 25 cm，宽3 ~ 8.5 cm，具细锯齿；小叶柄长5 ~ 17 mm。圆锥花序长10 ~ 35 cm，花朵密集、芳香；花瓣4，白色。蒴果近球形，径3 ~ 4.5 cm，无刺。花期4 ~ 6月；果期9 ~ 10月。

【分布与习性】崂山太清宫，八大关，黄岛区(山东科技大学校园)，崂山区、城阳区、黄岛区、胶州市、即墨市、平度市有栽培。喜光，稍耐荫；喜温暖湿润气候，也耐寒；喜深厚肥沃而排水良好的土壤。深根性；萌芽力不强。生长速度中等偏慢，寿命长。

【应用】树干耸直，树冠开阔，姿态雄伟，叶片大而美，初夏白花满树，蔚然可观，是世界著名的观赏树木。最宜植为庭荫树和行道树。

果序

花序

景观

景观

日本七叶树 Aesculus turbinate

【科属】七叶树科七叶树属

【形态特征】落叶乔木。小叶5 ~ 7，倒卵形至倒卵状椭圆形，长20 ~ 35 cm，宽5 ~ 15 cm，中间的小叶较其余小叶大2倍以上，小叶无柄。圆锥花序顶生，长15 ~ 25 cm，花径约1.5 cm；花萼5裂；花瓣4，稀5，白色或淡黄色，有红色斑点；雄蕊6 ~ 10，伸出花外；雌蕊有长柔毛。蒴果倒卵形或卵圆形，深棕色，径约5 cm，有疣状凸起。花期5 ~ 7月；果期9月。

【分布与习性】崂山太清宫，中山公园栽培。喜光，耐寒，不耐旱．行强健，生长较快。

【应用】高大乔木，树冠广阔，可作行道树和庭园树。木材细密，可制造器具和建筑之用。

枝叶

叶

植株

元宝枫 Acer truncatum

【别名】华北五角枫

【科属】槭树科槭属

【形态特征】落叶乔木，高达12 m；树冠伞形或近球形。叶宽矩圆形，长5 ~ 10 cm，宽6 ~ 15 cm，掌状5 ~ 7裂；裂片三角形，全缘，掌状脉5条出自基部，叶基常截形。伞房花序顶生；萼片黄绿色，花瓣黄白色。果熟时淡黄色或带褐色，连翅在内长2.5 cm，果柄长2 cm，两果翅开张成直角或钝角，翅长等于或略长于果核。花期4 ~ 5月；果8 ~ 10月成熟。

【分布与习性】产崂山、大标山及小珠山、大珠山等地；各地普遍栽培。弱阳性，喜温凉气候和肥沃、湿润而排水良好的土壤。不耐涝。萌蘖力强，深根性，抗风。耐烟尘和有毒气体。

【应用】是著名的秋色叶树种，可广泛用作行道树、庭荫树，也可配植于水边、草地和建筑附近，在松林中点缀数株，秋季则万绿丛中一点红，引人入胜。

果实

秋季景观

花枝

景观

秋季景观

三角枫 Acer buergerianum

【别名】三角槭

【科属】槭树科槭属

【形态特征】落叶乔木，高达20 m。树皮呈条片状剥落，黄褐色而光滑的内皮暴露在外。叶卵形至倒卵形，近革质，背面有白粉，3裂，裂深为全叶片的1/4 ~ 1/3，裂片三角形，全缘或仅在近先端有细疏锯齿。双翅果，长2 ~ 2.5 cm，果核部分两面凸起，两果翅开张成锐角。花期4月；果期8月。

【分布与习性】崂山、市区公园、黄岛区等地具有栽培。弱阳性树种，喜温暖湿润气候，有一定的耐寒性；较耐水湿。萌芽力强，耐修剪。

【应用】三角枫树冠较狭窄，多呈卵形，树皮呈块状剥落，内皮黄褐色，叶形秀丽，宛如鸭蹼，入秋变暗红或橙黄，为营造秋季色叶景观的好材料，是优良的行道树，也适于庭园绿化，可点缀于亭廊、草地、山石间。老桩奇特古雅，是著名的盆景材料。

叶

果实

花枝

景观

挪威槭 Acer platcuoides

【科属】槭树科槭属

【形态特征】落叶乔木，高达20 ~ 30m。幼枝绿色，不久变为淡褐色，冬芽亮红褐色。叶对生，掌状5裂，长7 ~ 14 cm，宽8 ~ 20 cm，每裂片具1 ~ 3齿裂；叶柄长8 ~ 20 cm，折断后有乳汁。伞房花序有花15 ~ 30朵；花黄色或黄绿色，长3 ~ 4 mm，早春先叶开放。花萼5，花瓣5。双翅果扁平，果核长约10 ~ 15 mm；果翅开展，长3 ~ 5 cm，两翅夹角近180°。

【分布与习性】山东科技大学，即墨市有栽培。

【应用】秋叶黄色或偶为橙红色，供观赏。

叶片

紫叶挪威槭

景观

茶条槭 Acer tataricum subsp. ginnala

【科属】槭树科槭属

【形态特征】落叶小乔木或灌木，高5 ~ 10m。叶卵形或卵状椭圆形，长4 ~ 6cm，先端渐尖，3 ~ 5羽裂，有不整齐的缺刻状重锯齿；叶柄长2 ~ 4.5cm。顶生伞房花序，花排列较密集；花瓣白色，雄蕊8，子房密生长毛，花柱2裂。翅果连翅长2.5 ~ 3cm，果体长圆形，两面突起，有明显细脉纹，两果翅张开近于直立成锐角。花期4 ~ 5月；果期8 ~ 9月。

【分布与习性】产崂山上清宫、八水河；中山公园、崂山百雀林，城阳区政府，即墨岙山广青生态园栽培。

【应用】可作绿化观赏树种。木材供薪炭及小农具用材。树皮纤维可代麻及做纸浆、人造棉等原料。花为良好蜜源。种子可榨油。

果枝

叶片

果实

景观

苦茶槭 Acer tataricum subsp. theiferum

【科属】槭树科槭属

【形态特征】叶薄纸质，卵形或椭圆状卵形，长5 ~ 8 cm，宽2.5 ~ 5 cm，不分裂或不明显的3 ~ 5裂，边缘有不规则的锐尖重锯齿，下面有白色疏柔毛；花序长3 cm，有白色疏柔毛；子房有疏柔毛，翅果较大，长2.5 ~ 3.5 cm，张开近于直立或成锐角。花期5月；果期9月。

【分布与习性】产崂山上清宫、八水河。

【应用】树皮、叶和果实都含鞣质、可提制栲胶，又可为黑色染料。树皮纤维可作人造棉和造纸的原料。嫩叶烘干后可代替茶叶用为饮料，有降低血压的作用。种子榨油，可用以制造肥皂。

果枝　果枝　果枝

植株

鸡爪槭 Acer palmatum

【科属】槭树科槭属

【形态特征】落叶小乔木，高5 ~ 8 m；树冠伞形，枝条开张，细弱。单叶对生，近圆形，掌状7 ~ 9裂，裂深常为全叶片的1/2 ~ 1/3，裂片卵状长椭圆形至披针形，先端尖，有细锐重锯齿，背面脉腋有白簇毛。伞房花序径约6 ~ 8 mm，萼片暗红色，花瓣紫色。果长1 ~ 2.5 cm，两翅开展成钝角。花期5月；果期9 ~ 10月。

【分布与习性】全市各地普遍栽培。弱阳性，喜温暖湿润；喜肥沃湿润而排水良好的土壤，酸性、中性和石灰性土壤均能适应，不耐干旱和水涝。

【应用】著名的庭院观赏树种，适于小型庭园的造景，多孤植、丛植于庭前、草地、水边、山石和亭廊之侧，经秋叶红，满树如染，在绿色背景衬托下可最好地表现红叶的鲜艳。

【品种】1. **红晕边鸡爪槭**‘Kagiri-nishiki’叶裂深，裂片狭披针形，初春叶及秋叶裂缘现玫瑰红色。崂山太清宫有栽培。

2. **条裂叶鸡爪槭**‘Linearilobum’叶裂深达基部，裂片条形，先端锐尖，全缘或有缺刻状锯齿。崂山太清宫，市区公园有栽培。

3. **红枫**‘Rubellum’自初春至夏、秋叶始终为深红色或鲜红色，裂片狭长，裂缘有缺刻状细锯齿。公园绿地普遍栽培。

4. **羽毛枫**‘Dissectum’叶片掌状深裂几达基部，裂片狭长，又羽状细裂，树体较小。普遍栽培。

5. **红羽毛枫**‘Dissectum Ornatum’与羽毛枫相似，但叶常年红色。普遍栽培。

叶

植株

景观

果期景观

条裂叶鸡爪槭

红枫

红枫

红枫

羽毛枫

羽毛枫

羽毛枫叶

红羽毛枫

葛萝槭 Acer davidii subsp. grosseri

【科属】槭树科槭属

【形态特征】落叶乔木，高达10 m。树皮光滑，常有白色斑纹。当年生枝绿色或紫绿色。叶卵形或宽卵形，长7 ~ 9 cm，宽5 ~ 6 cm，具密而尖锐的重锯齿，3 ~ 5裂。花淡黄绿色，总状花序下垂；花瓣倒卵形，雄蕊8。翅果黄褐色，连同翅长2.5 ~ 2.0 cm，张开成钝角或近水平。花期4月；果期9月。

【分布与习性】黄岛区小珠山有栽培。

【应用】树皮奇特，常纵裂呈蛇皮状，小枝绿色，叶入秋紫红色，花朵黄绿色、繁密，具有很高观赏价值。绿化中可栽培观赏，最适于疏林下、林缘、水滨、庭院孤植或散植。

果枝

果

叶

干皮

植株

秀丽槭 Acer elegantulum

【别名】秀丽枫

【科属】槭树科槭属

【形态特征】落叶乔木，高9 ~ 15 m。叶较小，基部心形，宽7 ~ 10 cm，长5.5 ~ 8 cm，常5裂，裂片卵形或三角状卵形，长2.5 ~ 3.5 cm，基部宽2.5 ~ 3 cm，先端尖尾长8 ~ 10 mm，基部裂片较小；边缘具紧贴的细圆齿。花序圆锥状，花淡绿色，子房紫色，密生淡黄色长柔毛。翅果较小，长2 ~ 2.3 cm，小坚果凸起近球形，直径6 mm，翅张开近于水平。花期5月；果期9月。

【分布与习性】青岛植物园有栽培。弱度喜光，喜温凉湿润气候，对土壤要求不严。生长速度中等，深根性，抗风力强。

【应用】秋叶红艳，树形较小，适宜庭院和小空间中作庭荫树，也可植为园路树，并适于营造风景林，可用为群落之中层树种。

植株

枝叶

果枝

景观

果枝

建始槭 Acer henryi

【别名】亨利槭、三叶槭

【科属】槭树科槭属

【形态特征】落叶乔木，高约10 m。小叶3，椭圆形或长椭圆形，长6 ~ 12 cm，宽3 ~ 5 cm，全缘或近先端有稀疏钝锯齿，顶生小叶柄长1 cm。穗状花序下垂，长7 ~ 9 cm，常由2 ~ 3年生的无叶小枝旁生出；花淡绿色，雌雄异株。翅果长2 ~ 2.5 cm，嫩时淡紫色，熟后黄褐色，小坚果凸起，长1 cm，果翅张开成锐角或近直立。花期4月；果期9月。

【分布与习性】黄岛区（山东科技大学校园）有栽培。

【应用】建始槭株型自然开张，新叶黄绿色，秋叶红色，可作庭荫树，或用于树群外围丰富景观层次。

枝叶

果

叶片和果实

植株

血皮槭 Acer griseum

【别名】马梨光

【科属】槭树科槭属

【形态特征】落叶乔木，高10 ~ 20 m。树皮赭褐色，薄片状脱落。3小叶复叶；小叶卵形、椭圆形或长椭圆形，长5 ~ 8 cm，宽3 ~ 5 cm，边缘有2 ~ 3个钝形大锯齿，下面淡绿色，略有白粉。花淡黄色，杂性，雄花与两性花异株。小坚果黄褐色，凸起，近于卵圆形或球形，长8 ~ 10 mm，宽6 ~ 8 mm，密被黄色绒毛；翅宽1.4 cm，连同小坚果长3.2 ~ 3.8 cm，张开近于锐角或直角。花期4月；果期9月。

【分布与习性】黄岛区（山东科技大学校园）有栽培。喜光，亦耐荫；喜疏松肥沃土壤。生长速度较慢。

【应用】树冠圆阔，树皮红色并呈片状斑驳脱落，叶片浓密，夏季深绿，秋季鲜红，鲜艳夺目，为优良的观干和秋色叶树种。适植于庭园溪边、池畔、路边、石旁、林缘，孤植或群植均宜，绿化观赏价值高。

叶片

干皮

景观

北美红槭 Acer rubrum

【别名】红花槭

【科属】槭树科槭属

【形态特征】落叶小乔木，高达12 ~ 18 m，树冠呈椭圆形或近球形。单叶对生，掌状3 ~ 5裂，长5 ~ 10 cm；新叶微红色，后变绿色。花簇生，红色或淡黄色，小而繁密，先叶开放。翅果红色，熟时变为棕色，长2.5 ~ 5 cm。花期3 ~ 4月；果期9 ~ 10月。

【分布与习性】市区公园常见栽培。耐寒性强，不耐湿热，较耐寒，不耐水湿。生长较快，年生长量可达0.6 ~ 1 m。

【应用】红花槭树干通直、高大，新叶及花红色，秋叶亮红色，挂叶期长，极为绚丽，是世界著名的秋色叶树种，适于庭院、山地风景区造景，也可用作行道树。

叶片

果实

景观

复叶槭 Acer negundo

【别名】梣叶槭、美国槭

【科属】槭树科槭属

【形态特征】落叶乔木，高达20 m。小枝有白粉。小叶3 ~ 7，卵形至椭圆状披针形，长8 ~ 10 cm，宽2 ~ 4 cm，常有3 ~ 5个粗锯齿，顶生小叶3浅裂。雌雄异株，雄花序聚伞状，雌花序总状，下垂。花小，黄绿色，无花瓣及花盘，雄蕊4 ~ 6。果翅狭长，两翅成锐角或近于直角。花期4 ~ 5月；果期8 ~ 9月。

【分布与习性】全市各地常见栽培。喜光，喜冷凉气候，耐干冷，对土壤要求不严，耐轻度盐碱，稍耐水湿。

【应用】早春开花，花蜜很丰富，是很好的蜜源植物。生长迅速，树冠广阔，夏季遮荫条件良好，可作行道树或庭园树，用以绿化城市或厂矿。

【品种】1. **花叶复叶槭**'Variegatum' 叶绿色而叶缘乳白色。中山公园有栽培。

2. **金叶复叶槭**'Aurea' 叶金黄色，尤以新叶为甚。中山公园有栽培。

植株

叶片

花叶复叶槭叶片

花叶复叶槭枝条

花叶复叶槭果实

花叶复叶槭景观

金叶复叶槭

南酸枣 Choerospondias axillaris

【**别名**】五眼果、酸枣

【**科属**】漆树科南酸枣属

【**形态特征**】落叶乔木，高8 ~ 20 m。小叶7 ~ 15枚，对生，卵状披针形，长4 ~ 12 cm，宽2 ~ 4.5 cm，全缘或萌芽枝上的叶有锯齿。花杂性异株，雄花和假两性花淡紫红色，组成聚伞状圆锥花序，长4 ~ 10 cm；雌花单生叶腋；花萼、花瓣均5枚，雄蕊10枚；花盘10裂；子房上位，5室。核果椭圆形，黄色，长2.5 ~ 3 cm，果核顶端4~5孔。花期4月；果期8 ~ 10月。

【**分布与习性**】崂山有栽培，太清宫有大树。喜光，稍耐荫；喜温暖湿润气候，不耐寒；喜土层深厚而排水良好的酸性和中性土壤，不耐水淹和盐碱。浅根性；萌芽力强。生长速度较快。

【**应用**】是良好的庭荫树和行道树。果可生食或酿酒；果核可作活性炭原料；茎皮纤维可作绳索。

枝叶

果枝

果实

果核

叶

毛黄栌 Cotinus coggygria var. pubescens

【科属】漆树科黄栌属

【形态特征】落叶灌木或小乔木。小枝、叶下面，尤其沿脉和叶柄密被柔毛。叶多为阔椭圆形，稀近圆形，长3 ~ 8 cm，宽2.5 ~ 6 cm，两面有毛，下面毛更密，侧脉6 ~ 11对。圆锥花序顶生，被柔毛；花杂性，径约3 mm，黄色，花梗长7 ~ 10 mm；萼片、花瓣无毛。果序上有许多不育性紫红色羽毛状花梗，花序无毛或近无毛；核果肾形，压扁，长约4 mm，宽约2.5 mm，无毛。

【分布与习性】产崂山青山，生于山坡杂木林、沟边和岩石隙缝中；各地普遍栽培。

【应用】叶秋天变红，可作观赏树种。木材黄色，可制器具及细木工用。树皮、叶可提取栲胶。根皮药用。

【变种】**红叶黄栌** Cotinus coggygria var. cinerea 叶倒卵形或卵圆形，长3 ~ 8 cm，宽2.5 ~ 6 cm，两面有毛，先端常叉开。圆锥花序被柔毛，花黄色。各地常见栽培。优良彩色观赏树种，可用于道路、荒山绿化及工厂矿区绿化、美化。

【品种】**紫叶黄栌** ‘Purpureus’ 叶紫红色。公园绿地常见栽培。

果

花枝

秋季景观

景观

紫叶黄栌

紫叶黄栌

紫叶黄栌

紫叶黄栌

紫叶黄栌

大树

黄连木 Pistacia chinensis

【别名】楷木

【科属】漆树科黄连木属

【形态特征】落叶乔木，高达30 m；树冠近圆球形；树皮薄片状剥落。枝叶有特殊气味。小叶10 ~ 14，披针形或卵状披针形，长5 ~ 8 cm，宽1 ~ 2 cm，先端渐尖，基部偏斜。圆锥花序，雄花序淡绿色，长5 ~ 8 cm，花密生；雌花序紫红色，长15 ~ 20 cm，疏松。核果，熟时红色至蓝紫色。花期3 ~ 4月；果期9 ~ 11月。

【分布与习性】产于崂山及大珠山、灵山岛等地；中山公园、李村公园、城阳区（青岛农业大学校园）、平度市植物园，即墨华山栽培。喜光，幼树稍耐荫，对土壤要求不严，尤喜肥沃湿润而排水良好的石灰性土。耐干旱瘠薄，不耐水湿。萌芽力强。

【应用】叶片秀丽并于春秋两季均极艳丽，是著名的风景树，常用作山地风景林、公园秋景林的造林树种。

果枝

果枝

花序

景观

漆 Toxicodendron vernicifluum

【科属】漆树科漆树属

【形态特征】落叶乔木，高达15m。小枝有棕色柔毛。奇数羽状复叶，小叶9～15，片卵形至长圆状卵形，长6～14 cm，宽2～4厘米，全缘，两面沿脉均有棕色短毛。圆锥花序腋生，长15～25 cm，有短柔毛；花杂性或雌、雄异株；花黄绿色。果序下垂；核果扁圆形，径6～8 mm，黄色，光滑，中果皮蜡质，果核坚硬。花期5～6月；果期9～10月。

【分布与习性】产于崂山青山、北九水等地；黄岛区（山东科技大学校园）栽培。

【应用】秋叶红艳，可栽培观赏。树干韧皮部割取生漆，广泛用于建筑、木器、机械等涂料。叶、花及种子供药用。

植株

新叶

干皮

花序

枝叶

古树

花

果实

臭椿 Ailanthus altissima

【别名】樗

【科属】苦木科臭椿属

【形态特征】落叶乔木，高达30 m。小枝粗壮，无顶芽。奇数羽状复叶；叶痕大，小叶13 ~ 25，卵状披针形，长7 ~ 15 cm，宽2 ~ 5 cm，先端长渐尖，基部具腺齿1 ~ 2对，中上部全缘，下面稍有白粉。顶生圆锥花序，花淡黄色或黄白色。翅果扁平，长3 ~ 5 cm。花期5 ~ 6月；果期9 ~ 10月。

【分布与习性】产于崂山太清宫、明霞洞、天门后、蔚竹庵、潮音瀑、八水河、流清河、三标山、张坡等地；各地常见栽培。阳性树，适应性强；根系发达，萌蘖力强。抗污染。

【应用】树体高大，树冠圆整，冠大荫浓，春叶紫红，夏秋红果满树，是一种优良的观赏树种，可用作庭荫树及行道树，尤适于盐碱地区、工矿区应用，可孤植于草坪、水边。

【品种】1. 红叶椿‘Hongyechun’春季小叶片紫红色，可保持到6月上旬；树冠及分枝夹角均较小；结实量大。各公园栽培。

2. 千头春‘Qiantouchun’分枝多而密，枝序夹角多在45度以下；小叶基部的腺质缺齿不明显；多雄株。平度市有栽培。

果期景观

红叶椿

苦木 Picrasma quassioides

【别名】苦树

【科属】苦木科苦木属

【形态特征】落叶乔木，高达10 m。树皮灰棕或近黑色；裸芽。枝条红褐色，皮孔明显。奇数羽状复叶互生，小叶7 ~ 15，长卵形至卵状披针形，长4 ~ 10 cm，宽2 ~ 4 cm，基部偏斜，叶缘具不整齐钝锯齿。花小，黄绿色，由聚伞花序再组成圆锥花序，离心皮2 ~ 5。果肉质，熟时蓝绿色至黑色，有宿存花萼。花期5 ~ 6月；果期9 ~ 10月。

【分布与习性】产于崂山、浮山、大珠山、大泽山等地。喜光，多属破坏后的次生林或先锋树种，虽宜深厚、肥沃，湿润土壤，但在荒山瘠薄地区亦能生长。

【应用】苦木树皮平滑，秋叶变红或橙黄色，可栽培供观赏，作庭荫树。目前绿化中尚极少应用。树皮药用，也可做土农药杀灭害虫。木材可做家具。

植株

果枝

花序

叶

香椿 Toona sinensis

【科属】楝科香椿属

【形态特征】落叶乔木，高达25 m，径达1 m。小枝被白粉。羽状复叶常为偶数，长30 ~ 50 cm；小叶10 ~ 20，长椭圆形至广披针形，长8 ~ 15 cm，宽3 ~ 4 cm，全缘或有不明显钝锯齿。圆锥花序长达35 cm，下垂；花芳香，花盘和子房无毛。蒴果椭圆形，长1.5 ~ 2.5 cm；种子上端具翅。花期5 ~ 6月；果期10 ~ 11月。

【分布与习性】全市各地普遍栽培。喜光，有一定的耐寒力；对土壤要求不严，无论酸性土、中性土，还是钙质土上均可生长，也耐轻度盐碱，较耐水湿。深根性，萌芽力和萌蘖力均强。对有毒气体有较强的抗性。

【应用】香椿嫩芽幼叶可食，常植于庭院。树干耸直，树冠宽大，枝叶茂密，嫩叶红色，是良好的庭荫树和行道树，适于庭前、草坪、路旁、水畔种植。木材细致美观，为上等家具用材。

古树

果实

植株

花序

楝树 Melia azedarach

【别名】苦楝、川楝

【科属】楝科楝属

【形态特征】落叶乔木，高达10 ~ 15 m；树冠广卵形，近平顶。枝条粗壮。2 ~ 3回羽状复叶；小叶对生，卵形、椭圆形或披针形，长3 ~ 7 cm，宽2 ~ 3 cm，幼时两面被星状毛，有钝锯齿；侧脉12 ~ 16对。圆锥花序长20 ~ 30 cm；花淡紫色，芳香。核果球形或椭圆形，熟时黄色，长1 ~ 3 cm，冬季宿存树上。花期3 ~ 5月；果期10 ~ 12月。

【分布与习性】全市各地普遍栽培。喜光，喜温暖湿润气候；对土壤要求不严，在酸性土、中性土、石灰性土上均可生长，耐盐碱；稍耐干旱瘠薄，较耐水湿。萌芽力强。浅根性，侧根发达，主根不明显。生长快，寿命短，30 ~ 40年即衰老。

【应用】苦楝树形优美，叶形舒展，初夏紫花芳香，淡雅秀丽，是优良的公路树、街道树和庭荫树。甚抗污染，极适于工厂、矿区绿化。

花

果

叶

花枝

景观

臭檀吴茱萸 Tetradium daniellii

【别名】臭檀

【科属】芸香科四数花属

【形态特征】落叶乔木，高达20 m。羽状复叶对生，小叶5 ~ 11，阔卵形至卵状椭圆形，长6 ~ 15 cm，宽3 ~ 7 cm，散生少数油点，基部偏斜，有细钝锯齿，有时有缘毛。伞房状聚伞花序，被灰黄色柔毛；花白色，萼、瓣、雄蕊5，雌花4 ~ 5心皮。蓇葖果熟时紫红色，顶端有喙，内果皮蜡黄色。花期6 ~ 8月；果期9 ~ 11月。

【分布与习性】产于崂山太清宫、北九水、滑溜口、解家河及灵山岛等地，生于山沟、溪旁、林缘及杂木林。喜光，深根性，多生于疏林或沟边。

【应用】臭檀树形高大，树皮光洁，可栽培作庭荫树，或用于山地风景区造林，适于水分条件较好的沟谷、水边应用。

植株　植株

果实　花　花序　果实

黄檗 Phellodendron amurense

【别名】黄柏

【科属】芸香科黄檗属

【形态特征】落叶乔木，高达22 m；树皮木栓层发达，内皮鲜黄色。枝条粗壮。数羽状复叶，揉之有香味。小叶5 ~ 13片，对生，卵状椭圆形至卵状披针形，长5 ~ 12 cm，宽3.5 ~ 4.5 cm，先端长渐尖，叶缘有细锯齿，齿间有透明油点。花单性，黄绿色，排成顶生聚伞状圆锥花序。核果球形，径约1 cm，熟时蓝黑色。花期5 ~ 6月；果期10月。

【分布与习性】崂山崂顶、明霞洞、洞西岐、白龙湾等及黄岛区（山东科技大学校园）有栽培。喜光，不耐荫，耐寒性强；喜湿润、深厚、肥沃而排水良好的土壤。深根性，抗风力强。

【应用】黄檗树形浑圆，秋叶金黄色，是重要的秋色叶树种。可作庭荫树和园景树，在大型公园中可用作行道树，在山地风景区可大面积栽培形成风景林。

干皮

果实

生境

幼果

植株

刺楸 Kalopanax septemlobus

干皮

叶

果序

枝条

花序

【科属】五加科刺楸属

【形态特征】落叶乔木，高达30 m，径达1 m。树干及大枝具鼓钉状刺。小枝粗壮，具扁皮刺。叶近圆形，径9 ~ 25 cm，掌状5 ~ 7裂，基部心形或圆形，裂片三角状卵形，缘有细齿；叶柄长于叶片。花两性，复伞形花序顶生，花小，白色。核果熟时黑色，近球形，花柱宿存。花期7 ~ 8月；果期9 ~ 10月。

【分布与习性】产于崂山、浮山、大珠山等地；中山公园、即墨岙山广青园栽培。喜光，喜湿润肥沃的酸性或中性土，适应性强，在阳坡、干瘠条件都能生长，速生。抗烟尘。

【应用】树形宽广如伞，枝干扶疏而常生粗大皮刺，叶片大型，颇富野趣，适于风景区成片种植。也是优良的庭荫树，可孤植、丛植。

景观

景观

厚壳树 Ehretia acuminata

【科属】紫草科厚壳树属

【形态特征】落叶乔木，高达15 m。叶椭圆形、倒卵形或矩圆状倒卵形，长7 ~ 16 cm，宽3 ~ 8 cm，有浅细锯齿，上面沿脉散生白色短伏毛，下面疏生黄褐色毛或无毛。圆锥花序顶生和腋生，长(5) 10 ~ 20 cm；花密集；花冠白色，长3 ~ 4 mm；雄蕊伸出花冠。核果近球形，黄色或橘红色，径3 ~ 4 mm，熟时分为2个各具2种子的分核。

【分布与习性】崂山、即墨北安有栽培。喜温暖湿润气候，也较耐寒；适生于湿润肥沃土壤，常自然生长于村落附近。

【应用】厚壳树枝叶郁茂，春季白花满树，秋季红果盈枝，适于庭院中植为庭荫树，可用于亭际、房前、水边、草地等多处，还可作行道树。

叶片

果实

植株

花序

景观

粗糠树 Ehretia dicksonii

【别名】破布子

【科属】紫草科厚壳树属

【形态特征】落叶乔木，高约15 m；树皮灰褐色，纵裂；小密生糙毛。叶椭圆形或卵形至倒卵状椭圆形，长8 ~ 25 cm，宽4 ~ 15 cm，先端急尖，叶面绿色，密被糙伏毛，下面密生短柔毛；叶柄被糙毛。花序、花梗、花萼密被短毛；聚伞花序，花密集，芳香，白色或略带黄，长8 ~ 10 mm。核果黄色，球形，径约1 ~ 1.5 cm。花期3 ~ 5月；果期6 ~ 7月。

【分布与习性】山东科技大学及城阳区、崂山区、市北区单位庭院有栽培。

【应用】粗糠树花序大而花朵芳香，果实黄色，径达1.5 cm，花果兼供观赏，抗污染能力强，适应城市环境，可栽培作行道树、庭荫树。

果枝

果实

花序

干皮

植株景观

叶正面

白蜡 Fraxinus chinensis

【别名】蜡条、梣

【科属】木犀科白蜡属

【形态特征】落叶乔木，高达15 m；冬芽棕褐色。小叶5 ~ 7，卵形、倒卵状长圆形至披针形，长3 ~ 10 cm，宽2 ~ 4 cm，叶缘锯齿整齐，下面沿脉有短柔毛。圆锥花序生于当年生枝上；雄花密集、花萼小，雌花疏离、花萼大，无花瓣。翅果匙形，长3 ~ 4 cm，宽4 ~ 6 mm，基部窄，先端菱状匙形，翅与种子约等长。花期3 ~ 5月；果期8 ~ 10月。

【分布与习性】全市各地普遍栽培。喜光，稍耐荫；耐寒性强；对土壤要求不严，耐盐碱；耐干旱和水湿能力都强。萌芽力和萌蘖力强，耐修剪。抗污染。

【应用】是优良的秋色叶树种，可作庭荫树、行道树栽培，也可用于水边、矿区绿化。木材坚硬有弹性，可制造车辆、农具。树条为优良的编织用材。枝、叶可放养白蜡虫。

【亚种】**花曲柳** subsp. rhynchophylla 别名大叶白蜡、大叶梣。落叶乔木。小叶3 ~ 7，常5，顶生小叶宽卵圆形至椭圆形，显著大于侧生小叶，先端尾状尖，背面及叶轴着生小叶处有簇生棕色曲柔毛。翅果长约3.5 cm，宽约5 mm，果翅长于种子。花期4 ~ 5月；果期9 ~ 10月。产崂山、大珠山、大泽山、王哥庄西山。可栽培作庭园树种、城市行道树、庭荫树及防护林树种。木材坚硬而有弹性，干、枝可药用药。

果枝

花序

花枝

果实

雄花序

花曲柳

花曲柳

狭叶白蜡 Fraxinus angustifolia

【**科属**】木犀科白蜡属

【**形态特征**】落叶乔木，高达20 ~ 30m。幼树树皮光滑，老树树皮状开裂。冬芽淡褐色。叶对生，偶三叶轮生；羽状复叶，长15 ~ 25 cm，具3 ~ 13小叶，小叶狭长，长3 ~ 8 cm，宽1 ~ 1.5 cm。花杂性，同一花序中的花为雄性、两性花或两者兼有。翅果，长3 ~ 4 cm，种子1.5 ~ 2 cm；翅浅棕色，长1.5 ~ 2 cm。

【**分布与习性**】城阳社区有栽培。

【**应用**】可作庭院树、行道树。

植株

秋季景观

枝叶

果枝

枝条

水曲柳 Fraxinus mandschurica

【科属】木犀科白蜡属

【形态特征】落叶大乔木，高10 ~ 30m。奇数羽状复叶，叶轴有狭翅；小叶7 ~ 11，近无柄，卵状长圆形或椭圆状披针形，长5 ~ 20 cm，宽2 ~ 5 cm，下面沿中脉和小叶基部密生黄褐色柔毛。圆锥花序侧生于去年生枝上，雄花与两性花异株，均无花冠也无花萼。翅果扭曲，长圆形至倒卵状披针形，扁平，长3 ~ 4 cm，顶端钝圆或微凹。花期4 ~ 5月，果期9 ~ 10月。

【分布与习性】崂山棋盘石栽培。喜光，耐寒，喜肥沃湿润土壤，生长快，抗风力强。

【应用】木材优良，可供建筑、火车厢、造船、家具、枕木、胶合板等用材。

花

植株

干皮

小枝

叶背面

湖北白蜡 Fraxinus hupehensis

【别名】对节白蜡、湖北梣

【科属】木犀科白蜡属

【形态特征】落叶乔木，高达19 m。营养枝常呈棘刺状，小枝挺直。羽状复叶长7 ~ 15 cm；叶轴具狭翅，小叶7 ~ 9 (11)，披针形或卵状披针形，长1.7 ~ 5 cm，宽0.6 ~ 1.8 cm，叶缘具锐锯齿。花杂性，聚伞圆锥花序长约1.5 cm；花萼钟状，雄蕊2。翅果匙形，长4 ~ 5 cm，宽5 ~ 8 mm，中上部最宽，先端急尖。花期2 ~ 3月；果期9月。

【分布与习性】中山公园、黄岛区（山东科技大学校园）等地有栽培；各地苗圃常有培育。喜光，也稍耐荫，喜温和湿润的气候，也颇耐寒，在山东中部可露地越冬。

【应用】对节白蜡枝叶浓密，叶形细小秀丽，株型紧凑，萌芽力极强，耐修剪，是优良的盆景材料，也常栽培庭院观赏。材质优良，为优良材用树种。

植株

景观

植株

叶

果实

景观

暴马丁香 Syringa reticulata subsp. amurensis

【科属】木犀科丁香属

【形态特征】落叶小乔木，高达4～15 m。叶宽卵形至椭圆状卵形，或矩圆状披针形，长5～12 cm，先端渐尖，基部圆形。圆锥花序由1到多对着生于同一枝条上的侧芽抽生，长20～25 cm；花冠白色或黄白色，径4～5 mm，深裂，花冠筒与萼筒等长或稍长；花丝与花冠裂片等长或长于后者。蒴果矩圆形，长1.5～2.5 cm，先端常钝。花期5～7月；果期8～10月。

【分布与习性】市区公园、黄岛区（山东科技大学校园），胶州市、即墨市栽培。喜湿润气候，耐寒；对土壤要求不严，喜湿润的冲积土，也耐瘠薄。

【应用】优良的绿化观赏树种和蜜源植物。树形高大，也可作其它丁香的乔化砧以提高绿化效果。花可提取芳香油。

景观

景观

景观

花枝　花序

流苏树 Chionanthus retusus

【别名】牛筋子、茶叶树、四月雪

【科属】木犀科流苏树属

【形态特征】落叶乔木，高达20 m。枝皮常卷裂。单叶对生，卵形、椭圆形至倒卵状椭圆形，长4 ~ 12 cm，宽2.5 ~ 6.5 cm，先端钝或微凹，全缘或有锯齿。圆锥花序顶生，长6 ~ 12 cm；花白色，花冠4深裂，裂片条状倒披针形，长1.5 ~ 2.5 cm；雄蕊2枚。核果椭圆形，长1 ~ 1.5 cm，蓝黑色。花期4 ~ 5月；果期9 ~ 10月。

【分布与习性】普遍栽培。适应性强，喜光，耐寒；喜土层深厚和湿润土壤，也甚耐干旱瘠薄，不耐水涝。

【应用】树体高大，树冠球形，枝叶茂盛，花开时节满树繁花如雪，秀丽可爱，是初夏重要的观赏花木。适于草坪、路旁、池边、庭院建筑前孤植或丛植。老桩是重要的盆景材料，北方常用于嫁接桂花。

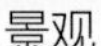

景观

景观

花

果

叶

毛泡桐 Paulownia tomentosa

【科属】玄参科泡桐属

【形态特征】落叶乔木，高达15 m。幼枝绿褐色或黄褐色，有粘质腺毛和分枝毛。叶宽卵形至卵状心形，长20 ~ 29 cm，宽15 ~ 28 cm，全缘或3 ~ 5浅裂，两面有粘质腺毛和分枝毛。聚伞状圆锥花序长40 ~ 60 (80) cm，侧花枝细柔，分枝角度大；花冠长5 ~ 7 cm，浅紫色至蓝紫色，有毛。蒴果卵形至卵圆形，长3 ~ 4 cm，径2 ~ 3 cm。花期4 ~ 5月；果期10月。

【分布与习性】各地普遍栽培。强阳性树，不耐庇荫，较喜凉爽气候，在气温达38 ℃以上生长受阻，最低温度在 − 25 ℃时易受冻害。根系肉质，耐干旱而怕积水。抗污染。

【应用】树干通直，树冠宽广，花朵大而美丽，先叶开放，色彩绚丽，春天繁花似锦，夏日绿荫浓密，可植于庭院、公园、风景区等各处，适宜作行道树、庭荫树和园景树，也是优良的农田林网、四旁绿化和山地绿化造林树种。抗污染，适于工矿区应用。

植株

果实　花

景观　花序　花枝

楸叶泡桐 Paulownia catalpifolia

【科属】玄参科泡桐属

【形态特征】落叶乔木。叶长卵形，长约为宽的2倍，长12 ~ 34 cm，下垂，全缘，叶背密被星状毛。花序的分枝不发达，长35 cm以下；萼裂深约1/3 ~ 2/5；花冠浅紫色，长7 ~ 8 cm，较细，管状漏斗形，内部常密布紫色细斑点，顶端直径不超过3.5 cm，喉部直径1.5 cm，基部向前弓曲，檐部2唇形。蒴果长椭圆形，长4.5 ~ 5.5 cm，先端歪嘴。花期4月；果期7 ~ 8月。

【分布与习性】产于崂山大崂观、青山；中山公园及各区市均有栽培。

【应用】树干直而材质优良，又耐干旱瘠薄土壤。树冠较为狭窄，叶片细长而下垂，枝叶姿态优美，也常栽培于庭院观赏，或用于四旁绿化。

花序

植株景观

枝叶

果实

楸树 Catalpa bungei

【科属】紫葳科梓树属

【形态特征】落叶乔木，高达30 m。叶三角状卵形至卵状椭圆形，长6 ~ 15 cm，宽6 ~ 12 cm，先端长渐尖，全缘或下部有1 ~ 3对尖齿或裂片，下面脉腋有紫褐色腺斑。总状花序呈伞房状，有花2 ~ 12朵；花冠白色或浅粉色，内有紫色斑点和条纹。蒴果长25 ~ 55 cm，很少结果。花期4 ~ 5月；果期9 ~ 10月。

【分布与习性】各地普遍栽培，崂山及村庄有古树。喜光，幼树略耐荫。喜温暖湿润气候和深厚肥沃的中性、微酸性和钙质土壤。深根性，萌蘖力和萌芽力均强。抗污染，吸滞粉尘能力高。

【应用】树干通直，树姿挺拔，花朵亦优美繁密，自古以来即为重要庭木。材质优良，纹理美观，为高级家具用材。

植株　古树　古树景观

叶　花　花期景观

梓树 Catalpa ovata

【别名】河楸、黄花楸

【科属】紫葳科梓树属

【形态特征】落叶乔木，高达20 m；嫩枝、叶柄和花序有粘质。叶卵形、广卵形或近圆形，长10 ~ 25 cm，宽7 ~ 25 cm，全缘或3 ~ 5浅裂。圆锥花序顶生，花萼绿色或紫色；花冠淡黄色，内面有深黄色条纹及紫色斑纹。蒴果圆柱形，长20 ~ 30 cm。花期5 ~ 6月；果期8 ~ 10月。

【分布与习性】产于崂山蔚竹庵，生于山沟、溪边杂木林；青岛植物园及福州路绿地有栽培。喜光，颇耐寒；喜深厚肥沃而湿润的土壤，不耐干瘠，耐轻度盐碱；抗污染。

【应用】树冠宽大，树荫浓密，花朵繁茂而形似蛱蝶，自古以来是著名的庭荫树。古人常在房前屋后种植桑树和梓树，故而以"桑梓"指故乡。绿化中可丛植于草坪、亭廊旁边以供遮荫。

景观

景观

景观

果实

果实

花

黄金树 Catalpa speciosa

【别名】白花梓树

【科属】紫葳科梓树属

【形态特征】落叶乔木，高6 ~ 10 m；树冠伞状。叶卵心形至卵状长圆形，长15 ~ 30 cm，全缘，下面密被短柔毛，基部脉腋有绿色腺斑。圆锥花序顶生，长约15 cm；花冠白色，喉部有黄色条纹及紫色细斑点，长4 ~ 5 cm，口部直径4 ~ 6 cm。蒴果圆柱形，长20 ~ 30 (55) cm，宽12 ~ 20 mm。花期5 ~ 6月；果期8 ~ 9月。

【分布与习性】崂山北九水、南九水及青岛植物园、中山公园有栽培。喜光，喜湿润凉爽气候、深肥肥沃土壤，不耐干旱瘠薄，不耐积水。

【应用】花色洁白，是优良的绿化绿化树种。木材供建筑及制作家具用材。

果实

果枝

叶

花序

灰楸 Catalpa fargesii

【科属】紫葳科梓树属

【形态特征】落叶乔木，高达25m。幼枝、花序、叶等有分枝毛。叶卵形，长10 ~ 20 cm，宽8 ~ 13 cm，幼叶上面微有分枝毛，下面较密，基部脉腋有紫色腺斑；叶柄长3 ~ 10 cm。顶生圆锥花序，有7 ~ 15花；花冠淡红色至淡紫色，长3 ~ 3.5 cm。蒴果长55 ~ 80 cm，径约5.5 mm；种子两端有白色长毛。花期5月；果期6 ~ 10月。

【分布与习性】产崂山北九水、大崂观、蔚竹庵，生于山沟、山坡土壤肥沃处。

【应用】同楸树。材质较楸树稍差。

干皮

叶

花序

花枝

景观

花

落叶灌木

植株

花

紫玉兰 *Magnolia liliflora*

【别名】辛夷、木笔、木兰

【科属】木兰科木兰属

【形态特征】落叶大灌木，高达3 ~ 5 m。叶片椭圆形或倒卵状长椭圆形，长10 ~ 18 cm，先端渐尖，基部楔形，全缘。花大，单生枝顶，花瓣6，外面紫色，内面浅紫色或近于白色；花萼3，黄绿色，长约为花瓣的1/3，早落。花期3 ~ 4月，先叶开放；果9 ~ 10月成熟。

【分布与习性】崂山太清宫、华严寺等地及崂山区、开发区、即墨市、平度市、莱西市有栽培。喜光，稍耐荫；较耐寒；对土壤要求不严；忌积水。萌芽力强，耐修剪。

【应用】紫玉兰栽培历史悠久，常植于庭院，是早春著名花木，适于庭院之窗前、草地边缘、池畔丛植、孤植。

景观

花枝

枝叶

花

蜡梅 Chimonanthus praecox

植株

【科属】蜡梅科蜡梅属

【形态特征】落叶大灌木，高达4 m。单叶对生，椭圆状卵形至卵状披针形，长7 ~ 15 cm，宽2 ~ 8 cm，全缘，上面粗糙，有硬毛。冬春先叶开花，花单生，鲜黄色，芳香，径1.5 ~ 2.5 cm，内层花被片有紫褐色条纹。花托壶形。聚合瘦果长，果托壶形。花期(12) 1 ~ 3月，先叶开放；果9 ~ 10月成熟。

【分布与习性】崂山蔚竹庵、太清宫、太平宫等地以及全市各区均有栽培。喜光，稍耐荫；耐寒。喜深厚而排水良好的轻壤土，在粘性土和盐碱地生长不良。耐干旱，忌水湿。萌芽力强，耐修剪。

【应用】蜡梅是我国特有的珍贵花木，花开于隆冬，凌寒怒放，清香四溢，是冬季重要的观花佳品，也是黄河中下游地区仅有的冬季花木。也常盆栽观赏，并适于造型。

【变种】1. **馨口蜡梅** var. grandiflora 叶较宽大，长达20 cm。花亦较大，径3 ~ 3.5 cm，外轮花被片淡黄色，内轮花被片有浓红紫色边缘和条纹。市区公园有栽培。供观赏。

2. **素心蜡梅** var. concolor 内外轮花被片均为纯黄色，香味浓。市区公园有栽培。

果实

景观

罄口蜡梅

罄口蜡梅

素心蜡梅

红果山胡椒 Lindera erythrocarpa

【**别名**】红果钓樟

【**科属**】樟科山胡椒属

【**形态特征**】落叶灌木或小乔木，高可5 m。叶倒披针形，偶倒卵形，常下延，长9 ~ 12 cm，宽4 ~ 5 cm，羽状脉，侧脉4 ~ 5对。伞形花序着生于腋芽两侧各1。花被片黄绿色，椭圆形。果球形，直径7 ~ 8 mm，熟时红色；果梗长1.5 ~ 1.8 cm，向先端渐增粗至果托。花期4月；果期9 ~ 10月。

【**分布与习性**】产于崂山梨庵子附近，数量极少，生于山坡溪边等处。

【**应用**】可栽培观赏。木材供家具等用。叶、果可提取芳香油。

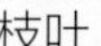
枝叶

果枝

植株

三桠乌药 Lindera obtusiloba

三桠乌药的花

【别名】红叶甘檀、甘橿、山姜、假崂山棍

【科属】樟科山胡椒属

【形态特征】落叶灌木或小乔木，高3～10 m。叶近圆形或扁圆形，长宽均约5～11 cm，3裂或全缘，基部圆形或心形，下面被棕黄色绢毛或近无毛，3出脉；叶柄被黄白色柔毛。伞形花序5～6个生于总苞内，无总梗；花黄色，花被裂片外被长柔毛。果近球形，长8 mm，暗红色或紫黑色。花期3～4月；果期8～9月。

【分布与习性】产于崂山、大小珠山、大泽山等地，常见。生于山坡林内或灌丛中。

【应用】三桠乌药树形自然，春天黄花满树，秋叶亮黄色也颇美丽，可植于庭园观赏，适于林下、林缘、水边应用。

秋叶

植株

枝条

叶片

幼果

山胡椒 Lindera glauca

叶片

【别名】牛筋树、假死柴

【科属】樟科山胡椒属

【形态特征】落叶灌木或小乔木，高达8 m。叶全缘，互生或近对生，宽椭圆形或倒卵形，长4 ~ 9 cm，宽2 ~ 4 cm，下面苍白色，有灰色柔毛，羽状脉。雌雄异株；伞形花序腋生，苞片4；花被片椭圆形或倒卵形；花药2室。浆果球形，径约7 mm。花期3 ~ 4月；果期7 ~ 9月。

【分布与习性】产于崂山、百果山、大珠山、小珠山等地，生于山坡灌丛、林缘或疏林中。喜光，耐干旱瘠薄，对土壤适应性广。深根性。

【应用】全株有香气，花朵黄色，可栽培观赏，适于公园和风景区丛植。叶、花、果含芳香油。木材可做家具。

果实

枝条

植株

大叶铁线莲 Clematis heracleifolia

【别名】灌木铁线莲、木通花

【科属】毛茛科铁线莲属

【形态特征】落叶半灌木或草本，高达1 m。3出复叶，小叶卵圆形至近圆形，长6 ~ 10 cm，宽3 ~ 9 cm，有不整齐粗锯齿。聚伞花序顶生或腋生；花杂性，雄花与两性花异株；花径2 ~ 3 cm，萼片4，蓝紫色。瘦果卵圆形，宿存花柱长达3 cm，有白色长柔毛。花期6 ~ 8月；果期9 ~ 10月。

【分布与习性】产于崂山北九水、蔚竹庵、流清河、仰口、天茶顶等地。常生于山坡沟谷，耐荫性强。

【应用】株型低矮，株丛自然，花朵蓝紫色，花开于少花的夏秋季，具有较高观赏价值，适于成片植为地被，适于坡地、水边、山石间，也可用于疏林下。

果实

果实

花

日本小檗 Berberis thunbergii

【别名】小檗

【科属】小檗科小檗属

【形态特征】落叶灌木，高2 ~ 3 m。刺常不分叉。叶倒卵形或匙形，长1 ~ 2 cm，宽0.5 ~ 1.2 cm，先端钝，全缘。花浅黄色，2 ~ 5朵组成簇生状伞形花序。花梗长5 ~ 10 mm，外萼片卵状椭圆形，带红色，内萼片阔椭圆形，花瓣长圆状倒卵形，长5.5 ~ 6 mm，宽3 ~ 4 mm，先端微凹。浆果椭圆形，长约1 cm，熟时亮红色。花期4 ~ 6月；果期7 ~ 10月。

【分布与习性】中山公园、崂山太清宫、城阳世纪公园、滨海大道有栽培。喜光，略耐荫。喜温暖湿润气候，亦耐寒。对土壤要求不严，耐旱，喜深厚肥沃排水良好的土壤。萌蘖性强，耐修剪。

【应用】株型紧凑，枝细叶密，花黄果红，适于作花灌木丛植、孤植，常配置于山石边、坡地、林缘，也可作刺篱。

【品种】紫叶小檗‘Atropurpurea’叶片在整个生长期内紫红色。公园绿地普遍栽培。

叶片

果实

景观

紫叶小檗

紫叶小檗果实

紫叶小檗花朵

黄芦木 Berberis amurensis

叶片

果实

【别名】阿穆尔小檗、大叶小檗

【科属】小檗科小檗属

【形态特征】落叶灌木，高达3 m。刺常3分叉，长1 ~ 2 cm。叶片椭圆形或倒卵形，长3 ~ 8 cm，宽2.5 ~ 5 cm，先端急尖或圆钝，基部渐狭，边缘有刺毛状细锯齿，背面网脉明显，常有白粉。花淡黄色，10 ~ 25朵排成下垂的总状花序。果实椭圆形，长6 ~ 10 mm，亮红色，有白粉。花期4 ~ 5月；果期8 ~ 9月。

【分布与习性】产于崂山崂顶、蔚竹庵、滑溜口等地，生于海拔800 m以上的山沟、山坡灌丛或林缘。喜凉爽湿润环境，耐寒，较耐荫，常生于山坡沟边、干瘠处及荫湿林下；在肥沃湿润、排水良好的土壤生长良好。萌芽力强，耐修剪。

【应用】花朵黄色而密集，秋果红艳、状如珊瑚，且挂果期长，可栽培观赏。宜丛植于草地、林缘，点缀池畔或配植于岩石园中，也适于自然风景区和森林公园内应用。以其枝叶密生，棘刺发达，也是优良的保护篱材料。

植株

花

花

花枝

榛子 Corylus heterophylla

【别名】平榛

【科属】桦木科榛属

【形态特征】落叶灌木或小乔木，高2 ~ 7 m，常丛生。叶片圆卵形或宽倒卵形，长4 ~ 13 cm，宽3 ~ 8 cm，先端近平截而有3突尖，基部心形，边缘有不规则重锯齿。花单性同株，雄花序2 ~ 7条排成总状，腋生、下垂。雌花无梗，1 ~ 6朵簇生枝端。果苞钟状，密被细毛。坚果近球形，长7 ~ 15 mm。花期4 ~ 5月；果期9月。

【分布与习性】产崂山北九水双石屋、内一水等区域。喜光，也稍耐荫；极耐寒，耐干旱瘠薄；萌芽力强，萌蘖性强。

【应用】榛子是北方著名的油料和干果树种、木本粮食。株形丛生而自然，叶形奇特，可配植于自然式绿化的山坡、山石旁或疏林下，也可植为绿篱，还是北方山区重要的绿化和水土保持灌木。

叶背　小枝　果实　叶

景观

毛榛 Corylus mandshurica

【别名】毛榛子、火榛子

【科属】桦木科榛属

【形态特征】落叶灌木，高3 ~ 4 m。小枝密被灰黄色长柔毛及腺毛。叶宽卵形、卵状长圆形或倒卵状长圆形，长6 ~ 12 cm，宽4 ~ 9 cm，顶端骤尖或尾状，基部心形，边缘具不规则的粗锯齿。雄花序2 ~ 4枚排成总状。果苞全包坚果，并在坚果以上缢缩成长管状，较果长2 ~ 3倍，外面密被黄褐色刚毛及腺毛。坚果几球形，长约1.5 cm，密被白色绒毛。

【分布与习性】产崂山蔚竹庵、观景台、猪窝栏等景区。喜光，稍耐荫。在湿润肥沃土壤上生长旺盛，在干燥瘠薄土壤上结实不良。

【应用】株型自然，果苞奇特，绿化中可丛植观赏，应用方式同榛子。种子味美可鲜食，也可榨油，为重要的木本油料和干果树种。

植株

果实

枝叶

雄花序

生境

牡丹 Paeonia suffruticosa

花期景观

【别名】木芍药、洛阳花

【科属】芍药科芍药属

【形态特征】落叶小灌木，高达2 m。肉质根肥大。2回3出复叶，小叶卵形至长卵形，长4.5 ~ 8 cm，宽2.5 ~ 7 cm，顶生小叶3裂，裂片又2 ~ 3裂，侧生小叶2 ~ 3裂或全缘。花单生枝顶，径10 ~ 30 cm，单瓣或重瓣，花色丰富，紫、深红、粉红、白、黄、绿等色；苞片及花萼各5；花盘紫红色，革质，全包心皮，心皮5，稀更多。蓇葖果长圆形，密生黄褐色硬毛。花期4 ~ 5月；果期8 ~ 9月。

【分布与习性】全市普遍栽培。喜光，稍耐荫；喜温凉气候，较耐寒，畏炎热，忌夏季曝晒。喜深厚肥沃而排水良好之砂质壤土。根系发达，肉质肥大。生长缓慢。

【应用】牡丹是我国传统名花，素有“花王”之称，品种繁多，花色丰富，群体观赏效果好，一般在公园和大型庭院中，牡丹最适于成片栽植，建立牡丹园。

花

花

花

景观

杨山牡丹 Paeonia ostii

【别名】凤丹

【科属】芍药科芍药属

【形态特征】落叶灌木，高约1.5 m，2回羽状复叶，小叶多达15枚，狭卵形至卵状披针形，长5 ~ 15 cm，顶生小叶通常3裂，侧生小叶多全缘；花单生，径12 ~ 13 cm，花瓣9 ~ 11片，白色或基部有粉色晕；花药黄色，花丝和花盘暗紫红色。

【分布与习性】中山公园、城阳青岛农大校园及各地公园有栽培，常与牡丹混栽。

【应用】应用同牡丹。

植株

花

植株

小花扁担杆 Grewia biloba var.parviflora

【别名】娃娃拳

【科属】椴树科扁担木属

【形态特征】落叶灌木。当年生枝及叶、花序均密生灰黄色星状毛。叶菱状卵形，长3 ~ 13 cm，宽1 ~ 7 cm，先端渐尖，有时不明显3裂，基出3脉，下面密生星状毛。聚伞花序近伞状与叶对生。常有10余花或3 ~ 4花；萼片5，绿色，密生星状毛；花瓣5，淡黄绿色。核果橙红色，2 ~ 4裂。花期6 ~ 7月；果期8 ~ 10月。

【分布与习性】产于全市各丘陵山地，生于山坡、沟谷、灌丛及林下；市区公园绿地常有栽培。喜光，耐寒，耐干瘠。对土壤要求不严，在富有腐殖质的土壤中生长更为旺盛。

【应用】果实橙红鲜艳，可宿存枝头数月之久，为富有野趣的观花、观果灌木，适于庭园、风景区丛植。果枝可瓶插。茎皮可代麻。

景观

枝叶

果实

果枝

花

应用景观

木槿 Hibiscus syriacus

【科属】锦葵科木槿属

【形态特征】落叶灌木，高2 ~ 5 m。叶卵形或菱状卵形，长3 ~ 6 cm，3裂或不裂，3出脉。花单生于叶腋；花萼钟形，裂片5；花钟形，紫色、白色或红色，单瓣或重瓣，直径6 ~ 10 cm，花瓣倒卵形；雄蕊柱长约3 cm。蒴果卵圆形，密被黄色星状绒毛。花期6 ~ 9月；果9 ~ 11月成熟。

【分布与习性】全市公园绿地普遍栽培。喜光，稍耐荫；喜温暖湿润，但耐寒性颇强；耐干旱瘠薄，不耐积水。生长迅速，萌芽力强，耐修剪。抗污染。

【应用】夏秋开花，花期长而花朵大，是优良的花灌木，绿化中宜作花篱，或丛植于草坪、林缘、池畔、庭院各处。

【品种】1. **粉紫重瓣木槿**‘Amplissimus’花粉紫色，花瓣内面基部洋红色，重瓣。公园绿地普遍栽培。

2. **白花木槿**‘Totus-albus’花白色，单瓣或重瓣。常见栽培。

3. **花叶木槿**‘Argenteo-variegata’叶具彩斑，大而鲜明；花紫红色，重瓣，花期长。黄岛区（山东科技大学校园）有栽培。

景观

花蕾

景观

花

花

粉紫重瓣木槿　粉紫重瓣木槿

白花木槿　白花木槿

花叶木槿　花叶木槿

柽柳 Tamarix chinensis

【别名】三春柳、红荆条、观音柳

【科属】柽柳科柽柳属

【形态特征】落叶灌木或小乔木，高达3 ~ 7 m；嫩枝繁密纤细，绿色。叶钻形或卵状披针形，长1 ~ 3 mm，先端渐尖。花粉红色，雄蕊5；柱头3裂。每年开花2 ~ 3次。春季：总状花序侧生在去年生木质化小枝上，花大而少；夏秋季：总状花序生于当年生幼枝顶端组成顶生大圆锥花序，花较小、密生。蒴果圆锥形。花期4 ~ 9月。

【分布与习性】产于崂山太清宫、青山及胶州湾沿海区域。生于沙荒、盐碱地及沿海滩涂。喜光，不耐庇荫；耐寒、耐热；耐干旱，亦耐水湿；对土壤要求不严，耐盐碱，叶能分泌盐分。深根性，萌芽力和萌蘖力均强，生长迅速。

【应用】柽柳是优美的绿化观赏树种，适于池畔、堤岸、山坡丛植，也可植为绿篱。老桩可作盆景。枝条可编制筐篮。蜜源植物。

花枝

景观

植株

花序

杞柳 Salix integra

【科属】杨柳科柳属

【形态特征】落叶灌木，高1 ~ 3 m。小枝淡红色，无毛。芽卵形，黄褐色，无毛。叶近对生或对生，披针形或条状长圆形，长2 ~ 5 cm，宽1 ~ 2 cm，先端短渐尖，基部圆或微凹，背面苍白色，全缘或上部有尖齿，两面无毛；萌枝叶常3枚轮生。花序对生，稀互生。蒴果长0.2 ~ 0.3 cm，被柔毛。花期5月；果期6月。

【分布与习性】产崂山北九水、凉清河等景区，生于河沟溪边；市区有栽培。

【应用】株丛茂密，适于湿地、水边造景应用。枝条柔软，是编筐的优良材料。

【品种】花叶杞柳'Hakuro-nishiki'新叶绿粉白色底带有粉白色斑纹，老叶变为黄绿色带粉白色斑点。市北区、崂山区、城阳区、黄岛有栽培。

果枝

植株

花叶杞柳

花叶杞柳

花叶杞柳

迎红杜鹃 Rhododendron mucronulatum

【别名】蓝荆子

【科属】杜鹃花科杜鹃花属

【形态特征】落叶灌木，高达1.5 m，多分枝。小枝、叶、花梗、萼片、子房、蒴果均被腺鳞。叶片较薄，长椭圆状披针形，长3 ~ 7 cm，宽1 ~ 3.5 cm。花淡红紫色，花冠宽漏斗形，长约4 cm，1 ~ 3朵簇生枝顶，先叶开放；花芽鳞在花期宿存。花冠宽漏斗状，长2.3 ~ 2.8 cm，径3 ~ 4 cm，雄蕊10，花丝下部被短柔毛。蒴果圆柱形，褐色，长1 ~ 1.5 cm，径4 ~ 5 mm，先端5瓣开裂。花期4 ~ 5月；果期7 ~ 8月。

【分布与习性】产于崂山、大珠山、小珠山、大泽山、浮山等山区。喜光，耐寒，喜空气湿润和排水良好的土壤。

【应用】春季先叶开花，花朵繁密鲜艳，是优良早春观花灌木，最适于山地风景区应用，也可作城市绿化树种。

植株

秋季景观

叶

景观

杜鹃花 Rhododendron simsii

【别名】杜鹃、映山红、山踯躅、山石榴、照山红

【科属】杜鹃花科杜鹃花属

【形态特征】落叶或半常绿灌木，高达3 m。分枝多而细直。枝条、叶两面、苞片、花柄、花萼、子房、蒴果均有棕褐色扁平糙伏毛。叶纸质，卵状椭圆形或椭圆状披针形，长2 ~ 6 cm。花2 ~ 6朵簇生枝顶，花冠宽漏斗状，长4 cm，鲜红或深红色，有紫斑，或白色至粉红色；雄蕊10。花期3 ~ 5月；果期9 ~ 10月。

【分布与习性】产于大珠山、小珠山，生于山坡灌丛；平度市有栽培。耐热性较强，也较耐旱，喜疏松肥沃、排水良好的酸性壤土。

【应用】杜鹃花为传统名花，富于野趣，最适于松树疏林下自然式群植，以形成高低错落、疏密自然的群落；也可于溪流、池畔、山崖、石隙、草地、林间、路旁丛植。

景观　花枝　果实　花

植株

果实

花

腺齿越橘 Vaccinium oldhamii

【科属】杜鹃花科越橘属

【形态特征】落叶灌木，高1 ~ 3 m；幼枝密被灰色短柔毛和腺毛。叶散生枝上，花枝上的叶较小；叶片纸质，卵形、椭圆形或长圆形，长2.5 ~ 8 cm，宽1.2 ~ 4.5 cm，边缘有细齿，齿端有具腺细刚毛。总状花序生于当年生枝顶，长3 ~ 6 cm；花冠黄绿色并带淡红色，坛状；雄蕊10。浆果近球形，直径0.7 ~ 1 cm，熟时紫黑色。花期5 ~ 6月；果期7 ~ 10月。

【分布与习性】产崂山北九水、蔚竹庵、潮音瀑、仰口、关帝庙、洞西岐、夏庄等地，生于山坡灌丛。

【应用】可供观赏。果可食及酿酒。

植株

花枝

果实

花枝

蓝莓 Vaccinium corymbosum

【**科属**】杜鹃花科越橘属

【**形态特征**】落叶灌木，高1 ~ 5 m。小枝绿色，有棱或呈圆柱形，常有成列的毛。叶片深绿色，卵形到狭椭圆形，长15 ~ 70 mm，宽 10 ~ 25 mm，近革质，全缘或有锯齿，叶面光滑或背面有毛。花萼绿色，无毛，花冠白色到粉红色，多少呈圆柱状，长5 ~ 12 mm，花丝常有纤毛。浆果暗黑色到蓝色、灰绿色，直径4 ~ 12 mm，光滑。种子10 ~ 20(25) 枚。花期春季或初夏。

【**分布与习性**】各区市作为果树均有栽培。

【**应用**】可用于庭院绿化栽植。

花　　花枝　　果　　果枝

植株

老鸦柿 Diospyros rhombifolia

【科属】柿树科柿属

【形态特征】落叶灌木，高2 ~ 3 mm。枝有刺。叶菱状倒卵形至菱状卵形，长4 ~ 8.5 cm，宽2 ~ 3.8 cm。花白色，单生叶腋，花萼宿存，花后增大，向后反曲。浆果卵球形，径约2 cm，顶端长尖，嫩时有长柔毛，熟时红色；果柄纤细，长约1.5 ~ 2.5 cm。花期4月；果期10月。

【分布与习性】城阳世纪公园有栽培。喜温暖是湿润环境，较喜光。对土壤要求不严，酸性、中性和石灰质土壤均可生长。耐寒性强。

【应用】果实红色悬垂，是优良观果灌木，适于庭院、山石间应用。果可提取柿漆，供涂漆鱼网、雨具等用。

枝叶

花

幼果

果

果实景观

植株

白檀 Symplocos paniculata

【别名】碎米子树、乌子树

【科属】山矾科山矾属

【形态特征】落叶灌木或小乔木。幼枝、叶片下面和花密生柔毛。枝条细硬，1年生枝灰褐色；叶纸质，卵圆形、椭圆状倒卵形或宽倒卵形，略呈菱状，长3 ~ 9 (11) cm，宽2 ~ 3.5 (5.5) cm，边缘有细尖锯齿。圆锥花序顶生，长4 ~ 10 cm，松散；花白色，有香气，花冠深裂，雄蕊约25 ~ 60。核果卵球形，长5 ~ 8 mm，熟时蓝色，稀白色。花期4 ~ 7月；果期9 ~ 11月。

【分布与习性】产崂山、小珠山，生于500 m 以上的山坡、沟谷或杂木林。较耐荫，耐寒性强。适应性强，耐干旱瘠薄，根系发达。

【应用】树姿美观，春季白花繁茂，秋结蓝果，可栽植为绿化观赏树种，特别适于山地风景区应用。固土能力强，是水土流失地区的先锋树种。花芳香，为蜜源植物；根、茎、叶均可药用。

花枝

花

植株

花期景观

果期果观

华山矾 Symplocos chinensis

花序

【科属】山矾科山矾属

【形态特征】落叶乔木或灌木状；嫩枝、叶柄、叶背、花序、苞片、花萼外均被灰黄色皱曲柔毛，小枝紫褐色。叶椭圆形或倒卵形，长4 ~ 7 cm，宽2 ~ 5 cm，叶面有短柔毛。圆锥花序顶生或腋生，长4 ~ 7 cm；花冠白色，长约4 mm，5深裂几达基部；雄蕊50 ~ 60枚。核果卵状圆球形，长5 ~ 7 mm，被紧贴的柔毛，熟时蓝黑色，顶端宿萼裂片向内伏。花期4 ~ 5月；果期8 ~ 9月。

【分布与习性】产于崂山、小珠山、百果山、大珠山、大泽山等地。

【应用】同自檀。

果枝

果实

枝叶

花枝

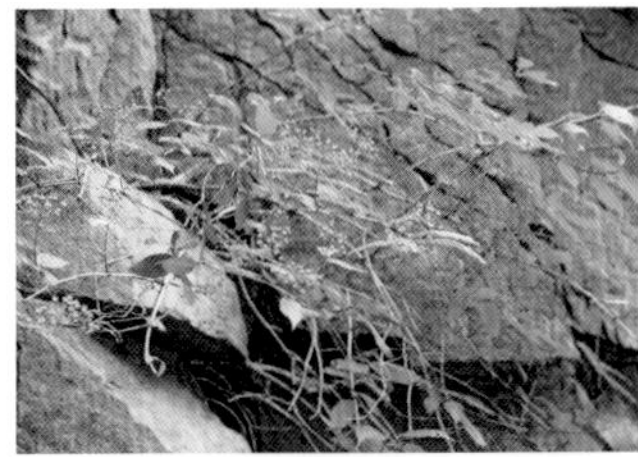

植株

植株

崂山溲疏 Deutzia glabrata

【别名】光萼溲疏、无毛溲疏、光叶溲疏

【科属】绣球科溲疏属

【形态特征】落叶灌木，高约3 m；表皮常脱落。叶薄纸质，卵形或卵状披针形，长5 ~ 10 cm，宽2 ~ 4 cm，具细锯齿，无毛；侧脉3 ~ 4对；叶柄长2 ~ 4 mm。伞房花序，径3 ~ 8 cm，有花5 ~ 20 (30) 朵，花径1 ~ 1.2 cm，白色，花丝钻形，基部宽扁。蒴果球形，径4 ~ 5 mm。花期6 ~ 7月；果期8 ~ 9月。

【分布与习性】产于崂山山顶、北九水、观崂村、仰口、张坡、蔚竹庵、水石屋、黑风口、标山等地，生于山坡、灌丛中或山谷荫蔽处。耐干旱瘠薄，耐水湿，耐荫。

【应用】优良观赏花木，可引种用于公园绿地、庭院绿化。

景观

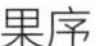

果序

花序

花

花

钩齿溲疏 *Deutzia baroniana*

【科属】绣球科溲疏属

【形态特征】落叶灌木，高约1 m。叶卵状菱形或卵状椭圆形，长2 ~ 5 cm，宽1.5 ~ 3 cm，先端急尖，基部楔形或阔楔形，边缘具不整齐锯齿，上面疏被4 ~ 5辐线星状毛，下面疏被5 ~ 7 辐线星状毛。聚伞花序，具2 ~ 3花或花单生；花冠直径1.5 ~ 2.5 cm，花瓣白色，倒卵状长圆形或倒卵状披针形，花丝先端2齿，齿平展或下弯成钩状，花柱3 ~ 4。蒴果半球形，径约4 mm。花期4 ~ 5月；果期9 ~ 10月。

【分布与习性】产全市各山区；崂山仰口、蔚竹庵，八大关及黄岛区（山东科技大学校园）有栽培。

【应用】优良观赏花木，可用于公园绿地、庭院绿化。

花枝

花

枝叶

景观

溲疏 Deutzia crenata

【别名】齿叶溲疏

【科属】绣球科溲疏属

【形态特征】落叶灌木，高1 ~ 3 m。小枝中空，有星状毛。叶卵形至卵状披针形，长5 ~ 8 cm，宽1 ~ 3 cm，叶缘具细圆锯齿，上面疏被4 ~ 5条辐线星状毛，下面稍密被10 ~ 15辐线星状毛；侧脉3 ~ 5对。圆锥花序长5 ~ 10 cm，径3 ~ 6 cm；花冠径1.5 ~ 2.5 cm，白色或外面带红晕；花序、花梗、萼筒、萼裂片均疏被星状毛。蒴果半球形，径约4 mm。花期4 ~ 5月；果期8 ~ 10月。

【分布与习性】普遍栽培。喜光，稍耐荫，喜温暖湿润的气候，喜富含腐殖质的微酸性和中性壤土。萌芽力强，耐修剪。

【应用】溲疏花朵洁白，初夏盛开，繁密而素净，是普遍栽培的优良花灌木。宜丛植于草坪、林缘、山坡，也是花篱和岩石园材料。花枝可供切花瓶插。根、叶、果可药用。

【变种】1. **紫花重瓣溲疏** var. plena 花重瓣，外面略带玫瑰红色。中山公园有栽培。

2. **白花重瓣溲疏** var. candidissima 花重瓣，纯白色。中山公园有栽培。

花序

幼果

景观

白花重瓣溲疏景观

白花重瓣溲疏花朵

花枝

太平花 Philadelphus pekinensis

【别名】京山梅花

【科属】绣球科山梅花属

【形态特征】落叶灌木，高1 ~ 2 m。叶卵形或阔椭圆形，长6 ~ 9.5 cm，宽2.5 ~ 4.5 cm，先端长渐尖，叶缘有疏齿，两面无毛或下面脉腋有簇毛；叶柄带紫色，长5 ~ 12 mm。总状花序有花5 ~ 7 (9) 朵，花瓣白色，但常多少带乳黄色，微有香气，花萼外面、花梗及花柱均无毛。蒴果球形或倒圆锥形，直径5 ~ 7 mm。花期5 ~ 7月；果期8 ~ 10月。

【分布与习性】崂山太清宫，中山公园以及黄岛区（山东科技大学校园）有栽培。喜光，也耐上方庇荫；耐寒、耐旱，喜湿润，稍耐荫怕水湿。

【应用】枝叶稠密，花乳白或乳黄色，清香四溢，是优良的绿化观赏树种。具有一定的耐荫性，宜丛植于庭院、林缘、草坪一隅、山石边、园路旁及园路转弯处，也可植为花篱。

应用景观　　花枝　　花

景观

西洋山梅花 Philadelphus coronarius

【科属】绣球科山梅花属

【形态特征】落叶灌木，高1.5 ~ 3 m。叶卵形至卵状长椭圆形，长4 ~ 8 cm，边缘疏生乳头状小锯齿，上面无毛，下面在脉腋间有簇毛。花白色，径2.5 ~ 3.5 cm，甚芳香，5 ~ 7花组成总状花序，花梗常光滑；花萼钟状，裂片4，卵状三角形，先端尖，长约7 mm，宽约5 mm，平滑无毛，里面沿边缘有短毛；花瓣4，阔倒卵形，长1.5 ~ 1.7 cm，宽1.5 ~ 2 cm；子房半下位，花柱自中部分离，柱头4。蒴果球形倒卵状，径5 ~ 6 mm。花期5 ~ 6月；果期8 ~ 9月。

【分布与习性】中山公园有栽培。

【应用】庭园绿化观赏花木。生长旺盛，花色、花香俱佳，观赏价值最高。

枝叶　花枝　花朵

景观

绣球 Hydrangea macrophylla

【别名】八仙花

【科属】绣球科绣球属

【形态特征】高1 ~ 4 m。小枝粗壮，髓心大。叶倒卵形至椭圆形，长6 ~ 15 cm，宽4 ~ 11.5 cm，有光泽，有粗锯齿，叶柄粗壮。伞房状聚伞花序近球形，直径8 ~ 20 cm，花密集，多数不育；不育花之扩大之萼片（假花瓣）4，卵圆形、阔倒卵形或近圆形，长1.4 ~ 2.4 cm，宽1 ~ 2.4 cm，粉红色、蓝色或白色，极美丽；可孕花极少数，雄蕊10枚。花期6 ~ 8月。

【分布与习性】各地普遍栽培。喜荫，喜温暖湿润气候；适生于湿润肥沃、排水良好而富含腐殖质的酸性土壤。萌蘖力和萌芽力强。

【应用】丛生灌木，生长茂盛，花序大而美丽，花色或蓝或白或红，耐荫性强。适于配植在林下、水边、建筑物阴面、窗前、假山、山坡、草地等各处；也是优良的花篱材料，常于路边列植。亦为盆栽佳品。

花序　花序　花序

植株

圆锥绣球 Hydrangea paniculata

【别名】圆锥八仙花、水亚木、白花丹、轮叶绣球

【科属】绣球科绣球属

【形态特征】落叶灌木或小乔木，高1 ~ 5 m。叶对生或3片轮生，卵形或椭圆形，长5 ~ 14 cm，宽2 ~ 6.5 cm。圆锥状聚伞花序顶生，长达26 cm，花序轴和分枝密被柔毛；不孕花多，白色，萼片4，不等大，结果时长1 ~ 1.8 cm，宽0.8 ~ 1.4 cm；可孕花白色，花萼筒陀螺状，花瓣长2.5 ~ 3 mm，子房半下位。蒴果椭圆形，长约5 mm。花期8 ~ 9月；果期10 ~ 11月。

【分布与习性】中山公园、城阳区（青岛农业大学校园）及崂山区有栽培。较耐荫，耐寒性强，各地常见栽培。

【应用】丛生灌木，生长茂盛，花序大而美丽，花色或蓝或白或红，耐荫性强。适于配植在林下、水边、建筑物阴面、窗前、假山、山坡、草地等各处；也是优良的花篱材料，常于路边列植。亦为盆栽佳品。

【品种】大花水亚木 'Grandiflora' 圆锥花序较大，直立或下垂，多为不孕花；花白色。中山公园、黄岛区（山东科技大学校园）有栽培。

景观

花序

花枝

枝叶

花序

景观

大花水亚木

北美鼠刺 Itea virginica

【别名】弗吉尼亚鼠刺

【科属】茶藨子科鼠刺属

【形态特征】灌木，高1 ~ 3 m。叶片椭圆形至长圆状倒披针形，长2 ~ 9 cm，宽1 ~ 4 cm，叶缘有锯齿。总状花序拱垂，长4 ~ 15 cm，有花20 ~ 80朵，花序轴有毛。萼片、花瓣狭矩圆形；花丝有毛。蒴果长0.7 ~ 1 cm；花柱宿存。花期3 ~ 6月。

【分布与习性】黄岛区（山东科技大学校园）有栽培。耐旱，耐寒，稍耐荫，对土壤要求不严，适应能力较强。

【应用】花序艳丽，气味芳香，秋季叶子色彩鲜艳，供观赏。可作色块、绿篱、造型群植或孤植等。

果实

花序

花期景观

秋季景观

花序

花期景观

香茶藨子 Ribes odoratum

【别名】黄花茶藨子

【科属】茶藨子科茶藨子属

【形态特征】落叶灌木，高1 ~ 2 m。叶倒卵形或圆肾形，长3 ~ 4 cm，宽3 ~ 5 cm，3 ~ 5裂，有粗齿，背面有短柔毛。总状花序具花5 ~ 10朵，花序轴密生柔毛，苞片卵形、叶状；花两性，黄色，萼裂片黄色，花瓣小，浅红色，长仅为萼片之半。浆果球形或椭圆形，黄色或黑色，长8 ~ 10 mm。花期4 ~ 5月；果期7 ~ 8月。

【分布与习性】市区各公园有栽培。适应性强，喜光，也稍耐荫，耐寒性强，对土壤要求不严，耐盐碱；萌蘖性强，耐修剪。

【应用】花朵繁密，颇似丁香之形，黄色或红色，花色鲜艳，花时香气四溢，且果实黄色，是花果兼赏的花灌木，适于庭院、山石、坡地、林缘丛植。耐盐碱，也是北部盐碱地区不可多得的优良庭园绿化材料。果可食。

花枝

花枝

景观

光叶东北茶藨子 Ribes mandshuricum var. subglabrum

【科属】茶藨子科茶藨子属

【形态特征】落叶灌木，高1 ~ 3 m；无刺；叶掌状3裂，稀5裂，长5 ~ 10 cm，宽几与长相似，基部心形，边缘具不整齐粗锐锯齿。总状花序长3 ~ 8 cm；花序轴和花梗密被短柔毛；花两性，径3 ~ 5 mm；花萼浅绿色或带黄色，外面近无毛；花瓣近匙形，长约1 ~ 1.5 mm，浅黄绿色；雄蕊稍长于萼片，子房无毛。果球形，径7 ~ 9 mm，红色。花期4 ~ 6月；果期7 ~ 8月。

【分布与习性】产崂山山顶。耐荫，耐寒性强、稍耐旱、不耐热，可耐轻度盐碱，喜砂质壤土。

【应用】果实红艳，是优良的观果植物，以其耐荫，适于在公园及风景区林下、林缘自然式散植。

叶　果枝　果实

生长景观　枝条　花序

华茶藨 Ribes fasciculatum var. chinense

花

【别名】华蔓茶藨子、大蔓茶藨

【科属】茶藨子科茶藨子属

【形态特征】落叶或半常绿灌木，高达1.5 m。嫩枝、叶两面和花梗均被较密柔毛。叶近圆形，基部截形至浅心脏形，两面无毛或疏生柔毛，3 ~ 5裂，裂片宽卵圆形。雌雄异株，雄花4 ~ 9朵，雌花2 ~ 4朵，呈伞形簇生于叶腋；果实球形，红色，径7 ~ 10 mm。花期4 ~ 5月；果期7 ~ 9月。

【分布与习性】产于崂山太清宫、张坡、明霞洞等地，生于山坡疏林中。生于山坡林下、林缘，耐荫性较强。

【应用】优良的观果植物，适于疏林下散植。果实可酿酒或做果酱。

成熟果实

枝叶

果枝

景观

东亚唐棣 Amelanchier asiatica

【科属】蔷薇科唐棣属

【形态特征】落叶乔木或灌木。小枝圆柱形，幼时被灰白色绵毛。叶卵形或长椭圆形，长4 ~ 6 cm，宽2.5 ~ 3.5 cm，缘有细锐锯齿，幼时下面密被灰白色或黄褐色绒毛，后减少。总状花序下垂，长4 ~ 7 cm；总花梗和花梗被白色绒毛；花径3 ~ 3.5 cm；萼片披针形，长为萼筒2倍；花瓣细长，白色。果实近球形或扁球形，径1 ~ 1.5 cm，熟时蓝黑色；萼片宿存，反折。花期4 ~ 5月；果期8 ~ 9月。

【分布与习性】中山公园有栽培。

【应用】供观赏。

枝条

花

叶片

植株景观

植株

麻叶绣球 Spiraea cantoniensis

【别名】麻叶绣线菊、麻毬

【科属】蔷薇科绣线菊属

【形态特征】落叶灌木，高达1.5 m。叶菱状披针形至菱状椭圆形，长3 ~ 5 cm，宽1.5 ~ 2 cm，先端急尖，基部楔形，叶缘自中部以上有缺刻状锯齿，两面光滑。伞形总状花序，有总梗，生于侧枝顶端，下部有叶，紧密，有花15 ~ 25朵，花白色。蓇葖果直立、开张。花期4 ~ 6月；果7 ~ 9月成熟。

【分布与习性】崂山北九水及各地公园常见栽培。性喜温暖和阳光充足的环境。稍耐寒、耐荫，较耐干旱，忌湿涝。土壤以肥沃、疏松和排水良好的沙壤土为宜。萌蘖性强。

【应用】着花繁密，可成片、成丛配植于草坪、路边、花坛、花径或庭园一隅，亦可单株或数株点缀于池畔、山石之边。根、叶、果实药用。

花序

花枝

景观

植株

三裂绣线菊 Spiraea trilobata

【别名】三桠绣线菊、团叶绣球

【科属】蔷薇科绣线菊属

【形态特征】落叶灌木，高达2 m。小枝细瘦，开展，稍呈之字形弯曲，褐色，无毛。叶近圆形，长1.7 ~ 3 cm，两面无毛，中部以上具少数圆钝锯齿，先端常3裂，下面苍绿色，具3 ~ 5脉。花白色，15 ~ 30朵组成伞形总状花序，有总梗。蓇葖果开张，仅沿腹缝微具短柔毛或无毛。花期5 ~ 6月；果期7 ~ 8月。

【分布与习性】产于崂山北九水、蔚竹庵等地；崂山区、胶州市、平度市、即墨市有栽培。耐干旱瘠薄，耐寒。

【应用】花色洁白繁密，各地常见栽培供观赏。根、茎含单宁，为鞣料植物。

景观

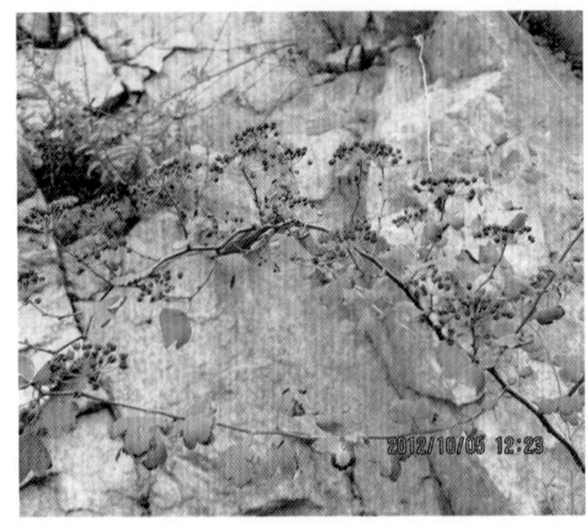
花枝

植株

果实

花

花

花序

绣球绣线菊 Spiraea blumei

【别名】珍珠绣球、补氏绣线菊

【科属】蔷薇科绣线菊属

【形态特征】落叶灌木，高1 ~ 2 m；小枝细而开张。叶菱状卵形至倒卵形，长2 ~ 3.5 cm，宽1 ~ 1.8 cm，先端圆钝或微尖，边缘自近中部以上有少数圆钝缺刻状锯齿或3 ~ 5浅裂，两面无毛，下面浅蓝绿色，不显明3脉或羽状脉。伞形总状花序，花白色，径5 ~ 8 mm，花瓣宽倒卵形，先端微凹。花期4 ~ 6月；果期8 ~ 10月。

【分布与习性】崂山北九水有栽培。

【应用】观赏灌木。

花

果枝

花枝

菱叶绣线菊 Spiraea vanhouttei

【科属】蔷薇科绣线菊属

【形态特征】落叶灌木，高达2 m。叶菱状卵形至菱状倒卵形，长1.5 ~ 3.5 cm，宽0.9 ~ 1.8 cm，先端急尖，通常3 ~ 5裂，基部楔形，边缘有缺刻状重锯齿，两面无毛，具不显著3脉或羽状脉；叶柄长3 ~ 5 mm，无毛。萼筒和萼片外面均无毛；花瓣近圆形，长与宽各约3 ~ 4 mm，白色；雄蕊多数，有不育雄蕊，长约花瓣的1/2或1/3；花盘圆环形，具大小不等的裂片，子房无毛。蓇葖果稍开张，宿存花柱近直立。花期5 ~ 6月。

【分布与习性】中山公园、青岛植物园、崂山区东海路有栽种。

花　叶片　果序

景观

土庄绣线菊 Spiraea pubescens

花序

花期景观

【别名】珍珠绣球、补氏绣线菊

【科属】蔷薇科绣线菊属

【形态特征】落叶灌木，高约2 m。小枝开展，稍弯曲。叶菱状卵形或椭圆形，长2 ~ 4.5 cm，宽1.3 ~ 2.5 cm，先端急尖，中部以上有粗齿或缺刻状锯齿，有时3裂，表面具稀疏柔毛，背面被短柔毛；羽状脉。伞形花序有花15 ~ 20；花径5 ~ 8 mm；雄蕊25 ~ 30。蓇葖果开张，仅沿腹缝线具短柔毛。花期5 ~ 6月；果期7 ~ 8月。

【分布与习性】产于崂山太清宫，即墨钱谷山等地。生于向阳或半阳处、林内或干旱岩坡灌丛中。

【应用】可栽培供观赏。

植株

果枝

果枝

叶背面

粉花绣线菊 Spiraea japonica

果序

花序

【别名】日本绣线菊、绣线菊

【科属】蔷薇科绣线菊属

【形态特征】落叶灌木，高达1.5 m；枝开展，直立。叶卵形至卵状椭圆形，长2 ~ 8 cm，宽1 ~ 3 cm，有缺刻状重锯齿，稀单锯齿，基部楔形；叶片下面灰绿色，脉上常有柔毛。复伞房花序着生当年生长枝顶端，密被柔毛，直径4 - 14 cm；花密集，淡粉红至深粉红色。花期6 ~ 7月；果期8 ~ 10月。

【分布与习性】全市各地普遍栽培。性强健，喜光，略耐荫，抗寒、耐旱，忌高温潮湿，土壤以富含腐殖质的壤土为佳，排水需良好。

【应用】花期值少花的春末夏初，花朵繁密，花色为绣线菊属中少见的粉红色，非常艳丽、醒目，是优良的花灌木，可丛植观赏，适于草地、路旁、林缘等各处，也可作花境背景材料或基础种植材料。叶、根、果均供药用。

景观

花序

华北绣线菊 *Spiraea fritschiana*

【**别名**】弗氏绣线菊

【**科属**】蔷薇科绣线菊属

【**形态特征**】落叶灌木，高1 ~ 2 m；枝条粗壮，小枝具明显棱角。叶卵形、椭圆状卵形或椭圆状短圆形，长3 ~ 8 cm，宽1.5 ~ 3.5 cm，具不整齐重锯齿或单锯齿。复伞房花序生于当年生直立新枝上，顶端宽广而平，多花，花直径5 ~ 6 mm，白色或在芽中呈粉红色。花期6月；果期7 ~ 8月。

【**分布与习性**】产于全市各主要山区；胶州市有栽培。生岩石坡地、山谷丛林间。

【**应用**】花序密集，可栽培供观赏用。

景观

金山绣线菊 Spiraea × bumalda ‘Gold Mound’

【科属】蔷薇科绣线菊属

【形态特征】落叶矮生灌木，高仅20 ~ 4 cm；小枝细弱，呈“之”字形弯曲；叶片卵圆形或卵形，长1 ~ 3 cm，叶缘具深锯齿，新叶和秋叶为金黄色，夏季浅黄色；复伞房花序，直径2 ~ 3 cm，花色淡紫红。花期5 ~ 10月。

【分布与习性】杂交品种，广为栽培。喜光，耐干燥气候，较耐盐碱，忌水涝。耐修剪。

【应用】叶色金黄，尤以春季叶色最为鲜明，是优良的木本地被植物和基础种植材料，可成片栽培形成良好的彩色景观，适于广场、建筑前、林间、坡地，也可配植在山石间。也是大型模纹图案的优良配色材料。

枝叶

花朵

景观

珍珠绣线菊 Spiraea thunbergii

【别名】珍珠花、喷雪花、雪柳

【科属】蔷薇科绣线菊属

【形态特征】落叶灌木，高达1.5 m；枝细长开展，常呈弧形弯曲。叶条状披针形，长2 ~ 4 cm，宽5 ~ 7 mm，先端长渐尖，基部狭楔形，有尖锐锯齿，两面无毛。伞形花序无总梗，有花3 ~ 6朵，基部丛生数枚叶状苞片；花白色，单瓣，径6 ~ 8 mm。蓇葖果5，开张，无毛。花期3 ~ 4月；果期7 ~ 8月。

【分布与习性】崂山及城市公园绿地有栽培。喜光，也耐荫；耐寒；对土壤要求不严，喜生于湿润、排水良好的土壤。生长较快，萌蘖力强，耐修剪。

【应用】珍珠绣线菊树姿婀娜，早春开花，花开前形似珍珠，开放时如白雪覆盖，叶形似柳，俗称“雪柳”，秋叶橘红色也甚美观，是重要的早春花灌木。适于丛植于水边、草坪角隅、庭院、路边、假山石块边等各处，也可植作花篱或作基础种植，亦可作切花用。根药用。

花

花序

枝条

景观

李叶绣线菊 Spiraea prunifolia

【别名】笑靥花

【科属】蔷薇科绣线菊属

【形态特征】落叶灌木，高达3 m。小枝细长，微具棱，幼枝密被柔毛，后渐无毛。单叶互生，卵形至椭圆状披针形，长2.5 ~ 5 cm，叶缘中部以上有细锯齿，叶片下面沿中脉常被柔毛；无托叶。伞形花序无总梗，具3 ~ 6花，基部具少量叶状苞片；花白色，重瓣，径1 ~ 1.2 cm，花梗细长。花期3 ~ 4月，花叶同放。

【分布与习性】中山公园、崂山太清宫，黄岛区（山东科技大学校园）有栽培。喜光，稍耐荫；耐寒；耐旱，耐瘠薄，亦耐湿；对土壤要求不严，在肥沃湿润土壤中生长最为茂盛。萌蘖性、萌芽力强，耐修剪。

【应用】笑靥花株丛自然、枝蔓柔垂，盛花时玉花攒聚，宛若皑雪，绚烂异常，花姿圆润，花序密集，如笑颜初靥，是早春重要的花灌木。可丛植于池畔、山坡、路旁、崖边，片植于草坪、建筑物角隅，也可做基础种植材料。老桩是制作树桩盆景的优良材料。各地常见栽培。

【变种】单瓣笑靥花 var. simpliciflora 花单瓣，直径约6 mm；花期3 ~ 4月；果期4 ~ 7月。黄岛区（山东科技大学校园）有栽培。

景观　景观　花序

花　单瓣笑靥花　植株

柳叶绣线菊 Spiraea salicifolia

【别名】绣线菊

【科属】蔷薇科绣线菊属

【形态特征】落叶灌木，高达2 m，小枝黄褐色，略具棱。叶长椭圆形至披针形，长4 ~ 8 cm，宽1 ~ 2.5 cm，边缘密生锐锯齿，两面无毛。圆锥花序生于当年生长枝顶端，长圆形或金字塔形，长6 ~ 13 cm，直径3 ~ 5 cm；花朵密集，粉红色，直径5 ~ 7 mm，花瓣卵形，先端圆钝。蓇葖果直立，具反折萼片。花期6 ~ 8月；果期8 ~ 9月。

【分布与习性】黄岛区有栽培。喜光，耐旱，耐寒，对土壤要求不严。

【应用】株丛茂盛，枝条密集，夏季开花，花色粉红，是优良的花灌木，又为蜜源植物，最适于大型公园和风景区内丛植或片植观赏，可用于草地、路旁、林缘、山坡、水滨各处。

花序

枝叶

植株

华北珍珠梅 Sorbaria kirilowii

【别名】珍珠梅

【科属】蔷薇科珍珠梅属

【形态特征】落叶灌木，高达3 m。小叶13 ~ 21枚，披针形至椭圆状披针形，长4 ~ 7 cm，宽1.5 ~ 2 cm，具尖锐重锯齿，侧脉15 ~ 23对。顶生大型密集的圆锥花序，长15 ~ 20 cm，径7 ~ 11 cm；花白色，径5 ~ 7 mm。萼片长圆形；花瓣倒卵形或宽卵形，先端圆钝，长4 ~ 5 mm；雄蕊20，与花瓣等长或稍短于花瓣。蓇葖果长圆形。花期6 ~ 7月；果期9 ~ 10月。

【分布与习性】全市各地普遍栽培。喜光又耐荫，耐寒，不择土壤。萌蘖性强，耐修剪。生长迅速。

【应用】花叶清秀，花期极长而且正值盛夏，是很好的庭院观赏花木，适植于草坪边缘、水边、房前、路旁，常孤植或丛植，也可植为自然式绿篱；因耐荫，可用于背阴处，如建筑物背后、疏林下等。

景观

花枝

植株

植株

花序

珍珠梅 Sorbaria sorbifolia

果

植株

【别名】山高粱

【科属】蔷薇科绣线菊属

【形态特征】落叶灌木，高达2 m。小叶片11 ~ 17枚，披针形至卵状披针形，长5 ~ 7 cm，宽1.8 ~ 2.5 cm，边缘有尖锐重锯齿，具侧脉12 ~ 16对。顶生大型密集圆锥花序，分枝近于直立，长10 ~ 20 cm，径5 ~ 12 cm；花白色，直径10 ~ 12 mm；花瓣长圆形或倒卵形，长5 ~ 7 mm；雄蕊40 ~ 50，远长于花瓣。花期7 ~ 8月；果期9月。

【分布与习性】中山公园、崂山、黄岛区有栽培。喜阳光充足，也颇为耐荫，耐寒性更强；喜肥沃湿润土壤。生长较快，耐修剪，萌芽力强。

【应用】花期较晚，适于丛植在草坪边缘或水边、房前、路旁，亦可栽植成篱垣。

植株

花序

小米空木 Stephanandra incisa

花枝

【别名】小野珠兰

【科属】蔷薇科野珠兰属

【形态特征】落叶灌木，高达2.5 m；幼时红褐色。叶互生，卵形至三角卵形，长2 ~ 4 cm，宽1.5 ~ 2.5 cm，边缘有4 ~ 5对裂片及重锯齿，两面具稀疏柔毛，侧脉5 ~ 7对。圆锥花序顶生，长2 ~ 6 cm，多花，花径约5 mm；花梗和萼筒被柔毛。花瓣倒卵形，白色或多少带粉红色；雄蕊10，生于萼筒边缘；心皮1，子房被柔毛。蓇葖果近球形，径2 ~ 3 mm，外被柔毛。花期5 ~ 7月；果期8 ~ 9月。

【分布与习性】产于崂山、百果山、大珠山、大泽山、即墨豹山等地；城阳世纪公园、黄岛区（山东科技大学校园）有栽培。耐寒性强，耐荫。

【应用】小米空木株丛自然，生长茂盛，枝条红褐色，花朵虽小但盛开时花朵繁密，白色或染粉红色，富有野趣。较耐荫，适于森林公园和大型风景区林下、水边丛植或成片植为下木，景观效果良好。也可用于城市绿化，目前尚未有应用。

花序

植株

花

花序

植株

花期景观

白鹃梅 Exochorda racemosa

【别名】金瓜果

【科属】蔷薇科白鹃梅属

【形态特征】落叶灌木，高达5 m，全株无毛。小枝微具棱。叶椭圆形至倒卵状椭圆形，长3.5 ~ 6.5 cm，全缘或上部有浅钝疏齿，下面苍绿色。花6 ~ 10朵，径4 cm，花瓣基部具短爪；雄蕊15 ~ 20，3 ~ 4枚1束着生花盘边缘，并与花瓣对生。蒴果倒卵形。花期4 ~ 5月；果期9月。

【分布与习性】各地常见栽培。性强健，喜光，也耐半荫；喜肥沃、深厚土壤，也耐干旱瘠薄；耐寒性颇强。

【应用】树形自然，富野趣，花期值谷雨前后，花朵大而繁密，满树洁白，是一美丽的观赏花木，宜于草地、林缘、窗前、亭台附近孤植或丛植，或于山坡大面积群植，也可作基础种植材料。

果枝

叶片

花

景观

花枝

水栒子 Cotoneaster multiflorus

【别名】多花栒子

【科属】蔷薇科栒子属

【形态特征】落叶灌木，高达4 m。枝纤细，常拱形下垂。叶卵形或宽卵形，长2 ~ 4 cm，宽1.5 ~ 3 cm，先端急尖或圆钝，基部楔形或圆形，上面无毛，下面幼时有绒毛。聚伞花序松散并疏生柔毛，有花5 ~ 21朵；花白色，径1 ~ 1.2 cm。萼筒钟状，无毛；萼片三角形，通常两面无毛。果球形或倒卵形，红色，径约8 mm，1 ~ 2核。花期5 ~ 6月；果期8 ~ 9月。

【分布与习性】黄岛区（山东科技大学校园）有栽培。较喜光，耐寒，耐干旱瘠薄。

【应用】初夏盛开白花，入秋红果累累，经冬不凋，为优美的观花观果树种，可用于庭院、路边、草坪、林缘等各处，也是良好的岩石园材料，还可作水土保持灌木。

花枝

果期景观

花

果枝

果

平枝栒子 Cotoneaster horizontalis

【**别名**】铺地蜈蚣

【**科属**】蔷薇科栒子属

【**形态特征**】落叶或半常绿匍匐灌木，高约50 cm。幼枝被粗毛；枝水平开张成整齐2列，宛如蜈蚣。叶近圆形至宽椭圆形，先端急尖，长0.5 ~ 1.5 cm，下面疏生平伏柔毛，叶柄有柔毛。单生或2朵并生，花径5 ~ 7 mm，无梗，单生或2朵并生，粉红色。果近球形，鲜红色，径4 ~ 6 mm，3小核。花期5 ~ 6月；果期9 ~ 10月。

【**分布与习性**】公园绿地常见栽培。喜光，耐半荫，耐寒性强，在黄河以南各地生长良好，抗干旱瘠薄。

【**应用**】宜丛植，或成片植为地被，或作基础种植材料，尤其适于坡地、路边、岩石园等地形起伏较大的区域应用。

花枝

景观

果实

果枝

冬季景观

皱皮木瓜 Chaenomeles speciosa

【别名】贴梗海棠

【科属】蔷薇科木瓜属

【形态特征】落叶灌木，高达2 m。有枝刺。叶卵状椭圆形，长3 ~ 10 cm，具尖锐锯齿。托叶大，肾形或半圆形，长0.5 ~ 1 cm。花3 ~ 5朵簇生，鲜红、粉红或白色，因品种而异，花梗粗短或近无梗。果卵球形，径4 ~ 6 cm，熟时黄色或黄绿色，芳香，有稀疏斑点。花期3 ~ 5月；果期9 ~ 10月。

【分布与习性】全市公园绿地普遍栽培。喜光，耐寒，对土壤要求不严，喜生于深厚肥沃的沙质壤土；不耐积水，积水会引起烂根。耐修剪。

【应用】是一种优良的观花兼观果的灌木。最适于草坪、庭院、树丛周围、池畔丛植，还是绿篱或花坛的镶边材料，并可盆栽。

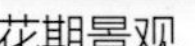

花期景观

植株

花枝

花

果实

毛叶石楠 Photinia villosa

【别名】鸡丁子

【科属】蔷薇科石楠属

【形态特征】落叶灌木或小乔木。叶倒卵形或长圆倒卵形，长3 ~ 8 cm，宽2 ~ 4 cm，边缘上半部具密生尖锐锯齿，侧脉5 ~ 7对。花10 ~ 20朵组成顶生伞房花序，径3 ~ 5 cm；花径7 ~ 12 mm，花瓣白色，近圆形。果实椭圆形或卵形，长8 ~ 10 mm，直径6 ~ 8 mm，红色或黄红色。花期4月；果期8 ~ 9月。

【分布与习性】产崂山八水河、黑风口、明霞洞、流清河等地；市北区贮水山公园有栽培。

【应用】春季白花繁枝，秋季红果密集，是观花赏果的优良树种。根、果药用，有除湿热、止吐泻作用。

叶片

果实

花

植株

植株

日本木瓜 Chaenomeles japonica

【别名】倭海棠

【科属】蔷薇科木瓜属

【形态特征】落叶矮灌木，下部匍匐性。2年生枝有疣状突起。叶倒卵形、匙形至宽卵形，长3 ~ 5 cm，宽2 ~ 3 cm，具齿尖向内的圆钝锯齿；托叶肾形。花3 ~ 5朵簇生，直径2.5 ~ 4 cm，砖红色或白色。果近球形，径3 ~ 4 cm，黄色。花期3 ~ 6月；果期8 ~ 10月。

【分布与习性】青岛植物园及平度市植物园有栽培。性喜充足的阳光，亦耐半阴，稍耐寒。耐修剪。

【应用】植株低矮，可丛植于庭院、路边、坡地观赏，也是优良的木本地被植物和基础种植材料。也常盆栽。

叶

果枝

植株

果实

毛叶木瓜 Chaenomeles cathayensis

【别名】木瓜海棠、木桃

【科属】蔷薇科木瓜属

【形态特征】落叶灌木至小乔木，叶质地较厚，椭圆形或披针形，锯齿细密，齿端呈刺芒状，下面幼时密被褐色绒毛。花簇生，花柱基部有较密柔毛。果卵形或长卵形，长8 ~ 12 cm，黄色，有红晕。花期3 ~ 4月；果期9 ~ 10月。

【分布与习性】公园绿地常见栽培。要求土壤排水良好，不耐低湿；耐寒性较差，不及木瓜和皱皮木瓜。

【应用】作为传统木本海棠的一种，木瓜海棠花色烂漫，树形较贴梗海棠高达，花色优美，果实硕大，是优良的花果兼赏树种。果实入药可作木瓜的代用品。

花苞

花

植株

棣棠 Kerria japonica

【**科属**】蔷薇科棣棠属

【**形态特征**】落叶丛生灌木，高达2 m。小枝绿色。叶卵形至卵状披针形，长4 ~ 10 cm，有尖锐重锯齿。花两性，金黄色，单生枝顶，直径3 ~ 4.5 cm。瘦果黑褐色，生于盘状果托上，外包宿存萼片。花期4 ~ 5月；果期7 ~ 8月。

【**分布与习性**】全市公园绿地普遍栽培。喜温暖、半荫的湿润环境，略耐寒，在黄河以南可露地越冬。萌蘖力强，耐修剪。

【**应用**】枝、叶、花俱美，枝条嫩绿，叶形秀丽，花朵金黄，适于丛植，配植于墙隅、草坪、水畔、坡地、桥头、林缘、假山石隙均无不适；也可栽作花径、花篱。

【**变型**】**重瓣棣棠** f. pleniflora 花重瓣。普遍栽培供观赏，并可作切花材料。

花期景观

花期景观

花

景观

重瓣棣棠

鸡麻 Rhodotypos scandens

【科属】蔷薇科鸡麻属

【形态特征】落叶灌木，高达3 m。单叶对生，卵形至椭圆状卵形，长4 ~ 10 cm，具尖锐重锯齿，先端锐尖，背面幼时有柔毛。花两性，白色，单生枝顶，直径3 ~ 5 cm；萼片4，花瓣4；雄蕊多数；心皮4。核果4，熟时干燥，亮黑色，外包宿萼。花期4 ~ 5月；果期9 ~ 10月。

【分布与习性】产崂山北九水外三水；中山公园、黄岛区（山东科技大学校园）、崂山区、即墨市栽培。略喜光，耐半荫；耐寒；怕涝。耐修剪，萌蘖力强。

【应用】株形婆娑，叶片清秀美丽，花朵洁白，适宜丛植，可用于草地、路边、角隅、池边等处造景，也可与山石搭配。

植株

果实

景观

金露梅 Potentilla fruticosa

【科属】蔷薇科委陵菜属

【形态特征】落叶小灌木，高达1.5 m。小枝幼时有伏生丝状柔毛。奇数羽状复叶，互生，小叶3 ~ 7枚，矩圆形，长1 cm，两面有柔毛。花单生或3 ~ 5朵组成伞房花序，花径2 ~ 3 cm，鲜黄色，排列如梅。小瘦果细小、有毛。萼片宿存。花期6 ~ 8月；果期9 ~ 10月。

【分布与习性】黄岛区（山东科技大学校园）有栽培。喜冷凉、湿润环境，喜光，也耐荫，要求排水良好的土壤。

【应用】花朵鲜黄而且花期长，是一美丽的花灌木，可植为花篱，也可在园路两侧、廊、亭一隅、草地成片栽植。还是重要的岩石园材料，并适于制作盆景。

植株

花

花

景观

月季花 Rosa chinensis

【科属】蔷薇科蔷薇属

【形态特征】半常绿或落叶灌木。小枝散生粗壮而略带钩状的皮刺。小叶3 ~ 5 (7)，广卵形至卵状矩圆形，长2 ~ 6 cm，宽1 ~ 3 cm，两面无毛。托叶有腺毛。花单生或数朵排成伞房状；花柱分离；萼片常羽裂。果实球形，径约1 ~ 1.5 cm，红色。花期4 ~ 10月；果期9 ~ 11月。

【分布与习性】青岛市花，各地普遍栽培。喜光，但侧方遮荫对开花最为有利；喜温暖气候，不耐严寒和高温，主要开花季节为春秋两季。对土壤要求不严，但以富含腐殖质而且排水良好的微酸性土壤最佳。

【应用】青岛市花之一，花色丰富，开花期长，是绿化中应用最广泛的花灌木，适于各种应用方式，在花坛、花境、草地、园路、庭院各处应用均可。

植株　花　花　花

藤本月季

花

玫瑰 Rosa rugosa

【科属】蔷薇科蔷薇属

【形态特征】落叶丛生灌木，高达2 m。枝条密生皮刺和刺毛。小叶5 ~ 9，卵圆形至椭圆形，长2 ~ 5 cm，宽1 ~ 2.5 cm，表面多皱，背面有柔毛和刺毛。花单生或3 ~ 6朵聚生，紫红色，径4 ~ 6 cm；花柱离生。果扁球形，径2 ~ 3 cm，红色。花期5 ~ 6月；果期9 ~ 10月。

【分布与习性】各公园绿地、景区常见栽培。耐寒，耐干旱，对土壤要求不严，在沙地和微碱性土上也可生长良好。喜阳光充足、凉爽通风而且排水良好的环境，不耐水涝。

【应用】玫瑰色艳花香，适于路边、房前等处丛植赏花，也可作花篱或结合生产于山坡成片种植。鲜花瓣提取芳香油，为世界名贵香精。

景观

花

果枝

果

黄刺玫 Rosa xanthina

【科属】蔷薇科蔷薇属

【形态特征】落叶灌木，高达3 m。小枝散生直刺，无刺毛。小叶7 ~ 13，近圆形或宽椭圆形，长0.8 ~ 2 cm；叶轴、叶柄有稀疏柔毛和小皮刺；托叶小，带状披针形，大部贴生于叶柄，离生部分呈耳状。花黄色，单生叶腋，重瓣或半重瓣，径4.5 ~ 5 cm。果近球形，红黄色，径约1 cm。花期4 ~ 6月；果期7 ~ 8月。

【分布与习性】崂山、中山公园、青岛大学校园、城阳区（青岛农业大学校园）、黄岛区（山东科技大学校园）、平度市有栽培。喜光，耐寒，对土壤要求不严。耐旱，耐瘠薄，忌涝。

【应用】黄刺玫着花繁密，春天黄色满树，且花期较长，秋季红果累累，为北方春天重要观花灌木和秋季观果植物，常栽培观赏。花可提取芳香油。

【变型】单瓣黄刺玫 f. normalis 黄花单瓣，黄色。崂山区滨海大道绿地有栽培。

花期景观

花

植株

单瓣黄刺玫

单瓣黄刺玫

单瓣黄刺玫果实

单瓣黄刺玫

单瓣缫丝花 Rosa roxburghii f. normalis

【别名】刺梨

【科属】蔷薇科蔷薇属

【形态特征】落叶或半常绿灌木。小枝无毛。小叶9 ~ 15，叶柄及叶轴疏生皮刺。花1 ~ 2朵生于短枝上，粉红色，直径4 ~ 6 cm，微芳香，花梗、花托、萼片、果及果梗均被刺毛。果扁球形，径3 ~ 4 cm，黄色，密生刺。花期5 ~ 7月；果期9 ~ 10月。

【分布与习性】中山公园、农科院有栽培。耐干旱瘠薄，也颇为耐寒，在山东中部可生长良好，无冻害发生。

【应用】花朵秀丽，结实累累，可作丛植或作花篱。果肉富含维生素，可生食、制蜜饯或酿酒，风景区和郊野公园可结合生产大量栽培。

果实景观

果枝

果枝

果实

花

榆叶梅 Amygdalus triloba

【科属】蔷薇科桃属

【形态特征】落叶灌木。叶宽椭圆形至倒卵形，长3 ~ 6 cm，具粗重锯齿，先端尖或常3浅裂，两面多少有毛。花单生或2朵并生，粉红色，径2 ~ 3 cm；萼片卵形，有细锯齿。果径1 ~ 1.5 cm，红色，密被柔毛，有沟，果肉薄，熟时开裂。花期3 ~ 4月；果期6 ~ 7月。

【分布与习性】全市普遍栽培。喜光，耐寒，耐干旱，对土壤要求不严，以中性至微碱性的沙质壤土为宜，对轻度盐碱土也能适应。不耐水涝。根系发达，生长迅速。

【应用】榆叶梅叶似榆而花如梅，故有其名，常丛生，枝条红艳，花团锦簇，花色或粉或红，是著名的庭园花木。

【变型】重瓣榆叶梅 f. multiplex 花重瓣，粉红色。公园绿地普遍栽培。

榆叶梅　叶　果实

景观　花枝　花

紫叶矮樱 Prunus × cistena

【别名】紫樱

【科属】蔷薇科李属

【形态特征】落叶灌木，高1.8 ~ 2.5 m，冠幅1.5 ~ 2.8 m。枝条幼时紫褐色，通常无毛，老枝有皮孔。单叶互生，叶长卵形或卵状椭圆形，长4 ~ 8 cm，紫红色或深紫红色，新叶亮丽，当年生枝条木质部红色。花单生，淡粉红色，微香。花期4 ~ 5月。

【分布与习性】中山公园、城阳、黄岛山东科技大学校园有栽培。为杂交种，适应性强，在排水良好、肥沃的沙土、沙壤、轻度粘土上生长良好。性喜光及温暖湿润的环境，耐寒能力较强。耐旱，耐瘠薄，抗病能力强，耐修剪，耐荫，在半阴条件下仍可保持紫红色。

【应用】是城市绿化绿化的优良彩色树种。可丛植于公园草地、庭院一隅，或列植于道路两旁。

植株

应用景观

花

景观

美人梅 Prunus blireana

【科属】蔷薇科李属

【形态特征】落叶灌木或小乔木。枝叶似紫叶李，但花梗细长，花托不肿大，叶片基本为卵圆形。单叶互生，幼时在芽内席卷；叶片卵圆形，长5 ~ 9 cm，紫红色。花重瓣，粉红色至浅紫红色，繁密，先叶开放。萼筒宽钟状，萼片5枚，近圆形至扁圆，花瓣15 ~ 17枚，花梗1.5 cm，雄蕊多数。花期3 ~ 4月。

【分布与习性】崂山太清宫等地栽培。园艺杂交种，由宫粉型梅花与紫叶李杂交而成。喜阳光充足、通风良好、开阔的环境；要求土层深厚、排水良好、富含有机质的土壤。

【应用】美人梅花朵繁密，花色艳丽，早春先叶开花，是优良的绿化观赏树种，常用于庭院、公园、草地丛植观赏，也可植为园路树。

花　叶片　果实

景观

郁李 Cerasus japonica

【科属】蔷薇科樱属

【形态特征】落叶小灌木，高达1.5 m。枝条细密，红褐色，无毛。冬芽3枚并生。叶卵形至卵状披针形，长3 ~ 7 cm，宽1.5 ~ 3.5 cm，有锐重锯齿，先端长尾尖，最宽处在中部以下，叶柄长2 ~ 3 mm。花单生或2 ~ 3朵簇生，粉红色或近白色，径约1.5 cm，花梗长0.5 ~ 1 cm。果近球形，径约1 cm，深红色。花期3 ~ 5月；果期6 ~ 8月。

【分布与习性】产崂山、大珠山、大泽山、胶州艾山等丘陵山区；中山公园、青岛植物园、城阳区（青岛农业大学校园）、黄岛区（山东科技大学校园），即墨岙山广青生态园有栽培。喜光，耐寒，耐干旱瘠薄和轻度盐碱，但最适于疏松肥沃、排水良好的壤土或沙壤土。

【应用】春繁花粉白，烂若云霞，夏季红果鲜艳。宜成片植于草坪、路旁、溪畔、林缘等处，以形成整体景观效果，也可作基础种植材料，或数株点缀于山石间。

花枝　果枝　果实

景观　花

麦李 Cerasus glandulosa

【科属】蔷薇科樱属

【形态特征】落叶灌木，高1 ~ 1.5 m。叶长圆披针形或椭圆披针形，长2.5 ~ 6 cm，宽1 ~ 2 cm，最宽处在中部，边有细钝重锯齿。花单生或2朵簇生，花叶同开，花梗长6 ~ 8 mm；花瓣白色或粉红色，倒卵形。核果红色或紫红色，近球形，直径1 ~ 1.3 cm。花期3 ~ 4月；果期5 ~ 8月。

【分布与习性】产崂山流清河、仰口、太清宫、凉清河等地。生于山坡、沟谷灌丛，常与郁李、欧李等混生。适应性强，喜光，耐寒。

【应用】麦李株型低矮，春天叶前开花，花朵艳丽而繁密，满树灿烂，甚为美观，秋叶变红，是很好的庭园观赏树，各地常见栽培。适于草坪、路边、假山旁及林缘丛植，也可作基础栽植、盆栽或催花、切花材料。

【变型】粉花重瓣麦李 f. sinensis 叶披针形至长圆状披针形，花粉红色，重瓣。公园常见栽培。

植株

麦李花

粉花重瓣麦李

粉花重瓣麦李

毛樱桃 Cerasus tomentosa

【别名】山樱桃、梅桃、山豆子

【科属】蔷薇科樱属

【形态特征】落叶灌木，高达2～3 m，幼枝密生绒毛。叶片倒卵形至椭圆状卵形，长2～7 cm，宽1～3.5 cm，表面皱，有柔毛，背面密生绒毛，侧脉4～7对。花单生或2朵簇生，花叶同开或先叶开放；花白色或粉红色，径约1.5～2 cm；花萼红色；花梗长达2.5 mm或近无梗。核果近球形，红色，径0.5～1.2 cm。花期4～5月；果期6～7月。

【分布与习性】产崂山北九水、仰口等地，生于山坡林中、林缘、灌丛中或草地。性喜光，也耐荫，耐寒、耐旱，也耐高温，适应性极强。

果实微酸甜，可食及酿酒。种仁含油率高达40%，可制肥皂及润滑油用；亦可入药，有润肠利水之效。庭园栽培，可供观赏。

【应用】毛樱桃树形自然开展，早春满树繁花，或白或粉，初夏红果满枝，是优良的观花兼观果灌木。绿化适于草地、山坡、路边、林缘各处丛植观赏。可与早春黄色系花灌木迎春、连翘等搭配，反映春回大地、欣欣向荣的景象。

叶片　果　枝条

叶背

花

植株　花枝

无毛风箱果 Physocarpus opulifolium

【别名】美国风箱果

【科属】蔷薇科风箱果属

【形态特征】落叶灌木，高达2 m，冠幅2 m。枝条黄绿色，老枝褐色，较硬，多分枝。叶互生，三角状卵形，长为3 ~ 4 cm，基部宽楔形，3 ~ 5浅裂，锯齿较钝。顶生伞形总状花序，花白色，花梗和花萼无毛或有稀疏柔毛。蓇葖果无毛。花期5月中下旬。

【分布与习性】中山公园、城阳世纪公园有栽培。喜光，较耐寒，耐干旱瘠薄。

【应用】金叶风箱果和紫叶风箱果为著名的彩叶树种，观赏期长，适应性强，是北方绿化中常见应用，多植为模纹、地被、绿篱，也可丛植于草地、林缘、路旁。

【品种】金叶风箱果‘Lutens’叶金黄色。公园绿地常见栽培。

植株景观

花

果实

金叶风箱果

金叶风箱果景观

金叶风箱果花

金叶风箱果

多腺悬钩子 Rubus phoenicolasius

【别名】树莓

【科属】蔷薇科悬钩子属

【形态特征】落叶灌木，高1 ~ 3 m；枝初直立后蔓生，密生红褐色刺毛、腺毛和稀疏皮刺。小叶3枚，稀5枚，卵形、宽卵形或菱形，长4 ~ 10 cm，宽2 ~ 7 cm，下面密被灰白色绒毛，沿叶脉有刺毛、腺毛和小针刺，边缘具不整齐粗锯齿。短总状花序，花径6 ~ 10 mm，花瓣倒卵状匙形或近圆形，紫红色。果实半球形，径约1 cm，红色，无毛。花期5 ~ 6月；果期7 ~ 8月。

【分布与习性】产于崂山、大珠山、大泽山。

【应用】果微酸可食。

叶　　果枝　　新枝

景观

山莓 Rubus corchorifolius

【别名】树莓、牛奶泡、三月泡

【科属】蔷薇科悬钩子属

【形态特征】落叶灌木，高1 ~ 3 m；枝具皮刺。单叶，卵形至卵状披针形，长5 ~ 12 cm，宽2.5 ~ 5 cm，不分裂或不育枝上的叶3裂，有不规则锐锯齿，基出3脉；托叶线状披针形，具柔毛。花单生或少数生于短枝上，径达3 cm，花瓣长圆形或椭圆形，白色，顶端圆钝。果近球形，径1 ~ 1.2 cm，红色。花期2 ~ 3月；果期4 ~ 6月。

【分布与习性】产崂山砖塔岭、流清河、八水河、上清宫、鲍鱼岛。生于山坡、山谷及灌丛中。生于向阳山坡、溪边、山谷、荒地和疏密灌丛中潮湿处。

【应用】果味甜美，可供生食、制果酱及酿酒。

新枝　枝条　花

植株

三叶海棠 Malus sieboldii

【**别名**】山茶果、野黄子、山楂子

【**科属**】蔷薇科苹果属

【**形态特征**】落叶灌木或小乔木，高2 ~ 6 m，枝条开展。叶卵形、椭圆形或长椭圆形，长3 ~ 7.5 cm，宽2 ~ 4 cm，有尖锐锯齿，新枝上的常3 ~ 5浅裂，叶锯齿粗锐。花淡粉红色，花蕾时颜色较深，径2 ~ 3 cm，花瓣长椭倒卵形。果实近球形，径6 ~ 8 mm，红色或褐黄色，萼片脱落，果梗长2 ~ 3 cm。花期4 ~ 5月；果期8 ~ 9月。

【**分布与习性**】产崂山明道观、八水河、鲍鱼岛及小珠山、大珠山；生山坡，动物园，城阳世纪公园有栽培。杂木林或灌木丛中。

【**应用**】花色美丽，可供观赏。可作嫁接苹果的砧木。

果实

枝叶

花

植株

紫荆 Cercis chinensis

【别名】满条红

【科属】云实科紫荆属

【形态特征】落叶乔木，高达15 m；栽培者常为灌木状，高3 ~ 5 m。叶近圆形，长6 ~ 14 cm，先端急尖，基部心形，全缘，两面无毛，边缘透明。花紫红色，4 ~ 10朵簇生于老枝上，先叶开放。荚果条形，长5 ~ 14 cm，沿腹缝线有窄翅。花期4月；果期9 ~ 10月。

【分布与习性】全市各地普遍栽培。喜光，较耐寒；对土壤要求不严，在碱性土壤上亦能生长，不耐积水。萌蘖性强。

【应用】花美丽，供观赏。树皮药用，有清热解毒、活血行气、消肿止痛的功效；花可治风湿筋骨痛。

【变型】白花紫荆 f. alba 花白色。李沧百通花园，胶州香港中路，崂山滨海公路有栽培。

花

干生花

植株

果

景观

白花紫荆

白花紫荆

白花紫荆

加拿大紫荆 Cercis canadensis

【科属】云实科紫荆属

【形态特征】落叶大灌木或小乔木，高达7 ~ 15 m，树冠开张。花期4 ~ 5月开花，玫瑰粉色、淡红紫色，也有白花类型。花期4 ~ 5月；果7 ~ 8月成熟。

【分布与习性】青岛八大关，胶州市有栽培。喜光，略耐荫；对土壤要求不严，酸性土、碱性土或稍黏重的土壤都能生长。

【应用】先叶开花，繁茂夺目，是优良的庭园观赏树种，我国北方各地常栽培，适于道路、庭院绿化，丛植或列植均适宜。

【品种】紫叶加拿大紫荆'Forest Pansy'春叶为鲜亮的紫红色，是优美的彩叶树种。

花

植株

景观

枝条

紫叶加拿大紫荆

枝叶

紫叶加拿大紫荆

毛刺槐 Robinia hispida

【别名】江南槐

【科属】蝶形花科刺槐属

【形态特征】落叶灌木，高达2 m。茎、小枝、花梗和叶轴均有红色刺毛；托叶不变为刺状。羽状复叶长15 ~ 30 cm；小叶7 ~ 13枚，宽椭圆至近圆形，顶生小叶长3.5 ~ 4.5 cm，宽3 ~ 4 cm。总状花序腋生，除花冠外均被紫红色腺毛及白色细柔毛；花大，红色至玫瑰红色，旗瓣近肾形，长约2 cm，宽约3 cm，先端凹缺。荚果长5 ~ 8 cm，宽8 ~ 12 mm，密被腺毛。花期5 ~ 6月；果期7 ~ 10月。

【分布与习性】青岛市区公园及崂山区、胶州市、平度市有栽培。喜光，对土壤要求不严，适应性很强，耐旱，不耐水湿；根系浅，不抗风。对烟尘及有毒气体有较强抗性。

【应用】毛刺槐花朵大而花色艳丽，是优良的花灌木。一般以刺槐为砧木嫁接，低接可形成灌木状，可供路旁、庭院、草地边缘丛植观赏，高接可形成小乔木，作园路树用。

枝叶

花枝

景观

白刺花 Sophora davidii

【别名】狼牙刺

【科属】蝶形花科槐属

【形态特征】落叶灌木或小乔木，高达5 m；小枝与叶轴被平伏柔毛。不育枝末端明显变成刺。羽状复叶；小叶11 ~ 19枚，椭圆形或长倒卵形，长5 ~ 8 (12) mm，先端钝或微凹；托叶钻状，部分变成刺。总状花序生枝顶；花白色或蓝白色，长约1.5 cm，旗瓣匙形，反曲。荚果念珠状，长2 ~ 6 cm。花期5 ~ 6月；果期9 ~ 10月。

【分布与习性】产于全市各丘陵山地。喜光，不耐庇荫；耐干旱瘠薄，耐寒，耐盐碱。

【应用】白刺花花色优美，开花繁密，可栽培观赏，适于山地风景区内丛植或群植，或用于林缘作自然式配植。耐旱性强，是水土保持树种之一。

果实

花序

花序

景观

花木蓝 Indigofera kirilowii

景观

【别名】吉氏木蓝

【科属】蝶形花科木蓝属

【形态特征】落叶灌木，高达2 m。小叶7 ~ 11，对生，宽卵形或椭圆形，长1.5 ~ 3.5 cm，宽1 ~ 2.8 cm，先端圆或钝，两面有白色丁字毛。总状花序，长5 ~ 20 cm。花冠蝶形，淡紫红色，稀白色，长约1.5 ~ 2 cm。荚果圆柱形，长3.5 ~ 7 cm。花期5 ~ 6月；果期9 ~ 10月。

【分布与习性】产于全市各丘陵山区，生于阳坡灌丛、疏林、岩缝处。喜光，也较耐荫；耐寒，耐干旱瘠薄，不耐涝；对土壤要求不严。

【应用】是优美的花灌木，宜植于庭园观赏，可于林缘、路边、石间、庭院丛植。也是优良的蜜源植物。茎皮纤维供制人造棉。

花枝

植株

景观

河北木蓝 *Indigofera bungeana*

【别名】本氏木蓝

【科属】蝶形花科木蓝属

【形态特征】落叶灌木，分枝细弱，被灰白色丁字毛。羽状复叶长2.5 ~ 5 cm；小叶2 ~ 4对，椭圆形，长5 ~ 20 mm，宽3 ~ 10 mm，先端钝圆。总状花序腋生，长4 ~ 8 cm，花序梗较复叶长；花冠紫色或紫红色，旗瓣阔倒卵形，长达5 mm。荚果线状圆柱形，长约4 cm，平直。花期5 ~ 6月；果期8 ~ 10月。

【分布与习性】产于崂山北九水、蔚竹庵、太清宫，大泽山雀石涧等地，生于山坡、岩缝、灌丛或疏林中。

【应用】花朵紫红，可栽培观赏。全株供药用，有清热止血、消肿的功效；外敷治创伤。为荒山水土保持植物。

花枝　　花　　植株

花枝

胡枝子 Lespedeza bicolor

花

【别名】二色胡枝子

【科属】蝶形花科胡枝子属

【形态特征】落叶灌木。3出复叶，小叶卵状椭圆形至宽椭圆形，顶生小叶长3 ~ 6 cm，先端圆钝或凹，两面疏生平伏毛。总状花序腋生，总梗比叶长；花红紫色，花梗、花萼密被柔毛，萼齿较萼筒短。果斜卵形，长6 ~ 8 mm，有柔毛。花期7 ~ 9月；果期9 ~ 10月。

【分布与习性】产于全市各丘陵山区；崂山区晓望水库，城阳区（青岛农业大学校园）、黄岛区青龙湾栽培。喜光，也稍耐荫；耐寒，耐干旱瘠薄，也耐水湿。根系发达，萌芽力强。

【应用】胡枝子株丛茂盛，叶色鲜绿，花朵紫红而繁密，盛开于夏秋少花季节，是一种极富野趣的花木，适于配植在自然式绿化中。

花

花期景观

植株

景观

美丽胡枝子 Lespedeza thunbergii subsp. formosa

【科属】蝶形花科胡枝子属

【形态特征】落叶灌木，高1 ~ 2 m，多分枝。小叶椭圆形、长圆状椭圆形或卵形，长2.5 ~ 6 cm，宽1 ~ 3 cm。总状花序或圆锥花序，比叶长，总梗、苞片被绒毛；花冠红紫色，长10 ~ 15 mm，旗瓣近圆形或稍长，翼瓣倒卵状长圆形，短于旗瓣和龙骨瓣，龙骨瓣在花盛开时明显长于旗瓣，基部有耳和细长瓣柄。荚果倒卵形，长8 mm。花期7 ~ 9月；果期9 ~ 10月。

【分布与习性】中山公园有栽培。耐干旱、耐瘠薄、耐热、耐刈割，适应性强。

【应用】荒山绿化、水土保持和改良土壤的先锋树种，而且生长快，应用广泛，可作薪材、菇材、药材，也可作蜜源植物和观赏植物。亦可用于城市公园绿地种植观赏。

枝叶　　花序　　花

植株

多花胡枝子 Lespedeza floribunda

【科属】蝶形花科胡枝子属

【形态特征】落叶小灌木，高30 ~ 100 cm。分枝被灰白色绒毛。小叶具柄，倒卵形至长圆形，长1 ~ 1.5 cm，宽6 ~ 9 mm，先端微凹、钝圆或截形，下面密被白色伏柔毛；侧生小叶较小。总状花序腋生；总花梗细长，显著超出叶；花多数，紫色、紫红色或蓝紫色，旗瓣椭圆形，长8 mm。花期6 ~ 9月；果期9 ~ 10月。

【分布与习性】产崂山、浮山等地，生于山坡与旷野，能耐干旱，石灰岩山地常见。

花枝　花　新叶

花

绒毛胡枝子 Lespedeza tomentosa

【别名】山豆花

【科属】蝶形花科胡枝子属

【形态特征】落叶灌木，高达1 m；全株密被黄褐色绒毛。小叶椭圆形或卵状长圆形，长3 ~ 6 cm，宽1.5 ~ 3 cm，下面密被黄褐色绒毛。总状花序顶生或于茎上部腋生，花梗密被黄褐色绒毛；花冠黄色或黄白色。闭锁花生于茎上部叶腋，簇生成球状。荚果倒卵形，长3 ~ 4 mm。

【分布与习性】产于全市各丘陵山区，生于低山地、荒地、路旁草丛中；城阳区（青岛农业大学校园）有栽培。适应性强，耐干旱瘠薄。

【应用】优良的水土保持植物，又可做饲料及绿肥。

花枝

叶片

花序

植株

紫穗槐 Amorpha fruticosa

【别名】棉槐

【科属】蝶形花科紫穗槐属

【形态特征】落叶灌木，丛生。冬芽2 ～ 3叠生。小叶11 ～ 25枚，长卵形至长椭圆形，长2 ～ 4 cm，具透明油点。顶生密集穗状花序，长7 ～ 15 cm；花冠蓝紫色，仅存旗瓣。荚果短镰形或新月形，长7 ～ 9 mm，密生油腺点，不开裂，1粒种子。花期4 ～ 5月；果期9 ～ 10月。

【分布与习性】全市各地广泛栽培。喜光，耐寒，在最低气温达 －40 ℃的地区仍能生长；耐水淹；对土壤要求不严，耐盐碱，在土壤含盐量0.3% ～ 0.5%时也可生长。生长迅速，萌芽力强。

【应用】紫穗槐适应性强，生长迅速，枝叶繁密，是优良的固沙、防风和改良土壤树种。蜜源植物。

花序

花枝

花序

花枝

景观

杭子梢 Campylotropis macrocarpa

【科属】蝶形花科杭子梢属

【形态特征】落叶灌木。羽状3出复叶；小叶椭圆形或宽椭圆形，长3 ~ 7 cm，宽1.5 ~ 4 cm，先端钝圆或微凹。总状花序，长4 ~ 10 cm或更长；花序每节苞片腋内生1花，花梗在萼下有关节。花冠紫红色或粉红色。荚果椭圆形，长10 ~ 14 mm。花期7 ~ 9月；果期9 ~ 10月。

【分布与习性】即墨市有栽培。生态幅较宽，耐荫，也适于全光下生长，成年植株耐旱。

【应用】杭子梢株丛自然，生长繁茂，花序大型，花色美丽，盛夏开花，可供绿化观赏，适于疏林下、林缘、水边等处丛植。也是优良的水土保持植物。

花枝

花

花枝

枝叶

锦鸡儿 Caragana sinica

【别名】金雀花

【科属】蝶形花科锦鸡儿属

【形态特征】落叶灌木，高达2 m，树皮深褐色。小枝有角棱，无毛。小叶2对，羽状排列，先端1对小叶较大，倒卵形至长圆状倒卵形，长1 ~ 3.5 cm，先端圆或微凹；托叶三角形，硬化成刺状，长0.7 ~ 1.5 (2.5) cm。花单生叶腋，花冠长约2.8 ~ 3 cm，黄色带红晕；花梗长约1 cm。荚果圆筒状，长达3 ~ 3.5 cm。花期4 ~ 5月；果期7月。

【分布与习性】产于崂山太清宫、铁瓦殿、北九水、明霞洞等地；中山公园、即墨市、平度市有栽培。喜光，耐寒性强；耐干旱瘠薄，不耐湿涝。根系发达，萌芽力和萌蘖力强。

【应用】宜植为花篱，且其托叶和叶轴先端均呈刺状，兼有防护作用；也适于岩石、假山旁、草地丛植观赏，并是瘠薄山地重要的水土保持灌木。

花枝

植株

花

景观

毛掌叶锦鸡儿 *Caragana leveillei*

【别名】母猪鬃

【科属】蝶形花科锦鸡儿属

【形态特征】落叶灌木，高约1 m，多分枝。假掌状复叶有4小叶。托叶狭，长2 ~ 6 mm，硬化成针刺；小叶楔状倒卵形，长5 ~ 20 mm，宽2 ~ 10 mm，先端圆形，下面密被柔毛。花梗长8 ~ 12 mm，关节在下部；花冠长2.5 ~ 2.8 cm，黄色或浅红色，旗瓣倒卵状楔形，宽约10 mm。荚果圆筒状，长2 ~ 4 cm，宽约3 mm，密被长柔毛。花期4 ~ 5月；果期6月。

【分布与习性】产崂山流清河、胶州艾山、即墨四舍山等地，生于山坡灌丛。

【应用】耐旱性强，花色优美，可栽培观赏，应用方式同锦鸡儿。

花枝　　花

植株

小叶锦鸡儿 Caragana microphylla

【别名】连针、柠鸡儿、雪里洼

【科属】蝶形花科锦鸡儿属

【形态特征】落叶灌木，高1 ~ 2 m。羽状复叶有5 ~ 10对小叶；托叶长1.5 ~ 5 cm，脱落。小叶倒卵形或倒卵状长圆形，长3 ~ 10 mm，宽2 ~ 8 mm，先端圆钝，幼时被短柔毛。花梗长约1 cm，近中部具关节；花冠黄色，长约25 mm，旗瓣宽倒卵形，先端微凹。荚果稍扁，长4 ~ 5 cm，宽4 ~ 5 mm。花期5 ~ 6月；果期7 ~ 8月。

【分布与习性】产于小珠山；信号山公园、黄岛区（山东科技大学校园）有栽培。喜光，耐干旱瘠薄，喜通气良好的沙地、沙丘及干燥山坡地。

【应用】可作固沙和水土保持植物，也是优良的花灌木。

植株　叶　花

果实景观

红花锦鸡儿 Caragana rosea

【别名】金雀儿、黄枝条

【科属】蝶形花科锦鸡儿属

【形态特征】落叶灌木，高0.4 ~ 1 m。托叶宿存并硬化成针刺，长3 ~ 4 mm。羽状复叶有小叶2对，叶轴甚短而小叶簇生如同掌状；小叶楔状倒卵形，长1 ~ 2.5 cm，宽4 ~ 12 mm。花单生，花冠长约2 ~ 2.2 cm，黄色，龙骨瓣玫瑰红色，凋谢时变红色。花期4 ~ 6月；果期6 ~ 7月。

【分布与习性】产崂山北九水；中山公园有栽培。生于山坡及沟谷。

【应用】红花锦鸡儿花色美丽，花期长，常栽培供观赏，应用方式同锦鸡儿。

枝叶

花

景观

植株

牛奶子 Elaeagnus umbellata

【别名】秋胡颓子、伞花胡颓子

【科属】胡颓子科胡颓子属

【形态特征】落叶灌木，高达4 m。幼枝密被银白色和淡褐色鳞片。叶卵状椭圆形至椭圆形，长3 ~ 5 cm，边缘波状，有银白色和褐色鳞片。花黄白色，有香气。果近球形，径5 ~ 7 mm，红色或橙红色。花期4 ~ 5月；果9 ~ 10月成熟。

【分布与习性】产于崂山、浮山、大珠山、大泽山等丘陵山地，生于山坡、山沟的疏林、灌丛中；黄岛灵山卫，温泉荆疃生态园有栽培。适应性强，耐旱，耐瘠薄，萌蘖性强。

【应用】绿化中用作观叶观果树种可增添野趣，极适合作水土保持及防护林。果可食，可制蜜饯及果酱，也可酿酒或药用；花可提取芳香油。

叶

果实

果枝

景观

芫花 Daphne genkwa

【别名】药鱼草、黄大戟

【科属】瑞香科瑞香属

【形态特征】落叶灌木，高达1 m。枝细长直立，幼时密被淡黄色绢状毛。叶对生，偶互生，长椭圆形，长3 ~ 4 cm，先端尖，基部楔形，背面脉上有绢状毛。花簇生枝侧，紫色或淡紫红色，花萼外面有绢状毛，无香气。果肉质，白色。花期3 ~ 4月，先叶开放；果期5 ~ 6月。

【分布与习性】产崂山、浮山、大珠山、黄岛辛安赵家岭南山、即墨豹山等地，生于山坡、路旁、地堰、溪边、疏林或灌丛中；城阳区、崂山区有栽种。喜光，不耐庇荫，耐干旱瘠薄，耐寒性较强。

【应用】芫花早春先叶开花，花紫红色，外观颇似紫丁香，常于枝条上密生，初夏果实成熟，白色，是优良的花灌木，宜植于庭园观赏。也是优良的纤维植物。

叶片

花

景观

花

结香 Edgeworthia chrysantha

【别名】黄瑞香、雪里花、三叉树

【科属】瑞香科结香属

【形态特征】落叶灌木，高达1 ~ 2 m。叶长椭圆形至倒披针形，长8 ~ 20 cm，宽2.5 ~ 5.5 cm，两面被银灰色绢状毛；侧脉纤细，10 ~ 13对。花40 ~ 50朵集成下垂的头状花序，黄色，芳香；花冠状萼筒长瓶状，长约1.5 cm。花期2 ~ 4月，先叶开放；果期6 ~ 8月。

【分布与习性】崂山北九水、中山公园、青岛植物园、崂山区、城阳区、黄岛区、即墨市均有栽培。喜半荫，喜温暖湿润气候和肥沃而排水良好的土壤，也颇耐寒；根肉质，不耐积水。萌蘖力强。

【应用】柔条长叶，姿态清雅，花多而成簇，芳香浓郁，花期正值少花的早春，适于草地、水边、石间、墙隅、疏林下丛植赏花，或于花台、花池孤植。

花序

花枝

花序

植株

花期景观

红瑞木 Swida alba

【别名】凉子木

【科属】山茱萸科梾木属

【形态特征】落叶灌木，高3 m。树皮暗红色，小枝血红色，幼时被灰白色短柔毛和白粉。叶对生，卵形或椭圆形，长5 ~ 8.5 cm，下面粉绿色，侧脉4 ~ 5 (6) 对，两面疏生柔毛。聚伞花序伞房状，顶生；花黄白色，径约6 ~ 8 mm，花瓣卵状椭圆形。核果长圆形，微扁，乳白色或蓝白色。花期6 ~ 7月；果期8 ~ 10月。

【分布与习性】全市各地普遍栽培。性强健，喜光、耐寒，喜湿润土壤，也耐旱。

【应用】最适于庭院、草地、建筑物前、树间丛植，也可栽作自然式绿篱，赏其红枝与白果。

果

景观

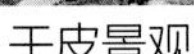

干皮景观

花序

果实景观

欧洲红瑞木 Swida sanguinea

【科属】山茱萸科梾木属

【形态特征】灌木状，高2 ~ 4 m。叶椭圆形或卵状椭圆形，长4 ~ 7.5 cm，宽2.5 ~ 4 cm，下面密被乳头状突起并有疏生白色卷曲毛，侧脉3 ~ 4对。顶生伞房状聚伞花序，连同总花梗长5.8 ~ 6 cm，宽3.8 ~ 4.2 cm；花少，白色，直径10 mm；花瓣4，长圆披针形，长5 mm；雄蕊4，生于花盘外侧，花药淡黄色。核果近于球形，直径7 ~ 7.6 mm，熟时黑色。花期5月；果期9月。

【分布与习性】青岛植物园有引种栽培。

果枝

核果

景观

卫矛 Euonymus alatus

【别名】鬼羽箭

【科属】卫矛科卫矛属

【形态特征】落叶灌木，全体无毛。小枝绿色，具2 ~ 4列纵向的阔木栓翅；叶倒卵形或倒卵状长椭圆形，长2 ~ 7 cm，叶柄极短，长1 ~ 3 mm。聚伞花序腋生，常有3花；花黄绿色，径约6 mm。蒴果4深裂，或仅1 ~ 3个心皮发育，棕紫色；种子褐色，有橘红色假种皮。花期5 ~ 6月；果期9 ~ 10月。

【分布与习性】产于崂山、百果山、大珠山、大泽山等山区，生于山坡、山谷灌丛中；崂山区、城阳区、黄岛区、即墨温泉有栽培。喜光，也耐荫；耐干旱瘠薄，耐寒，在中性、酸性和石灰性土壤上均可生长。萌芽力强，耐修剪。

【应用】可孤植、丛植于庭院角隅、草坪、林缘、亭际、水边、山石间，以油松、雪松等常绿树为背景效果尤佳。

木栓翅　植株　花

景观

陕西卫矛 Euonymus schensiana

【别名】金丝吊蝴蝶、金蝴蝶

【科属】卫矛科卫矛属

【形态特征】落叶灌木。叶披针形或线状披针形，长4 ~ 7 cm，宽1.5 ~ 2 cm，边缘密生纤毛状细锯齿。聚伞花序腋生，总花梗长5 ~ 7 cm；果期可长达10 cm。花绿色，花瓣常稍带红色，径约7 mm。蒴果方形或扁圆形，径约1 cm，4翅特大，长方形。花期4月；果期7 ~ 8月。

【分布与习性】中山公园及即墨市天柱山、岙山广青生态园有引种栽培。喜光，稍耐荫，耐干旱，也耐水湿。对土壤要求不严，而以肥沃、湿润而排水良好的土壤生长最好。

【应用】蒴果成熟后呈红色，开裂后露出橙黄色的假种皮，是优良的秋季观果植物。可栽培作庭院观赏，孤植、群植均适宜。也可用于制作树桩盆景。

果实

植株

花枝

花期景观

垂丝卫矛 Euonymus oxyphylla

花

【科属】卫矛科卫矛属

【形态特征】落叶灌木或小乔木，高2 ~ 8 m。叶卵圆形或椭圆形，长4 ~ 8 cm，宽2.5 ~ 5 cm，有细密锯齿；叶柄长4 ~ 8 mm。聚伞花序宽疏，花序梗细长，长4 ~ 5 cm；花淡绿色，径7 ~ 9 mm，5数；花瓣近圆形。蒴果近球状，直径10 mm，无翅；果序梗细长下垂，长5 ~ 6 cm。

【分布与习性】产于崂山、鲍鱼岛等地及小珠山、浮山。

【应用】秋季叶色变成红黄色，色彩斑斓；果实奇特，是优良的观叶、观果树种。在城乡绿化中可引种应用。

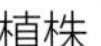
植株

果实

秋叶

雀舌木 Leptopus chinensis

【别名】黑钩叶、雀儿舌头

【科属】大戟科雀舌木属

【形态特征】落叶小灌木，高1～3 m。叶卵形至披针形，长1～5.5 cm，宽5～25 mm，全缘；叶柄纤细，长2～8 mm。花单性同株，单生或簇生；萼片5，基部合生，花瓣5，白色。蒴果球形或扁球形，径6 mm，开裂为3个2裂的分果爿，无宿存中轴。花期5～7月；果期7～9月。

【分布与习性】即墨有栽培。喜光，亦耐荫，适应性强，耐干旱瘠薄。

【应用】雀儿舌头适应性强，株型低矮，野生状态下常形成茂密的灌丛，遮盖裸露地效果明显。绿化中可引种栽培，用作地被植物，或作为群落的下层灌木，也可用于山地水土保持。花、叶有毒。也可杀虫。

枝叶

枝叶

景观

山麻杆 Alchornea davidii

【别名】荷包麻

【科属】大戟科山麻杆属

【形态特征】落叶丛生灌木，高1 ~ 3 m。叶宽卵形至圆形，长7 ~ 17 cm，有粗齿，上面疏生短毛，下面带紫色，密生绒毛；3出脉。雌雄同株；雄花密生成短穗状花序，长1.5 ~ 3 cm，萼4裂，雄蕊8；雌花疏生成总状花序，长4 ~ 5 cm，萼4裂。蒴果扁球形，径约1 cm，密生短柔毛。花期4 ~ 5月；果期7 ~ 8月。

【分布与习性】山东科技大学，即墨市有栽培。喜光，也耐半荫。喜温暖气候，不耐严寒；对土壤要求不严，在酸性、中性和钙质土上均可生长。耐旱，忌水涝。萌蘖力强，容易更新。

【应用】山麻杆植株丛生，望之如麻杆，株形秀丽，颇为美观；春季嫩叶呈现胭脂红色或紫红色，艳丽可爱。适于坡地、路旁、水滨、山麓、假山、石间等处丛植。

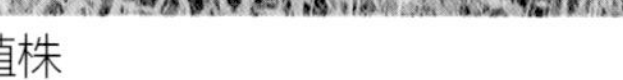

植株

新叶

花序

白木乌桕 Neoshirakia japonica

【别名】白乳木

【科属】大戟科白木乌桕属

【形态特征】落叶灌木或小乔木，高1 ~ 8 m，各部无毛;枝纤细。叶互生，卵形至椭圆形，长7 ~ 16 cm，宽4 ~ 8 cm，全缘，基部靠近中脉之两侧具腺体；侧脉8 ~ 10对；叶柄狭翅状。花单性，雌雄同株，常同序全为雄花，总状花序纤细，长4.5 ~ 11 cm，花黄绿色。蒴果三棱状球形，径10 ~ 15 mm；种子扁球形，径6 ~ 9 mm，有雅致的棕褐色斑纹。花期5 ~ 6月。

【分布与习性】产于崂山太清宫、八水河、流清河、华严寺、棋盘石、仰口、长岭高石屋、鲍鱼岛等地，生于山沟、水溪及砂质山坡。适应性强，耐干旱、瘠薄。

【应用】白木乌桕株型自然开张，花朵黄色密集呈细穗状，绿化中可栽培观赏，适于水边、林缘等处丛植。

花枝

新叶

果实

花序

植株

一叶萩 Flueggea suffruticosa

【别名】叶底珠

【科属】大戟科白饭树属

【形态特征】落叶灌木，高达3 m。叶互生，椭圆形、长圆形至卵状长圆形，长1.5 ~ 5 cm，宽1`2 cm，光滑无毛，全缘或有不整齐波状齿，叶柄短。花小，单性异株或同株，无花瓣；雄花簇生，雌花1或数朵聚生，生于叶腋；萼5深裂，雄蕊5，子房3室，花柱3，基部合生。蒴果三棱状扁球形，径约5 mm，红褐色，基部有宿萼。花期6 ~ 7月；果期8 ~ 9月。

【分布与习性】产于崂山、胶州艾山、平度大泽山等地；中山公园、黄岛区（山东科技大学校园），城阳盈园广场，即墨岙山广青生态园等有栽培。

【应用】一叶萩株型不甚整齐，开展而自然，花小而繁密，黄绿色，可丛植于林缘、山坡、庭园观赏，也可作疏林之下木用于群落营造。为珍贵药用植物，对神经系统有兴奋作用。

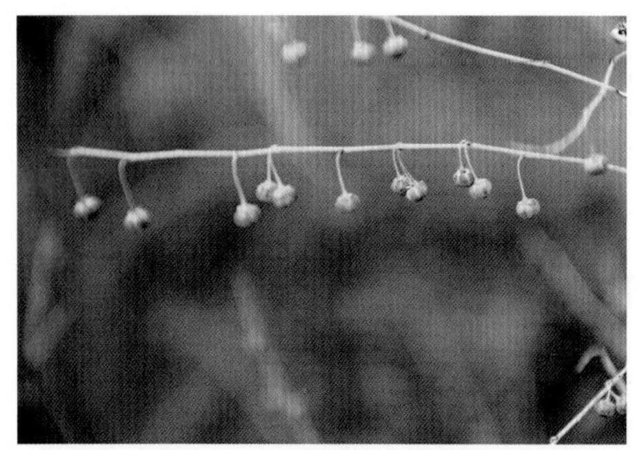
果

花枝

幼果

植株

雀梅藤 Sagaretia thea

【科属】鼠李科雀梅藤属

【形态特征】藤状或直立灌木；小枝具刺，被短柔毛。叶纸质，近对生或互生，椭圆形或卵状椭圆形，稀卵形或近圆形，长1 ~ 4.5 cm，宽0.7 ~ 2.5 cm，基部圆或近心形，下面无毛或沿脉被柔毛，侧脉3 ~ 4 (5) 对，上面不明显；叶柄长2 ~ 7 mm，被柔毛。花无梗，黄色，芳香，疏散穗状或圆锥状穗状花序；花序轴长2 ~ 5 cm，被绒毛或密柔毛；花萼被疏柔毛；萼片三角形或三角状卵形，长约1 mm；花瓣匙形，顶端2浅裂，常内卷，短于萼片。核果近圆球形，黑或紫黑色。花期7 ~ 11月；果期翌年3 ~ 5月。

【分布与习性】崂山有栽培。

【应用】叶可代茶，也可供药用，治疮疡肿毒；根可治咳嗽，降气化痰；果酸味可食；由于此植物枝密集具刺，在南方常栽培作绿篱。

花枝

景观

猫乳 Rhamnella franguloides

【别名】长叶绿柴

【科属】鼠李科猫乳属

【形态特征】落叶灌木或小乔木，高2 ~ 9 m；幼枝绿色。叶倒卵状椭圆形、长椭圆形，长4 ~ 12 cm，宽2 ~ 5 cm，边缘具细锯齿，下面被柔毛。花黄绿色，两性，6 ~ 18个排成腋生聚伞花序；萼片三角状卵形；花瓣宽倒卵形，顶端微凹。核果圆柱形，长7 ~ 9 mm，径3 ~ 4.5 mm，熟时红色或橘红色，后变黑色或紫黑色；果梗长3 ~ 5 mm。花期5 ~ 7月；果期7 ~ 10月。

【分布与习性】产于崂山、小珠山；黄岛区（山东科技大学校园）有栽培。适应性强，温暖湿润环境，也耐寒；耐干旱瘠薄，对土壤要求不严，酸性土至石灰质土壤均可生长，宜排水良好。

【应用】猫乳枝条开展，树冠宽阔自然，秋季果实黄色或红色，密生于小枝上，可栽培观赏，适于山坡、林缘等地，目前城市绿化中尚未见应用。

植株

景观

枝叶

果枝

果

圆叶鼠李 Rhamnus globosa

【科属】鼠李科鼠李属

【形态特征】落叶灌木，稀小乔木，高2 ~ 4 m；幼枝、叶两面、花和果梗均被短柔毛。叶近圆形、倒卵状圆形或卵圆形，长2 ~ 6 cm，宽1.2 ~ 4 cm，有圆钝锯齿，先端突尖或短渐尖；侧脉3 ~ 4对，上面下陷。花簇生，黄绿色。果黑色，径4 ~ 6 mm。花期4 ~ 5月；果期6 ~ 10月。

【分布与习性】产于全市各丘陵山区，生于山坡、林下或灌丛中。

【应用】可植为刺篱，亦可作盆景。种子榨油供润滑油用。茎皮、果实及根可作绿色染料。果实烘干，捣碎和红糖水煎水服，可治肿毒。

叶

花枝

果实

花

植株

小叶鼠李 Rhamnus parvifolia

【别名】护山棘

【科属】鼠李科鼠李属

【形态特征】灌木，高1.5 ~ 2 m。叶对生或近对生，稀兼互生，或在短枝上簇生，菱状倒卵形或菱状椭圆形，长1 ~ 3 cm，宽1 ~ 2 cm，上面无毛或被疏短柔毛，下面脉腋孔窝内有毛，侧脉2 ~ 4对。雌雄异株，花黄绿色。核果球形，直径5 ~ 6 mm，黑色，2分核，种子背侧有长为种子4/5的纵沟。花期4 ~ 5月，果期6 ~ 9月。

【分布与习性】产崂山及辛安赵家岭南山、大泽山马石涧等地，常生于向阳多石的干燥山坡。

果实

枝叶

朝鲜鼠李 Rhamnus koraiensis

【科属】鼠李科鼠李属

【形态特征】落叶灌木，高达2 m；枝互生，具针刺。叶互生或在短枝上簇生，宽椭圆形、倒卵状椭圆形或卵形，长4 ~ 8 cm，宽2.5 ~ 4.5 cm，侧脉4 ~ 6对。雌雄异株，4基数，花瓣黄绿色，簇生短枝端或长枝下部叶腋。核果倒卵状球形，长6 mm，径5 ~ 6 mm，紫黑色，具2稀1分核。花期4 ~ 5月；果期6 ~ 9月。

【分布与习性】产崂山、小珠山、大珠山、浮山，常生于杂木林或灌丛中。喜光，耐干旱贫瘠。

【应用】可植为刺篱。

果实

花枝

植株

红花七叶树 Aesculus pavia

【科属】七叶树科七叶树属

【形态特征】落叶灌木或小乔木，小枝粗壮。掌形复叶，小叶5枚，或为7枚，长7.5 ~ 15 cm。新叶带红色，盛夏时为深绿色，秋季则为金黄色。圆锥花序，长10 ~ 20 cm；花红色或粉红色，长达4 cm。花期4 ~ 5月。

【分布与习性】胶州市有栽培。喜光，稍耐荫，适生于气候温暖、湿润地区，在深厚、肥沃、排水良好的土壤中生长最好。

【应用】是观花兼观叶的优良绿化树种，适于草地孤植、丛植，也可种植在院落边缘，或与其他树种搭配，配置于树群外围。

花枝

花序

果枝

文冠果 Xanthoceras sorbifolia

【别名】文冠树、文冠花、文光果

【科属】无患子科文冠果属

【形态特征】落叶灌木或小乔木，高达7 m。小叶9 ~ 19枚，对生或近对生，狭椭圆形至披针形，长3 ~ 5 cm，有锐锯齿。总状花序顶生，长15 ~ 25 cm；花瓣5，白色，内侧有黄色变紫红的斑纹；花盘5裂；雄蕊8；子房3室。蒴果椭球形，径4 ~ 6 cm，果皮木质，室背3裂。种子黑色，径1 ~ 1.5 cm。花期4 ~ 5月；果期7 ~ 8月。

【分布与习性】城阳区（青岛农业大学校园）、黄岛区（山东科技大学校园），中国海洋大学鱼山校区、胶州市阜安，即墨岙山等地有栽培。喜光，也耐半荫；耐寒；对土壤要求不严，以中性沙质壤土最佳；耐干旱瘠薄，耐轻度盐碱，在低湿地生长不良。根系发达，生长迅速，萌芽力强。

【应用】文冠果是重要的木本油料树种，而且花序硕大、花朵繁密，春天白花满树，也是优良的观花树种，可配植于草坪、路边、山坡，也用于荒山绿化。

花枝

花序

种子

景观

景观

盐麸木 Rhus chinensis

叶背

【别名】五倍子树

【科属】漆树科盐肤木属

【形态特征】落叶灌木或小乔木，高8 ~ 10 m。枝开展，树冠圆球形。小枝有毛，柄下芽，冬芽被叶痕所包围。奇数羽状复叶，叶轴有狭翅，小叶7 ~ 13，卵状椭圆形，有粗钝锯齿，背面密被灰褐色柔毛，近无柄。圆锥花序顶生，密生柔毛；花小，乳白色。核果扁球形，橘红色，密被毛。花期7 ~ 8月；果10 ~ 11月成熟。

【分布与习性】产于全市各丘陵山区；中山公园、李村公园栽培。喜光，喜温暖湿润气候，也耐寒冷和干旱；不择土壤，不耐水湿。生长快，寿命短。

【应用】盐麸木树冠开展，秋叶鲜红，果实也为橘红色，颇为美观，可植于绿化绿地栽培观赏，适于自然式绿化应用，可于草地、林缘或林中空地丛植、山石间点缀，或用于营造风景林。

花序

叶子

果枝

景观

火炬树 Rhus typhina

【别名】鹿角漆

【科属】漆树科盐肤木属

【形态特征】落叶灌木或小乔木，高4 ~ 8 m，树形不整齐。小枝粗壮，红褐色，密生绒毛。叶轴无翅，小叶19 ~ 23，长椭圆状披针形，长5 ~ 12 cm，先端长渐尖，有锐锯齿。雌雄异株，圆锥花序长10 ~ 20 cm，直立，密生绒毛；花白色。核果深红色，密被毛，密集成火炬形。花期6 ~ 7月；果期9 ~ 10月。

【分布与习性】全市各地均有栽种，抗旱性能强，适于石灰岩山地生长。喜光，耐寒；在酸性、中性和石灰性土壤上均可生长，耐干旱瘠薄，耐盐碱；根系发达，萌蘖力极强。生长速度较快。

【应用】火炬树适应性强，秋叶红艳，果序红色而且形似火炬，冬季在树上宿存，颇为奇特，可用于干旱瘠薄山区造林绿化、护坡固堤及封滩固沙。

果实

花序

果实景观

枸橘 Poncirus trifoliata

【别名】枳

【科属】芸香科枸橘属

【形态特征】落叶灌木或小乔木，高1～5 m。枝绿色，扁而有棱；枝刺长约4 cm。3出复叶，叶轴有翅，偶1或5小叶；叶缘有波状浅齿；顶生小叶大，倒卵形，长2～5 cm，宽1～3 cm，叶基楔形；侧生小叶较小，基稍歪斜。花单生或2～3朵簇生，白色，径3.5～5 cm，花瓣倒卵形，长约1.5～3 cm；雄蕊约20；雌蕊绿色，有毛。柑果球形，径3.5～6 cm，密被短柔毛，深黄色。花期4～6月；果期10～11月。

【分布与习性】崂山、中山公园、崂山区、城阳区、黄岛区、胶州市、平度市、即墨市有栽培。喜光，稍耐荫；喜温暖湿润气候，也较耐寒。喜酸性土壤，不耐碱。萌芽力强，甚耐修剪。根系发达，抗风。

【应用】枸橘枝叶密生，枝条绿色而多棘刺，春季白花满树，秋季黄果累累，经冬不凋，十分美丽。常栽作刺篱，以供防范之用，也可作花灌木观赏，植于大型山石旁。果实药用，名枳实、枳壳。果药用，小果制干或切半称“枳实”，成熟的果实为“枳壳”。

果实

枝条

植株

花椒 Zanthoxylum bungeanum

【别名】椒、秦椒、蜀椒

【科属】芸香科花椒属

【形态特征】落叶灌木，高3 ~ 5 m。枝条具有宽扁而尖锐的皮刺。小叶5 ~ 9，卵形至卵状椭圆形，长1.5 ~ 5 cm，两面多少有皮刺，先端尖，叶缘有细钝锯齿，齿缝有大的透明油腺点；叶轴具窄翅。聚伞状圆锥花序顶生；花单性、单被，花被片4 ~ 8枚，无瓣；子房无柄。蓇葖果球形，熟时红色或紫红色，密生疣状油腺点。花期3 ~ 5月；果期7 ~ 10月。

【分布与习性】广产于崂山太清宫、北九水、仰口、华严寺、劈石口等地；各地常见栽培。喜光，喜温暖气候及肥沃湿润而排水良好的土壤。不耐严寒，对土壤要求不严，酸性、中性及钙质土均可生长；耐干旱瘠薄，不耐涝，短期积水即会死亡。萌蘖性强，耐修剪。

【应用】花椒枝叶密生，全株有香气，入秋红果满树，鲜艳夺目，秋叶亦红，颇为美观，以其枝条具较密的皮刺，是优良的绿篱材料。也可孤植、丛植于庭院、山石之侧观果。果实为常用调味品及香料，绿化中可结合生产进行栽培。

枝叶　果实　植株

植株

香椒子 Zanthoxylum schinifolium

【别名】青花椒、崖椒

【科属】芸香科花椒属

【形态特征】落叶灌木或小乔木，高2 ~ 5 m；茎枝有短刺，刺基部两侧压扁状，嫩枝暗紫红色。小叶7 ~ 19片，宽卵形至披针形、阔卵状菱形，长5 ~ 10 mm，宽4 ~ 6 mm，叶缘有细裂齿或近全缘。花序顶生，花瓣淡黄白色，雌花有心皮3个，稀4 ~ 5个。分果瓣红褐色，径4 ~ 5 mm，油点小。花期7 ~ 9月；果期9 ~ 12月。

【分布与习性】产于崂山、浮山、大珠山、大泽山、即墨豹山及灵山岛等地，生于山沟、山坡灌丛、林缘及岩石缝隙间。

花序

幼果

幼果景观

野花椒 Zanthoxylum simulans

【科属】芸香科花椒属

【形态特征】落叶灌木或小乔木；枝干散生基部宽而扁的锐刺。小叶5 ~ 15片，叶轴有狭翅；小叶对生，无柄或柄甚短，卵形、卵状椭圆形或披针形，长2.5 ~ 7 cm，宽1.5 ~ 4 cm，叶面常有刚毛状细刺，叶缘有疏浅钝裂齿。花淡黄绿色，雄蕊5 ~ 8枚。果红褐色，分果瓣基部变狭呈柄状。花期3 ~ 5月；果期7 ~ 9月。

【分布与习性】产于崂山大梁沟、太清宫及大管岛等地。见于平地、低丘陵或略高的山地疏或密林下。喜阳光，耐干旱。

花序

果枝

花枝

辽东楤木 Aralia elata var. glabrescens

【科属】五加科楤木属

【形态特征】落叶灌木或小乔木，高2 ~ 5 m。树皮疏被粗短刺；小枝疏被直刺。2 ~ 3回羽状复叶，长达1 m；小叶5 ~ 11 (13)，膜质或纸质，宽卵形、椭圆状卵形或长卵形，长5 ~ 12 cm，宽2.5 ~ 8 cm，表面疏被糙毛，下面光滑无毛或疏被柔毛并沿脉被小刺。伞形花序组成大型圆锥状花序，长30 ~ 60 cm，密被柔毛。伞形花序径1 ~ 1.5 cm；花序梗长1 ~ 4 cm；花梗长5 ~ 10 mm。果球形，径3 ~ 4 mm，黑色。花期7 ~ 9月；果期9 ~ 12月。

【分布与习性】产崂山、大珠山、灵山岛等地。生于森林、灌丛或林缘路边。黄岛区（山东科技大学校园）有栽培。喜光，耐干旱瘠薄，可生于乱石滩中。

【应用】辽东楤木株型特别，茎直生而分枝很少，枝条粗壮、叶片大型并常聚生枝顶，是优良的观叶、观形植物，绿化中可栽培观赏，用于草地、山坡、沟边等处。嫩叶芽可食，为著名野菜。

枝干

花序

景观

五加 Eleutherococcus nodiflorus

【别名】细柱五加

【科属】五加科五加属

【形态特征】落叶灌木，有时蔓生状。小枝细长下垂，节上疏被扁钩刺。掌状复叶；小叶(3)5，倒卵形或倒披针形，长3 ~ 8 cm，宽1 ~ 3.5 cm，上面无毛或疏被小刚毛；侧脉4 ~ 5对；小叶近无柄。伞形花序，花梗细，长0.6 ~ 1 cm；花黄绿色，子房2(3)室，花柱长0.6 ~ 1 cm，分离或基部合生。果扁球形，径约6 mm，熟时紫黑色。花期4 ~ 7月；果期6 ~ 10月。

【分布与习性】崂山、胶州市等地栽培。喜温暖湿润的环境及深厚肥沃的土壤，耐荫性，较耐寒，不耐水涝。

【应用】五加株丛自然，枝叶茂密，秋季紫果满树，绿化中可于草坪、坡地、山石间丛植观赏，也可用于群落营造，作为疏林的下层灌木。根皮供药用，中药称“五加皮”，能祛风去湿，强壮筋骨。

花枝

枝叶

景观

醉鱼草 Buddleja lindleyana

【别名】闭鱼花、毒鱼草

【科属】醉鱼草科醉鱼草属

【形态特征】落叶灌木，小枝4棱。嫩枝、叶和花序被棕黄色星状毛。叶对生，卵形至卵状披针形，长3 ~ 11 cm，宽1 ~ 5 cm，全缘或疏生波状齿；侧脉6 ~ 8对。穗状聚伞花序顶生，长7 ~ 40 cm，宽2 ~ 4 cm；花紫色，芳香，有短柄；花冠弯曲，长1.5 ~ 2 cm，密生星状毛和小鳞片。果序穗状；蒴果长圆形，长约5 mm，无毛。花期6 ~ 9月；果期9 ~ 10月。

【分布与习性】崂山太清宫、仰口等景区有栽培。喜温暖湿润气候和肥沃而排水良好的土壤，也耐旱，不耐水湿，较耐荫。

【应用】醉鱼草枝条婆娑披散，叶茂花繁，花于少花的盛夏连续开放，花芳香而美丽，为冷色调的紫色，给炎热的夏季增添凉意。适于路旁、墙隅、坡地、假山石隙或草坪空旷处丛植，也可植为自然式花篱。

花

植株景观

大叶醉鱼草 Buddleja davidii

【别名】绛花醉鱼草

【科属】醉鱼草科醉鱼草属

【形态特征】落叶灌木；幼枝、叶下面、叶柄和花序均密被灰白色星状短绒毛。叶对生，卵状披针形至披针形，大小变异大，长1 ~ 20 cm，宽0.3 ~ 7.5 cm。总状或圆锥状聚伞花序顶生，长4 ~ 30 cm，宽2 ~ 5 mm；花冠淡紫色，后变黄白色，喉部橙黄色，芳香。蒴果长圆形，长5 ~ 9 mm，径1.5 ~ 2 mm。花期5 ~ 10月；果期9 ~ 12月。

【分布与习性】城阳区、崂山区有栽培。喜光，耐荫。对土壤适应性强，耐寒性较强。耐旱，稍耐湿，萌芽力强。

【应用】大叶醉鱼草枝条柔软多姿，花美丽而芳香，花序较大，又有香气，花开于少花的夏、秋季是优良的庭园观赏植物。可在路旁、墙隅、草坪边缘、坡地丛植，亦可植为自然式花篱。

景观

花序

叶

花序

互叶醉鱼草 Buddleja alternifolia

【科属】醉鱼草科醉鱼草属

【形态特征】灌木，高1 ~ 4 m。小枝四棱形或近圆柱形。长枝上叶披针形或线状披针形，互生，长3 ~ 10 cm，下面密被灰白色星状短绒毛；短枝上叶小，椭圆形或倒卵形，长5 ~ 15 mm。花簇生或圆锥状聚伞花序；花芳香，紫蓝色。蒴果椭圆状，长约5 mm，径约2 mm，无毛；种子多数，灰褐色，周围边缘有短翅。花期5 ~ 7月；果期7 ~ 10月。

【分布与习性】即墨天柱山有栽培。

【应用】栽培可供观赏。

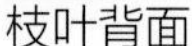

枝叶背面

互生叶

植株景观

枸杞 Lycium chinense

【科属】茄科枸杞属

【形态特征】落叶蔓性灌木，枝条弯曲或匍匐。单叶互生或簇生，卵形至卵状披针形，长1.5 ~ 5 cm，宽1 ~ 2.5 cm，全缘。花单生或2 ~ 4朵簇生叶腋；花萼3（4 ~ 5）裂；花冠漏斗状，淡紫色。浆果卵形或长卵形，长5 ~ 18 mm，径4 ~ 8 mm，熟时鲜红色。花果期5 ~ 10月。

【分布与习性】产崂山蔚竹庵、华严寺、华楼、明霞洞等地，生于田边、路旁、庭院前后及墙边；青岛植物园、城阳区、平度市有栽培。性强健，喜光，较耐荫，耐寒；耐盐碱，耐干旱瘠薄，即使石缝中也可生长，忌低湿和粘质土。萌蘖力强。

【应用】枸杞老蔓盘曲如虬龙，小枝细柔下垂，花朵紫色且花期长，秋日红果累累，缀满枝头，状若珊瑚，颇为美丽，富山林野趣。 可供池畔、台坡、悬崖石隙、林下等处美化之用，也可植为绿篱。也是著名的盆景材料。

景观　果枝　花

植株

白棠子树 Callicarpa dichotoma

【别名】小紫珠

【科属】马鞭草科紫珠属

【形态特征】落叶灌木，高1 ~ 2 m。叶对生，倒卵形至卵状矩圆形，长2 ~ 6 cm，宽1 ~ 3 cm，顶端急尖或尾状尖，基部楔形，边缘仅上半部具数个粗锯齿，背面密生细小黄色腺点；侧脉5 ~ 6对；叶柄长2 ~ 5 mm。聚伞花序在叶腋上方着生，宽1 ~ 2.5 cm，2 ~ 3次分歧，花序梗远较叶柄长；花冠紫色，长1.5 ~ 2 mm。果球形，紫色，径约2 mm。花期5 ~ 6月；果期7 ~ 11月。

【分布与习性】产于崂山、小珠山、大珠山、大泽山等山区；山东科技大学，即墨岙山广青生态园栽培。喜光，喜温暖、湿润环境，较耐寒、耐荫，对土壤不甚选择。

【应用】适于作基础种植材料，或用于庭院、草地、假山、路旁、常绿树前丛植。果枝可作切花。

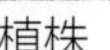

植株

果实

果枝

景观

金叶莸 Caryopteris × clandonensis 'Worcester Gold'

【科属】马鞭草科莸属

【形态特征】落叶灌木，高达1.2 m；枝条圆柱形。单叶对生，叶片长卵状椭圆形，长3 ~ 6 cm，淡黄色，基部钝圆形，边缘有粗齿；表面光滑，背面有银色毛。聚伞花序，花密集；花萼钟状，二唇形，5裂，下裂片大而有细条状裂；花冠高脚碟状；雄蕊4；花冠、雄蕊、雌蕊均为淡蓝色。花期7 ~ 10月。

【分布与习性】中山公园、城阳区、崂山区、即墨市均有栽培。

【应用】金叶莸是良好的春夏观叶、秋季观花材料，新叶鲜黄至淡黄色，夏季开车蓝色的花朵，可作大面积色块或基础栽植，也可植于草坪边缘、假山旁、水边、路边。

景观

花序

景观

海州常山 *Clerodendrum trichotomum*

【别名】臭梧桐、后庭花

【科属】马鞭草科大青属

【形态特征】落叶灌木或小乔木，高达8 m。叶阔卵形至三角状卵形，长5 ~ 16 cm，宽2 ~ 13 cm，全缘或有波状锯齿。伞房状聚伞花序顶生或腋生，长8 ~ 18 cm；花萼蕾时绿白色，后紫红色；花冠白色或带粉红色，花冠管长约2 cm，顶端5裂；雄蕊与花柱伸出花冠外。核果球形，熟时蓝紫色，径6 ~ 8 mm，包藏于增大的宿萼内。花果期6 ~ 11月。

【分布与习性】产于崂山大梁沟、太清宫、崂山头、仰口、流清河、长岭、三标山等地；各地常见栽培。喜光，也较耐荫。喜凉爽湿润气候。适应性强，较耐旱和耐盐碱。

【应用】花果美丽，花时白色花冠后衬紫红花萼，果时增大的紫红色宿萼托以蓝紫色果实，且花果期长，花朵芳香，为优良秋季观花、观果树种，是布置绿化景色的好材料。

景观

果实

花期景观

植株

花

臭牡丹 Clerodendrum bungei

【别名】臭枫根、臭梧桐、臭八宝

【科属】马鞭草科大青属

【形态特征】落叶小灌木，高1 ~ 2 m，植株有臭味。小枝近圆形；叶宽卵形或卵形，长8 ~ 20 cm，宽5 ~ 15 cm，边缘具粗或细锯齿。伞房状聚伞花序顶生、密集，花芳香，花冠淡红色、红色或紫红色，花冠管长2 ~ 3 cm，裂片倒卵形，核果近球形，径0.6 ~ 1.2 cm，熟时蓝黑色。花果期5 ~ 11月。

【分布与习性】崂山太清宫，中山公园有栽培。喜阴，耐寒。

【应用】臭牡丹植株较低矮，花朵芳香，宜植为地被、花篱，以其耐荫，也可用于疏林下。

花序

植株

群落

黄荆 Vitex negundo

【科属】马鞭草科牡荆属

【形态特征】落叶灌木或小乔木，高2 ~ 5 m；小枝四棱形，密生灰白色绒毛。掌状复叶，小叶5，间有3小叶，中间小叶最大，椭圆状卵形至披针形，长4 ~ 13 cm，宽1 ~ 4 cm，两侧小叶依次递小；全缘或有钝锯齿，下面被灰白色柔毛。聚伞花序排成顶生圆锥花序，长10 ~ 27 cm，花冠淡紫色，二唇形。核果近球形，径约2 mm，黑色。花期6 ~ 7月；果期9 ~ 10月。

【分布与习性】产于崂山、王哥庄西山、大珠山、大泽山等山区，生于低山丘陵向阳干旱山坡。适应性强，喜光，不耐荫；极耐干旱瘠薄，是北方低山干旱阳坡最常见的灌丛优势种。

【应用】树形疏散，叶形秀丽，花色清雅，在盛夏开花，可栽培观赏，适于山坡、池畔、湖边、假山、石旁、小径、路边点缀风景。老桩姿态奇特，常用做树桩盆景材料。花和枝叶可提取芳香油。

【变种】1. **荆条** var. heterophylla 小叶边缘有缺刻状锯齿，深锯齿以至深裂，下面密被灰白色绒毛。产于崂山、大珠山、莱西宫山等山区；城阳区（青岛农业大学校园）、即墨温泉公园等地有栽培。

2. **牡荆** var. cannabifolia 小枝绿色；叶两面绿色，仅沿叶脉有短绒毛，小叶两侧叶缘有5 ~ 6粗圆齿；花淡黄色；果实褐色。城阳区（青岛农业大学校园）有栽培。

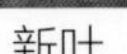
新叶

果实

花序

景观

荆条花

荆条幼果

荆条叶片正面

荆条果实

牡荆干皮

牡荆植株

牡荆背面

牡荆花序

牡荆叶正面

单叶蔓荆 Vitex rotundifolia

【别名】蔓荆

【科属】马鞭草科牡荆属

【形态特征】落叶匍匐灌木，节处生根。单叶对生，偶3小叶，倒卵形或近圆形，先端钝圆或有短尖头，基部楔形，全缘，长2.5 ~ 5 cm，宽1.5 ~ 3 cm；叶柄短或无。圆锥花序顶生，长3 ~ 10 cm，被灰白色绒毛；花蓝紫色，花冠二唇形，雄蕊4，伸出花冠外。核果近圆形，径约5 mm。花期7 ~ 9月；果期9 ~ 11月。

【分布与习性】产崂山仰口、雕龙嘴海边，生于沙地。性强健，喜光，耐寒、耐旱、耐瘠薄、耐盐碱；根系发达，生长迅速，匍匐茎着地部分生根，能很快覆盖地面。

【应用】单叶蔓荆花期很长，夏季盛花期极富观赏价值。生长快、抗逆性强，能很快覆盖地面，是优良的地被植物，最宜群植，形成庞大的群落，适于沿海、河流沿岸等处的沙地，具有防风固沙、保持水土的作用。果实药用，有镇静及解热的作用。茎叶可提取芳香油。

植株

果实

果实

果实

花序

景观

薰衣草 Lavandula angustifolia

【科属】唇形科薰衣草属

【形态特征】半灌木或矮灌木。叶线形或披针状线形，花枝上叶较大，疏离，长3 ~ 5 cm，宽0.3 ~ 0.5 cm，被灰色星状绒毛；更新枝上的叶小，簇生，长不超过1.7 cm，宽约0.2 cm。轮伞花序具6 ~ 10花，多数常在枝顶聚集成穗状花序，长约3 cm，稀5 cm；花具短梗，蓝色，密被灰色绒毛。花冠长约为花萼的2倍，具13条脉纹，雄蕊4，着生在毛环上方。小坚果4，光滑。花期6月。

【分布与习性】中山公园、黄岛区有栽培。我国常见栽培。

【应用】观赏及芳香油植物，花中含芳香油，是调制化妆品、皂用香精的重要原料，尤为棕榄型香皂及花露水香精中的主要原料。

枝叶

地被景观

枝

植株

连翘 Forsythia suspensa

【别名】黄绶带

【科属】木犀科连翘属

【形态特征】落叶灌木，枝拱形下垂。小枝稍4棱，髓中空。单叶对生，有时3裂或3出复叶；叶片卵形、宽卵形或椭圆状卵形，长3 ~ 10 cm，宽1.5 ~ 5 cm，有粗锯齿，基部圆形至楔形。花黄色，单生或2 ~ 5朵簇生，先叶开放，萼裂片长圆形，长6 ~ 7 mm，与花冠筒近等长；花冠裂片倒卵状长圆形或长圆形，长1.2 ~ 2 cm，宽6 ~ 10 mm。蒴果卵圆形，长1.2 ~ 2.5 cm，表面散生疣点，萼片宿存。花期3 ~ 4月；果期8 ~ 9月。

【分布与习性】产于崂山各景区；全市各地普遍栽培。对光照要求不严格，喜光，也有一定程度的耐荫性，耐寒；耐干旱瘠薄，怕涝；不择土壤。萌蘖性强。

【应用】连翘枝条拱形，早春先叶开花，花朵金黄而繁密，缀满枝条，是优良的花灌木。最适于池畔、台坡、假山、亭边、桥头、路旁、阶下等各处丛植，也可栽作花篱或大面积群植于风景区内向阳坡地。

花枝　花

成熟果实　枝叶　中空髓

金钟花 Forsythia viridissima

【别名】迎春柳、迎春条

【科属】木犀科连翘属

【形态特征】落叶灌木，高达3 m。枝条常直立；小枝黄绿色，四棱形，具片隔状髓心。叶长椭圆形至披针形，或倒卵状长椭圆形，长3.5 ~ 15 cm，宽1 ~ 4 cm，先端锐尖，基部楔形，中部以上有粗锯齿，稀近全缘；萼裂片卵圆形，长2 ~ 4 mm，萼片脱落；花冠深黄色，长1.1 ~ 2.5 cm，花冠管长5 ~ 6 mm。花期3 ~ 4月；果期8 ~ 11月。

【分布与习性】各地常见栽培。喜光，耐半阴，耐寒性较强，在黄河以南地区可露地越冬。对土壤要求不严，要求疏松肥沃、排水良好的沙质土。

【应用】金钟花枝挺直，先叶而花，金黄灿烂，适于草坪、墙隅、路边、树缘丛植或植为花篱，也可作基础种植材料。

花

叶片

景观

紫丁香 Syringa oblata

【别名】华北紫丁香

【科属】木犀科丁香属

【形态特征】落叶灌木或小乔木，高达6 m；树冠扁球形。枝条粗壮。单叶对生，广卵形，通常宽大于长，约5 ~ 10 cm，两面无毛，基部心形或截形。圆锥花序由侧芽抽生，长6 ~ 20 cm，宽3 ~ 10 cm；花紫色，花冠筒细长，长0.8 ~ 1.7 cm，先端4裂，裂片呈直角开展，卵圆形至倒卵圆形，长3 ~ 6 mm，先端内弯略呈兜状或否；花药着生于花冠筒中部或稍上。蒴果长圆形，平滑。花期4 ~ 5月；果期9 ~ 10月。

【分布与习性】全市各地普遍栽培。喜光，喜湿润、肥沃、排水良好之壤土。不耐水淹，抗寒、抗旱性强。抗污染。

【应用】枝叶繁茂，花美而香，素雅洁净、幽香宜人，其花朵虽小，但花序硕大，是著名的春季花木。可广泛应用于公园、庭院、风景区内造景。

【变种】1. 白丁香 var. alba 花白色，叶片较小，背面微有柔毛。崂山、黄岛区、胶州市、平度市有栽培。

2. 紫萼丁香 var. giraldii 小枝、花序和花梗除具腺毛外，被微柔毛或短柔毛，或无毛；叶片基部通常为宽楔形、近圆形至截形，或近心形，上面除有腺毛外，被短柔毛或无毛，下面被短柔毛或柔毛，有时老时脱落；叶柄被短柔毛、柔毛或无毛。花期5月；果期7 ~ 9月。崂山区晓望社区有栽培。

景观　花枝

花序　花序　幼果

白丁香

白丁香

紫萼丁香

白丁香

白丁香

紫萼丁香

红丁香 *Syringa villosa*

【别名】香多罗

【科属】木犀科丁香属

【形态特征】落叶灌木，高达4 m。枝直立，粗壮，小枝淡灰棕色，无毛或被微柔毛。叶宽椭圆形或卵状椭圆形，长5 ~ 18 cm，宽3 ~ 6 cm，先端突尖，具睫毛，表面皱褶，背面白粉色，疏生长柔毛。圆锥花序由顶芽抽生，花序轴具短柔毛；总花梗基部具叶1对；花淡紫红色、粉红色或白色，花冠筒长圆筒形，裂片开展，花药位于近筒口部。蒴果椭圆形，熟时深褐色，长1 ~ 1.5 cm，果皮光滑。花期5 ~ 6月；果期8 ~ 9月。

【分布与习性】城阳区公园有栽培。

【应用】红丁香花期较晚，初夏开花，花色红白，北方各地常见栽培，可作公园、道路绿化树种。

果实

叶片

枝叶

植株

果序

花序

欧洲丁香 Syringa vulgaris

【别名】洋丁香

【科属】木犀科丁香属

【形态特征】灌木或小乔木，高3 ~ 7 m。叶卵形、宽卵形或长卵形，宽略小于长，先端渐尖，基部截形或阔楔形，秋季落叶时仍为绿色。圆锥花序近直立，由侧芽抽生，紧密，长10 ~ 20 cm；花芳香，紫色或淡蓝紫色，有白、粉红和近黄色的品种，直径1 ~ 1.5 cm，花冠管细弱，近圆柱形，长0.6 ~ 1 cm;花药着生于花冠筒喉部稍下，黄色。花期4 ~ 5月;果期6 ~ 7月。

【分布与习性】中山公园、黄岛（山东科技大学校园）有栽培。

【应用】春天开花，花香浓郁，丁香色，花序圆锥状较大，紧凑丰满。适于公园绿地、单位庭院种植，可孤植、丛植或在路边、草坪、角隅、林缘成片栽植，也可与其他乔灌木尤其是常绿树种配植。

植株景观

巧玲花 Syringa pubescens

【别名】毛叶丁香

【科属】木犀科丁香属

【形态特征】落叶灌木，高1 ~ 4 m；小枝带四棱形。叶卵形、椭圆状卵形、菱状卵形，长1.5 ~ 8 cm，宽1 ~ 5 cm，具睫毛，下面被短柔毛。圆锥花序常由侧芽抽生，较紧密，长5 ~ 16 cm，宽3 ~ 5 cm；花序轴与花梗、花萼带紫红色，花序轴明显四棱；花冠淡紫红色，后渐白色，长0.9 ~ 1.8 cm，花冠管细弱，近圆柱形，长0.7 ~ 1.7 cm，裂片展开或反折，长圆形，长2 ~ 5 mm，先端略兜状。果长椭圆形，长0.7 ~ 2 cm，宽3 ~ 5 mm。花期5 ~ 6月；果期6 ~ 8月。

【分布与习性】产崂山潮音瀑、凉清河，生于海拔较高的山坡、灌丛。也常栽培。

【应用】花芳香美丽，为良好的观赏花木。茎药用。花可作香料。

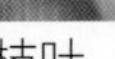

枝叶

花序

花枝

植株景观

华丁香 Syringa protolaciniata

【科属】木犀科丁香属

【形态特征】小灌木。叶全缘或羽状分裂，长1 ~ 4 cm，宽0.4 ~ 2.5 cm；叶柄长0 ~ 2.5 cm；枝条上部的叶和花枝叶近全缘，下部叶常3 ~ 9羽状深裂至全裂；叶和裂片披针形、椭圆形或卵形，先端钝或锐尖，下面具黑色腺点。花序由侧芽抽生，花芳香。果长圆形或长卵圆形，微4棱，长0.8 ~ 1.5 cm，皮孔不明显。花期4 ~ 6月；果期6 ~ 8月。

【分布与习性】黄岛区（山东科技大学校园）有栽培。喜光，稍耐阴，也耐寒，耐旱。

【应用】花色淡雅，枝叶秀丽，为优雅观赏树种，北方地区多栽培。花可提取芳香油。

花　植株　花枝

景观

雪柳 Fontanesia philliraeoides subsp. fortunei

【别名】五谷树

【科属】木犀科雪柳属

【形态特征】落叶灌木或小乔木，高达8 m。单叶对生，披针形或卵状披针形，长3 ~ 10 cm，宽1 ~ 2.5 cm。圆锥花序顶生或腋生，花白色或绿白色；雄蕊2枚。翅果扁平，倒卵形，长6 ~ 8 mm，环生窄翅。花期4 ~ 6月；果期8 ~ 10月。

【分布与习性】产崂山等地；中山公园、平度市现河公园、即墨栽培。喜光，稍耐荫；喜温暖，也耐寒，对土壤要求不严。耐干旱，萌芽力强，生长快。

【应用】枝条细柔，叶片细小如柳，晚春满树白花，宛如积雪，颇为美观。可丛植于庭园、群植或散植于风景区观赏。抗烟尘，可作厂矿绿化树种。

花序　果实　果枝

景观

景观

果实

小叶女贞 Ligustrum quihoui

【科属】木犀科女贞属

【形态特征】落叶或半常绿灌木，高2 ~ 3 m。小枝被短柔毛。叶薄革质，椭圆形至倒卵状长圆形，长1.5 ~ 5 cm，宽0.5 ~ 2 cm，顶端钝，边缘微反卷，无毛，叶柄有短柔毛。花序长7 ~ 21 cm；花白色，芳香，近无柄；花冠筒与裂片等长；花药略伸出花冠外。果实椭圆形，长5 ~ 9 mm，紫黑色。花期6 ~ 8月；果期10 ~ 11月。

【分布与习性】中山公园、崂山太平宫、蔚竹庵、太清宫等地有栽培。庭园绿化树种。叶及树皮药用，治烫伤，并有清热解毒的功效。抗二氧化硫性能较强，可做工矿区绿化树种。

花

花序

花枝

植株景观

小蜡 Ligustrum sinense

【别名】山指甲

【科属】木犀科女贞属

【形态特征】半常绿灌木或小乔木，高2 ~ 7 m。小枝圆柱形，幼时被淡黄色短柔毛。叶卵形、椭圆状卵形至披针形，长2 ~ 7 cm，宽1 ~ 3 cm；上面疏被短柔毛或无毛，背面至少沿叶脉有柔毛。花白色，圆锥花序长4 ~ 11 cm，花序轴被柔毛，花梗细而明显；花萼无毛；花丝与花冠裂片近等长。核果球形，黑色，径5 ~ 8 mm。花期3 ~ 6月；果期9 ~ 12月。

【分布与习性】各地常见栽培。喜光，稍耐荫；较耐寒。抗污染。耐修剪。

【应用】小蜡适于整形修剪，常用作绿篱，也可修剪成长、方、圆等各种几何或非几何形体，用于绿化点缀；也可作花灌木栽培，丛植或孤植于水边、草地、林缘或对植于门前。优良抗污染树种，适宜公路及厂矿企业绿化。

景观　花序　枝叶　花蕾　果实

水蜡树 Ligustrum obtusifolium subsp. suave

花

【别名】辽东水蜡树

【科属】木犀科女贞属

【形态特征】落叶灌木，高2～3 m。枝条开展或拱形，幼枝密生短柔毛。叶矩圆状披针形至长倒卵状椭圆形，长1.5～6 cm，宽0.5～2.5 cm，全缘，端尖或钝，上面无毛，背面具疏柔毛，沿中脉较密。圆锥花序顶生，短而常下垂，长4～5 cm，花白色，芳香；花具短梗；萼具柔毛；花冠管长约花冠裂片的1.5～2倍。核果黑色，椭圆形，稍被蜡状白粉。花期5～6月；果期9～10月。

【分布与习性】分布于各主要山区，也常见栽培。喜光，也耐荫；喜湿润肥沃土壤，但也耐干旱瘠薄；耐寒性强。抗病虫害。

【应用】水蜡树枝叶细密，耐修剪，适于作绿篱栽植，是优良的抗污染树种。嫩叶可代茶。

幼果

果实

枝叶

植株景观

迎春花 Jasminum nudiflorum

【科属】木犀科素馨属

【形态特征】落叶灌木，直立或匍匐。枝条绿色，四棱形。3出复叶对生，小枝基部常具单叶。小叶卵状椭圆形、长卵形或椭圆形，顶生小叶较大，长1 ~ 3 cm。花单生于去年生枝叶腋，叶前开放；花萼裂片5 ~ 6枚；花冠黄色，径2 ~ 2.5 cm，裂片5 ~ 6枚。花期(1) 2 ~ 3月。通常不结实。

【分布与习性】全市各地普遍栽培。喜光，稍耐荫，较耐寒；喜湿润，也耐干旱瘠薄，怕涝；不择土壤，耐盐碱。枝条接触土壤较易生出不定根。

【应用】迎春花期甚早，绿枝黄花，早报春光，可装点早春的景色。由于枝条拱垂，植株铺散，适植于坡地、花台、堤岸、池畔、悬崖、假山，均柔条拂垂、金花照眼，宛若纤腰舞女，随风娉婷，为山水增色；也适合植为花篱，或点缀于岩石园中。也可作水土保持树种。

景观　　花枝　　花

景观

细叶水团花 Adina rubella

【别名】水杨梅

【科属】茜草科水团花属

【形态特征】落叶灌木，高1 ~ 3 m。多分枝；顶芽不明显，被开展的托叶包裹。单叶对生，近无柄，叶片卵状披针形或卵状椭圆形，长2.5 ~ 4 cm，宽8 ~ 12 mm，全缘或微波状；侧脉5 ~ 7对，被疏或密柔毛；托叶披针形，2深裂。头状花序单生枝顶或叶腋，直径1.5 ~ 2 cm；花紫红色，花冠管长2 ~ 3 mm，5裂，裂片三角状。果序直径8 ~ 12 mm，状若杨梅；小蒴果楔形，熟时带紫红色。花、果期5 ~ 12月。

【分布与习性】黄岛区（山东科技大学校园）有栽培，正常开花结实。性喜湿润。

【应用】水杨梅生长繁密，花美丽，可栽培观赏，适于庭绿化下、水边丛植、孤植。根系发达，耐水湿，也是很好的水土保持灌木。

枝干

花序

果枝

植株

接骨木 Sambucus williamsii

【科属】忍冬科接骨木属

【形态特征】落叶大灌木，高达6 m；小枝粗壮，光滑无毛，髓心淡黄棕色。奇数羽状复叶对生，小叶5 ~ 7(11)，侧生小叶卵圆形至椭圆状披针形，长5 ~ 15 cm，宽1.2 ~ 7 cm，两面光滑无毛，具细锯齿；顶生小叶卵形或倒卵形，具长约2 cm的柄。聚伞花序呈圆锥状顶生，长7 ~ 15 cm；花小而密，花冠白色至淡黄色。核果红色，球形，径3 ~ 5 mm，2 ~ 3分核。花期4 ~ 5月；果期6 ~ 7月。

【分布与习性】产于崂山北九水、蔚竹庵，生于山坡阴湿之处。性强健。喜光，亦耐荫；耐旱，忌水涝；耐寒性强。根系发达，萌蘖性强，耐修剪。抗污染。生长速度快。

【应用】是夏季较少的观果灌木。适于水边、林缘、草坪丛植，也可植为自然式绿篱。茎、根皮及叶供药用，有舒筋活血、镇痛止血、清热解毒的功效，主治骨折、跌打损伤、烫火伤等。亦为观赏植物。

叶正面

干皮

果

花序

景观

西洋接骨木 Sambucus nigra

【科属】忍冬科接骨木属

【形态特征】落叶乔木或大灌木，高4 ~ 10 m；枝髓发达，白色。羽状复叶有小叶片1 ~ 3对，通常2对，椭圆形或椭圆状卵形，长4 ~ 10 cm，宽2 ~ 3.5 cm，边缘具锐锯齿。聚伞花序扁平状，分枝5出，直径12 ~ 20 cm；花小而多，花冠黄白色。果实亮黑色。花期4 ~ 5月；果熟期7 ~ 8月。

【分布与习性】蔚竹庵、太清宫有引种栽培，生长正常。

【应用】花可药用，有舒筋活血、镇痛止血的功效。可栽培供观赏。

干皮

果实

花序

植株

荚蒾 Viburnum dilatatum

【科属】忍冬科荚蒾属

【形态特征】落叶灌木，高2 ～ 3 m。当年小枝、芽、叶柄、花序及花萼被土黄色粗毛及簇状短毛。叶对生，宽倒卵形至椭圆形，长3 ～ 9 cm，有尖牙齿状锯齿，下面有透亮腺点；侧脉6 ～ 8对，直达齿端，上面凹陷；叶柄长(5)10 ～ 15 mm；无托叶。复伞形式聚伞花序稠密，径约8 ～ 12 cm；花冠白色，径约5 mm，雄蕊长于花冠。核果近球形，鲜红色，径7 ～ 8 mm。花期4 ～ 6月；果期9 ～ 11月。

【分布与习性】产于崂山蔚竹庵、北九水、崂顶等地。弱阳性树种，喜光，略耐荫，喜深厚、肥沃土壤，不耐瘠薄和积水。

【应用】荚蒾株形丰满，春季白花繁密，秋季果实红艳，是优良的花果兼赏佳品。适于草地、墙隅、假山石旁丛植，亦适于林缘、林间空地栽植，果熟季节，十分壮观。韧皮纤维可制绳和人造棉。种子可制肥皂和润滑油。果可食和酿酒。

果实　　果序　　花序

植株

宜昌荚蒾 Viburnum erosum

【科属】忍冬科荚蒾属

【形态特征】落叶灌木，高达3 m。叶卵状披针形、卵状矩圆形、椭圆形或倒卵形，长3 ~ 11 cm，边缘有波状小尖齿，下面密被绒毛，侧脉7 ~ 10（14）对，直达齿端；叶柄长3 ~ 5 mm，托叶2枚，钻形，宿存。复伞形式聚伞花序生于侧生短枝之顶，直径2 ~ 4 cm；花冠白色，辐状。果实红色，宽卵圆形，长6 ~ 7 mm。花期4 ~ 5月；果熟期8 ~ 10月。

【分布与习性】产崂山大梁沟、棋盘石、北九水、蔚竹庵、华严寺、洞西岐、崂顶、铁瓦殿等地，生于山谷、湿润阴坡的杂木林中。

【应用】种子油可制肥皂及润滑油；叶、根药用。为庭院观赏植物。

【变种】裂叶宜昌荚蒾 var. taquetii 叶矩圆状披针形，边缘具粗牙齿或缺刻状牙齿，基部常浅2裂。产崂山。

花序

果实

植株

植株

裂叶宜昌荚蒾枝叶

裂叶宜昌荚蒾

欧洲荚蒾 Viburnum opulus

植株

【科属】忍冬科荚蒾属

【形态特征】落叶灌木，高达4 m；树皮质薄而非木栓质。叶卵圆形或倒卵形，长6 ~ 12 cm，常3裂，掌状3出脉，有粗齿或近全缘；叶柄粗壮，有2 ~ 4个大腺体。聚伞花序复伞形，径5 ~ 10 cm，周围有大型白色不孕边花；可孕花白色，花药黄白色。核果近球形，径8 ~ 10 (12) mm，红色而半透明状。花期5 ~ 6月；果期9 ~ 10月。

【分布与习性】中山公园及崂山区上葛社区有栽培。喜光，耐半荫，耐寒，耐旱，对土壤要求不严，在微酸性、中性土上均能生长，病虫害少。

【应用】欧洲荚蒾树姿清秀，叶形美丽，初夏花白似雪，深秋果似珊瑚，是春季观花、秋季观果的优良树种。适宜植于草地、林缘，因其耐荫，也可植于建筑物背面等。

【品种】欧洲雪球‘Roseum’花序全为大型不育花。中山公园有栽培。

花期景观

花序

欧洲雪球

欧洲雪球景观

天目琼花 Viburnum opulus subsp. calvescens

【**别名**】鸡树条荚蒾

【**科属**】忍冬科荚蒾属

【**形态特征**】落叶灌木，高3 m。树皮厚而多少呈木栓质。叶卵圆形或宽卵形，3裂，小枝上部的叶不裂或微3裂，具不整齐锯齿，长6 ~ 12 cm，掌状3出脉，下面被黄白色长柔毛及暗褐色腺体。花序边缘具10 ~ 12白色不孕花，径达10 cm；中央的两性花辐状，径约3 mm；花药紫红色。果球形，红色，径约8 mm，果核无沟。花期5 ~ 6月；果期9 ~ 10月。

【**分布与习性**】产崂山崂顶、明霞洞、明道观、北九水、潮音瀑、凉清河、洞西岐等地，生于较湿润的山沟、山坡及灌丛中；全市普遍栽培。喜光又耐荫；耐寒；多生于夏凉湿润多雾的灌丛中。对土壤要求不严，微酸性及中性土壤均能生长。根系发达，移植容易成活。

【**应用**】天目琼花花白色，芳香；果鲜红色，半透明状，秋叶橙黄色或红色。花果叶均美丽，常栽培观赏，适于疏林下丛植。

嫩枝、叶和果实供药用，有消肿、止痛止咳的功效。种子油可制肥皂和润滑油。皮纤维可制绳索。庭园绿化优良树种。

果枝　花期景观

果实　花序　果实　果期景观

粉团 Viburnum plicatum

【别名】雪球荚蒾、蝴蝶绣球

【科属】忍冬科荚蒾属

【形态特征】落叶灌木，高2 ~ 4 m。枝开展，幼枝疏生星状绒毛。鳞芽。叶对生，宽卵形或倒卵形，长4 ~ 10 cm，具不整齐三角状锯齿，表面叶脉显著凹下，上面疏被短伏毛，中脉较密，下面密被绒毛，背面疏生星状毛及绒毛；侧脉10 ~ 13对。聚伞花序复伞状球形，径6 ~ 10 cm，常生于具1对叶的短侧枝上，全为大型白色不孕花组成；花冠白色，径1.5 ~ 3 cm，裂片倒卵形或近圆形。花期4 ~ 5月。

【分布与习性】崂山大河东、太清宫、明霞洞、洞西岐等地有栽培。喜温暖湿润，较耐寒，稍耐半荫。

【应用】雪球荚蒾观赏特性与应用可参考木绣球。

植株

枝叶

花序

花序

景观

绣球荚蒾 Viburnum macrocephalum

【别名】木绣球

【科属】忍冬科荚蒾属

【形态特征】落叶或半常绿灌木，高达5 m。枝条开展，冬芽裸露，芽、幼枝、叶柄及叶下面密生星状毛。叶卵形至卵状椭圆形，长5 ~ 10 cm；先端钝尖，基部圆形，叶缘具细锯齿；侧脉5 ~ 6对。大型聚伞花序呈球状，径约10 ~ 20 cm；全由不孕花组成；花冠白色，辐状，径1.5 ~ 4 cm，裂片圆状倒卵形，筒部甚短；雄蕊长约3 mm，雌蕊不育。花期4 ~ 5月，不结果。

【分布与习性】崂山北九水、蔚竹庵和即墨天柱山有栽培。喜光，略耐荫，喜温暖湿润气候，较耐寒，宜在肥沃、湿润、排水良好的土壤中生长。萌芽、萌蘖性强。

【应用】我国传统观赏花木，春日白花聚簇，团团如球，宛如雪花压树。最宜孤植于草坪及空旷地，还可作大型花坛的中心树。

植株　花枝　花序

景观

【变型】八仙花 f. keteleeri 复伞形花序，5～7辐射枝，每辐射枝上有1～2不孕花，其余为两性结实花；花小，径6～7 mm；花柱短，头状；整个花序的中间为可育花，周围为大型不孕花。核果长椭圆形，长约8 mm，先红后黑，核扁，有浅沟，背面2条，腹面3条。公园绿地及庭院有栽培。

植株　花序　花枝　果实

猬实 Kolkwitzia amabilis

【科属】忍冬科猬实属

【形态特征】落叶灌木，高1.5 ~ 4 m；干皮薄片状剥裂。叶卵形至卵状椭圆形，长3 ~ 8 cm，宽1.5 ~ 3.5 cm，全缘或疏生浅锯齿。伞房状聚伞花序生于侧枝顶端；花序中每2花生于1梗上，2花萼筒下部合生，外面密生刺状毛；花冠钟状，粉红色至紫红色，喉部黄色；二强雄蕊。瘦果2个合生或仅1个发育，密生刺刚毛。花期5 ~ 6月；果期8 ~ 10月。

【分布与习性】中山公园、李村公园、黄岛区（山东科技大学校园），即墨天柱山有栽培。喜光，稍半荫；耐寒力强；抗干旱瘠薄。

【应用】猬实着花繁密，花色娇艳，花期正值初夏百花凋谢之时，是著名的观花灌木。宜丛植于草坪、角隅、路边、亭廊侧、假山旁、建筑附近等各处。

枝叶

果实

花序

景观

糯米条 Abelia chinensis

【科属】忍冬科六道木属

【形态特征】落叶灌木，高达2 m。枝条开展，幼枝红褐色，疏被毛。叶对生，卵形至椭圆状卵形，长2 ~ 3.5 cm，具浅齿；叶柄基部不扩大连合。圆锥花序顶生或腋生，由聚伞花序集生而成；花萼5裂，粉红色；花冠5裂，白色至粉红色，漏斗状，内有腺毛；雄蕊伸出花冠外。瘦果核果状，宿存花萼淡红色。花期7 ~ 9月；果期10 ~ 11月。

【分布与习性】中山公园、黄岛区（山东科技大学校园），即墨天柱山有栽培。

【应用】花多而密集，花期长，果期宿存萼裂片红色，为优美观赏植物。

花枝

花期景观

景观

景观

花枝

景观

花枝

金叶大花六道木 *Abelia xgrandiflora*

【科属】忍冬科六道木属

【形态特征】大花六道木为糯米条与单花六道木的杂交种，金叶品种高可达1.5 m，小枝细圆，阳面紫红色，弓形。叶小，长卵形，长2.5 ~ 3 cm，宽1.2 cm，边缘具疏浅齿，在阳光下呈金黄色，光照不足则叶色转绿。圆锥状聚伞花序，花小，白色带粉，繁茂而芬芳，花期6 ~ 11月。

【分布与习性】即墨市有栽培。

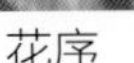

花序

花枝

植株景观

锦带花 Weigela florida

【科属】忍冬科锦带花属

【形态特征】落叶灌木。叶椭圆形至倒卵状椭圆形，长5 ~ 10 cm，宽3 ~ 7 cm，上面疏被短柔毛，脉上较密，下面密生短柔毛。花单生或呈聚伞花序状，花萼5裂至中部或以下，裂片披针形，长约1 cm，不等长；花冠漏斗状钟形，5裂，不整齐，玫瑰色或粉红色；雄蕊着生冠筒中部以上，花药黄色；柱头2裂。蒴果长1.5 ~ 2.5 cm；种子小而多，无翅。花期4 ~ 6月；果期7 ~ 10月。

【分布与习性】产崂山北九水、蔚竹庵、太清宫、洞西岐、流清河、夏庄等地；全市各地普遍栽培。

【应用】花美丽，供观赏。对氯化氢有毒气体抵抗性强，可做工矿区绿化树种。

【变型】**白花锦带花** f. alba 花白色。产于崂山双石屋、黑风口。可引种栽培供观赏。

植株

花枝

花枝

花

白花锦带花

白花锦带花

白花锦带花

海仙花 Weigela coraeensia

【科属】忍冬科锦带花属

【形态特征】落叶灌木。小枝粗壮。叶对生，阔椭圆形或倒卵形，长7 ~ 12 cm，宽3 ~ 6 cm，有钝锯齿，上面中脉疏生平伏毛，下面中脉及侧脉疏生平伏毛，侧脉4 ~ 6对；叶柄长0.5 ~ 1 cm。聚伞花序生于侧生短枝叶腋或顶部；花初开浅红，后变深红色，长2.5 ~ 3 cm，无梗；花冠漏斗状钟形；子房无毛。蒴果圆柱形长2 cm，顶端有短柄状喙，2瓣裂；种子长有翅。花期5 ~ 6月；果期7 ~ 9月。

【分布与习性】崂山太清宫，中山公园有栽培。

【应用】枝叶茂密，花色艳丽，花期长，适宜庭院墙隅、湖畔群植；也可在林缘丛植配植作花篱或点缀于假山、坡地。

幼果

花枝

景观

白雪果 Symphoricarpos albus

【科属】忍冬科毛核木属

【形态特征】落叶灌木，高达1 ~ 2 m。叶对生，常椭圆形，大小和形状变化较大，可长达5 cm。总状花序，着花约16朵；花萼5齿裂；花冠钟形，长0.5 cm，亮粉红色，裂片尖，内被白柔毛。浆果状核果肉质，白色，径约1 cm，具种子2枚。

【分布与习性】黄岛区（山东科技大学校园）有栽培。蔓延性强，生长迅速。

【应用】果白色，经冬不落，是优良的绿化观果植物。

花枝　　花枝　　果实

植株景观

红雪果 Symphoricarpos orbiculatus

【科属】忍冬科毛核木属

【形态特征】直立灌木，花绿白、紫色。果实圆形，粉红色至紫色。

【分布与习性】黄岛区（山东科技大学校园）有栽培，正常开花结果。

果实

花枝

果枝

景观

华北忍冬 Lonicera tatarinowii

【科属】忍冬科忍冬属

【形态特征】落叶灌木。枝髓白色，冬芽有7 ~ 8对鳞片。叶长椭圆形或圆状披针形，长3 ~ 8 cm，宽2 ~ 3 cm，下面密生灰白色毡毛。总花梗长1 ~ 3.5 cm；相邻两花萼筒常基部合生，萼齿短于萼筒；花冠深紫色，长8 ~ 10 mm，二唇形，裂片较冠筒长2倍，花丝无毛。浆果球形，红色，径5 ~ 6 mm。花期5 ~ 6月；果期7 ~ 9月。

【分布与习性】产崂山崂顶、蔚竹庵、滑溜口、鹰嘴石、凉清河等地。

【应用】花果美丽，为良好的观赏树种。

植株

枝叶

花枝

果实

植株

花

花枝

金银忍冬 Lonicera maackii

【别名】金银木

【科属】忍冬科忍冬属

【形态特征】落叶灌木或小乔木，高达6 m。小枝幼时被短柔毛，髓心黑褐色，后变中空。叶卵状椭圆形至卵状披针形，长5 ~ 8 cm，两面疏生柔毛。花成对生于叶腋，总花梗短于叶柄。花冠唇形，长达2 cm，初开时白色，不久变为黄色；雄蕊与花柱均短于花冠。浆果红色，2枚合生。花期4 ~ 6月；果期9 ~ 10月。

【分布与习性】产崂山大梁沟，太清宫；全市普遍栽培。性强健，喜光，耐半荫，耐寒，耐旱。不择土壤，在肥沃、深厚、湿润土壤中生长旺盛；萌蘖性强。

【应用】深秋果红，为优良观赏植物。花可提取芳香油，亦为优良的蜜源植物。茎皮为制人造棉。种子油制肥皂。

果枝

果实景观

果实

景观

紫花忍冬 Lonicera maximowiczii

【科属】忍冬科忍冬属

【形态特征】落叶灌木，高达2 m；幼枝带紫褐色，有疏柔毛。叶卵形至卵状披针形，稀椭圆形，长4 ~ 10 cm，边缘有睫毛，下面散生短刚伏毛；叶柄长4 ~ 7 mm。总花梗长1 ~ 2.5 cm；相邻两萼筒连合至半，果时全部连合；花冠紫红色，唇形，长约1 cm，外面无毛。果实红色，卵圆形，顶锐尖。花期6 ~ 7月；果熟期8 ~ 9月。

【分布与习性】产崂山崂顶，生于林中或林缘。

【应用】花紫红色，果实红色，抗逆性强，为优良的绿化观赏树种。

花枝

植株

花枝

果实

果实

郁香忍冬 Lonicera fragrantissima

【科属】忍冬科忍冬属

【形态特征】半常绿或落叶灌木，枝髓充实，幼枝疏被刺刚毛或夹杂短腺毛。叶倒卵状椭圆形、椭圆形、卵形至卵状矩圆形，长3 ~ 8 cm，无毛或下面中脉有刚毛。总花梗长2 ~ 10 mm，相邻两花萼筒部分合生；花冠白色或带淡红色斑纹。先花后叶或花叶同放。浆果鲜红色，长约1 cm，两果合生过半。花期2 ~ 4月；果期4 ~ 5月。

【分布与习性】产崂山北九水、双石屋和即墨天柱山，生于山地灌丛中；中山公园、黄岛区（山东科技大学校园）内有栽培。

【应用】枝叶茂盛，早春先叶开花，香气浓郁，是优良观赏花木，适于庭院、草坪边缘、园路两侧、假山、亭际丛植。

花枝

花

植株

蓝叶忍冬 Lonicera korolkowii

【科属】忍冬科忍冬属

【形态特征】株高2 ~ 3 m，树形开展。叶卵形或卵圆形，全缘，先端尖，基部圆形，新叶嫩绿，老叶墨绿色泛蓝色。花红色，成对生于腋生的花序梗顶端。浆果亮红色。花期4 ~ 5月；果期9 ~ 10月。

【分布与习性】山东科技大学栽培。喜光、耐寒。

【应用】花美叶秀，适合片植或带植，也可做花篱。

花　植株　花枝

景观

新疆忍冬 *Lonicera tatarica*

【科属】忍冬科忍冬属

【形态特征】落叶灌木，全株近无毛；冬芽约有4对鳞片。叶卵形或卵状矩圆形，长2 ~ 5 cm，两侧常稍不对称，边缘有短糙毛。花冠粉红色或白色，长约1.5 cm，唇形，筒短于唇瓣，上唇两侧裂深达唇瓣基部，中裂较浅；雄蕊和花柱稍短于花冠，花柱被短柔毛。果实红色，圆形，径5 ~ 6 mm，双果之一常不发育。花期5 ~ 6月；果熟期7 ~ 8月。

【分布与习性】黄岛区有引种栽培，有繁果忍冬（'Fanguo'）、红花忍冬（'Rosea'）等品种。

果实

枝叶

花枝

落叶藤本

花枝

五味子 Schisandra chinensis

【别名】北五味子

【科属】五味子科五味子属

【形态特征】落叶藤本，除幼叶下面被短柔毛外，余无毛。叶宽椭圆形、卵形或倒卵形，长 5 ~ 10 cm，宽 3 ~ 5 cm，疏生短腺齿，基部全缘；侧脉 5 ~ 7 对；叶柄长 1 ~ 4 cm。花白色或粉红色，花被片 6 ~ 9；雄蕊 5；心皮 17 ~ 40。聚合果长 1.5 ~ 8.5 cm；小浆果红色，近球形，径 6 ~ 8 mm。花期 5 ~ 7 月；果期 7 ~ 10 月。

【分布与习性】产于崂山崂顶、滑溜口，生于湿润肥厚土层的山坡。喜湿润蔽荫环境，耐荫性强，耐寒，喜肥沃湿润、排水良好的土壤。

【应用】叶片秀丽，花朵淡雅而芳香，果实红艳，是优良的垂直绿化材料，可作篱垣、棚架、门亭绿化材料或缠绕大树、点缀山石。

果实

花

群落

木防己 Cocculus orbiculatus

果实

【科属】防己科木防己属

【形态特征】落叶木质藤本。叶形变异极大，线状披针形、阔卵状近圆形、倒披针形至倒心形，全缘或3裂，偶5裂，长3 ~ 8 cm，两面被密柔毛至疏柔毛。聚伞花序或圆锥状，顶生或腋生，长达10 cm，花小，萼片、花瓣、雄蕊、心皮6。核果近球形，黑色至紫红色，径7 ~ 8 mm。

【分布与习性】产于全市各丘陵山地，生于灌丛、村边、林缘等处。耐旱耐寒，耐贫瘠，适应性强。

【应用】木防己株丛茂盛，生长迅速，适应性强，绿化中可成片种植为地被植物，也可用于攀附山石。

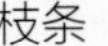
枝条

果

花序

景观

蝙蝠葛 Menispermum dauricum

【科属】防己科蝙蝠葛属

【形态特征】落叶性缠绕藤本，茎蔓长达13 m。小枝绿色，叶片圆肾形或卵圆形，长宽均7 ~ 10 cm，下面苍白色，两面光滑无毛；叶柄盾状着生。雌雄异株，圆锥花序腋生，花黄绿色，较小。果实圆肾形或近球形，径约1 cm，初为绿色，熟时变为紫黑色。花期5 ~ 6月；果期7 ~ 9月。

【分布与习性】产于全市各丘陵山地。性强健，常攀援于灌丛和岩石上；耐寒；喜生于阴湿环境，也耐光。

【应用】叶形奇特，秋季果实累累，是优良的垂直绿化植物，可用于墙垣、山石、栅栏和棚架的攀附，也可作地被植物，较为耐荫，可用于林下。

花枝　花枝　果实

生境

绵毛马兜铃 Aristolochia mollissima

【别名】寻骨风、白毛藤、烟袋锅

【科属】马兜铃科马兜铃属

【形态特征】落叶性木质藤本，全株密被黄白色绵毛。叶卵形、卵状心形，长 3.5 ~ 10 cm，宽 2.5 ~ 8 cm，基出脉 5 ~ 7 条。花单生叶腋，花被管弯曲成烟斗形，淡黄色并有紫色网纹；子房密被白色长绵毛。蒴果长圆状或椭圆状倒卵形，长 3 ~ 5 cm，径 1.5 ~ 2 cm，具 6 条呈波状或扭曲的棱或翅。花期 4 ~ 6 月；果期 8 ~ 10 月。

【分布与习性】产于崂山、小珠山。生于山坡、草丛、沟边和路旁等处。耐荫，也耐强光，耐寒性强，生长迅速。

【应用】绵毛马兜铃适应性强，生长茂盛，全株有白色毛，在阳光下熠熠生辉，花朵及果实均奇特，绿化中可作地被植物，可用于林下、空旷地、山石间。全株药用，性平，味苦，有祛风湿，通经络和止痛的功能，治疗胃痛、筋骨痛等。

果　　花　　花枝

植株

木通 Akebia quinata

【别名】五叶木通、野木瓜

【科属】木通科木通属

【形态特征】落叶或半常绿藤本，全株无毛。掌状复叶互生，或簇生于短枝顶端；小叶5，倒卵形或倒卵状椭圆形，长2 ~ 5 cm，宽1.5 ~ 2.5 cm，全缘。腋生总状花序长6 ~ 12 cm，基部有雌花1 ~ 2朵，上部为雄花。花淡紫色，雌花径2.5 ~ 3 cm，雄花径1.2 ~ 1.6 cm。蓇葖果常仅1个发育，长6 ~ 8 cm，呈肉质浆果状，熟时紫色、开裂。花期4 ~ 5月；果期9 ~ 10月。

【分布与习性】产崂山、大珠山、小珠山，多生于山地疏林和沟谷灌丛中。喜光，稍耐荫；喜温暖湿润环境；适生于肥沃湿润而排水良好的土壤。

【应用】叶片秀丽，花朵淡紫色而芳香，果实初为翠绿，后变紫红，是垂直绿化的良好材料，可用于篱垣、花架、凉廊的绿化，或令其缠绕树木、点缀山石，亦叶蔓纷纷，野趣盎然。

群落

叶片

花序

花

转子莲 Clematis patens

【别名】 大花铁线莲

【科属】 毛茛科铁线莲属

【形态特征】 落叶藤本，表面有纵纹，幼时被稀疏柔毛。羽状复叶，小叶 3 枚，稀 5 枚，卵圆形或卵状披针形，长 4 ~ 7.5 cm，宽 3 ~ 5 cm，全缘，基出脉 3 ~ 5，小叶柄常扭曲。单花顶生，花大，径 8 ~ 14 cm；萼片约 8 枚，白色或淡黄色，倒卵圆形或匙形，长 4 ~ 6 cm，宽 2 ~ 4 cm。瘦果卵形，宿存花柱长 3 ~ 3.5 cm，被金黄色长柔毛。花期 4 ~ 5 月；果期 6 ~ 7 月。

【分布与习性】 产崂山北九水、八水河、仰口、华严寺、太清宫、蔚竹庵等地，生于海拔 200 ~ 1000 m 间的山坡杂草丛中及灌丛中。

【应用】 花朵大型，白色并渐变为淡黄色，攀援能力强，是非常美丽的垂直绿化植物，可引种栽培供观赏。

花　果实　花

景观

中华猕猴桃 *Actinidia chinensis*

【别名】阳桃、羊桃、藤梨、猕猴桃

【科属】猕猴桃科猕猴桃属

【形态特征】落叶性缠绕藤本。幼枝密生灰棕色柔毛；髓白色，片隔状。叶圆形、卵圆形或倒卵形，长 6 ~ 17 cm，宽 7 ~ 15 cm，先端突尖、微凹或平截，叶缘有刺毛状细齿，上面暗绿色，沿脉疏生毛，下面密生绒毛。雌雄异株，花 3 ~ 6 朵成聚伞花序；花乳白色，后变黄色，直径 3.5 ~ 5 cm。浆果椭球形或近圆形，密被棕色茸毛。花期 4 ~ 6 月；果期 8 ~ 10 月。

【分布与习性】崂山北九水、仰口，青岛植物园、崂山区、黄岛区、胶州市有栽培。喜温暖湿润气候，较耐寒，喜深厚湿润肥沃土壤。肉质根，不耐涝，也不耐旱，耐修剪。

【应用】是优良的庭院观赏植物和果树，既作棚架、绿廊、篱垣的攀援材料，又可模仿自然状态下猕猴桃的生长状态，植于疏林中，让其自然攀附树木。

新叶　果实　景观

景观

软枣猕猴桃 Actinidia arguta

【别名】 软枣子

【科属】 猕猴桃科猕猴桃属

【形态特征】 大型落叶藤本，长达 20 m。小枝基本无毛或幼嫩时被绒毛；髓部白色至淡褐色，片状分隔。叶卵形、长圆形至近圆形，长 6 ~ 12 cm，宽 5 ~ 10 cm，边缘具繁密的锐锯齿。花绿白色或黄绿色，芳香，直径 1.2 ~ 2 cm。果圆球形至柱状长圆形，长 2 ~ 3 cm，无毛，无斑点，不具宿存萼片，熟时绿黄色或紫红色。花期 4 ~ 6 月；果期 9 ~ 10 月。

【分布与习性】 产于崂山、大泽山，生于山坡杂木林中。耐寒性强，较喜光，也耐荫；喜排水良好的土壤，不耐涝。

【应用】 软枣猕猴桃春季或初夏花朵繁密，花色素雅，秋季果实累累下垂，花果兼赏，可用于攀附大型棚架，也可植于林中自然攀附树木。果可生食，也可酿酒或加工蜜饯果脯等。

枝髓

枝条

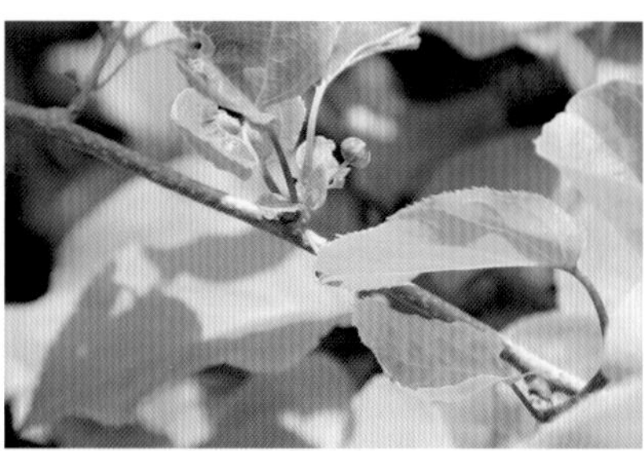

花蕾

果实

花

葛枣猕猴桃 Actinidia polygama

【别名】木天蓼

【科属】猕猴桃科猕猴桃属

【形态特征】落叶藤本。枝条髓部白色、实心，枝条近无毛；叶卵形或椭圆状卵形，长 7 ~ 14 cm，宽 4.5 ~ 8 cm，有细锯齿，有时叶面前端部变为白色或淡黄色；花白色，芳香；萼 5，花瓣 5 ~ 6，花药黄色；子房瓶状，无毛。浆果卵圆形，长 2 ~ 3 cm，光滑无毛，先端具小尖，宿存萼片展开；熟时黄色至淡橘红色。花期 6 ~ 7 月；果期 9 ~ 10 月。

【分布与习性】产崂山、标山等地，生于中低海拔山沟、山坡较阴湿处。

【应用】果未熟时有辣味，霜后酸甜；可植为庭院观赏。

果实

花序

景观

野蔷薇 Rosa multiflora

花序

果实

【别名】多花蔷薇

【科属】蔷薇科蔷薇属

【形态特征】落叶灌木，茎枝偃伏或攀援。小枝有短粗而稍弯的皮刺。小叶 5 ~ 9 (11)，倒卵形至椭圆形，长 1.5 ~ 5 cm，宽 0.8 ~ 2.8 cm，两面或下面有柔毛；托叶边缘篦齿状分裂。圆锥状伞房花序，花白色或略带粉晕，芳香，径 2 ~ 3 cm，花柱连合成柱状，伸出花托外；萼片花后反折。果近球形，径约 6 ~ 8 mm，红褐色。花期 5 ~ 6 月；果期 10 ~ 11 月。

【分布与习性】产于崂山、大珠山、大泽山等地，常生于低山溪边、林缘和灌丛中；各地常见栽培。性强健，喜光，耐寒、耐旱、耐水湿。对土壤要求不严，在粘重土壤中也可生长。

【应用】是著名的攀援花木，适于篱垣式和棚架式造景，装饰墙垣、栅栏和棚架。还可用于假山、坡地，或沿台坡边缘列植。

【变种】1. **粉团蔷薇** var. cathayensis 花粉红色，单瓣；果红色。常栽培观赏。

2. **七姊妹** var. platyphylla 花重瓣，紫红色。崂山各景区有栽培。供观赏，可作护坡及棚架之用。

3. **荷花蔷薇** var. carnea 花重瓣，淡粉红色，常多花成簇。各地常见栽培。

4. **白玉堂** var. albo-plena 花白色，重瓣。各地常见栽培。供观赏。亦可作嫁接月季花的砧木。

景观

粉团蔷薇花枝

七姊妹

荷花蔷薇

荷花蔷薇

白玉堂

白玉堂

白玉堂

云实 Caesalpinia decapetala

【科属】云实科云实属

【形态特征】落叶攀援灌木，树皮暗红色。茎、枝、叶轴上均有倒钩刺。羽片3～10对；小叶7～15对，长圆形，长1～2(3.2) cm，两端钝圆，表面绿色，背面有白粉。总状花序顶生，长15～35 cm；花瓣黄色，盛开时反卷，最下1瓣有红色条纹。荚果长椭圆形，肿胀，略弯曲，先端圆，有喙。花期4～5月；果期9～10月。

【分布与习性】中山公园、百花苑有栽培。喜光，不择土壤，常生于山岩石缝，耐干旱瘠薄。

【应用】云实花色优美，花序宛垂，是优良的垂直绿化材料，可用作棚架和矮墙绿化，也可植为刺篱，花开时一片金黄，极为美观，在黄河以南各地绿化中常见栽培。

花枝

花序

景观

花

花期景观

紫藤 Wisteria sinensis

【科属】蝶形花科紫藤属

【形态特征】落叶大藤本，茎枝左旋。小叶 7 ~ 13，通常 11，卵状长圆形至卵状披针形，长 4.5 ~ 11 cm，宽 2 ~ 5 cm，幼叶密生平贴白色细毛，后变无毛。总状花序长 15 ~ 30 cm，花蓝紫色，长约 2.5 ~ 4 cm，旗瓣圆形。果长 10 ~ 25 cm，密生黄色绒毛；种子扁圆形，棕黑色。花期 4 ~ 5 月；果期 9 ~ 10 月。

【分布与习性】全市普遍栽培。喜光，略耐荫；较耐寒。喜深厚肥沃而排水良好的土壤，有一定的耐干旱、瘠薄和水湿能力。主根发达，侧根较少，不耐移植。

【应用】紫藤在我国久经栽培，是著名的凉廊和棚架绿化材料，庇荫效果好，春季先叶开花，花穗大而紫色，鲜花蕤垂、清香四溢。

景观

果实

花序

花序

多花紫藤 Wisteria floribunda

【科属】 蝶形花科紫藤属

【形态特征】 落叶藤本；茎右旋，枝较细柔，分枝密。小叶 11 ~ 19，卵状披针形，长 4 ~ 8 cm，宽 1 ~ 2.5 cm，嫩时两面被平伏毛。总状花序生于当年生枝梢，同一枝上的花几同时开放，花序长 30 ~ 90 cm，花序轴密生白色短毛；花冠紫色至蓝紫色。荚果倒披针形，长 12 ~ 19 cm，宽 1.5 ~ 2 cm。花期 4 月下旬至 5 月中旬；果期 5 ~ 7 月。

【分布与习性】 青岛各公园及城阳有栽培。

【应用】 应用形式同紫藤。

花序

干皮

荚果

枝叶

景观

藤萝 Wisteria villosa

【科属】蝶形花科紫藤属

【形态特征】落叶藤本。当年生枝密被灰色柔毛。小叶 9 ~ 11，卵状长圆形或椭圆状长圆形，自下而上渐小，第 2、3 对小叶较大，上面疏被白色柔毛，下面毛较密。总状花序下垂，长 30 ~ 35 cm；花与叶同展，花梗长 1.5 ~ 2.5 cm，和苞片均被灰白色长柔毛；花萼紫色，被绒毛，上方 2 齿合生；花冠堇青色，长 2.2 ~ 2.5 cm，旗瓣近圆形。荚果倒披针形，长 18 ~ 24 cm，宽 2.5 cm，密被褐色绒毛。花期 5 月；果期 6 ~ 7 月。

【分布与习性】公园及黄岛区（山东科技大学校园）有栽培。

【应用】应用形式同紫藤。

果实

花期景观

植株

南蛇藤 Celastrus orbiculatus

【别名】落霜红

【科属】卫矛科南蛇藤属

【形态特征】落叶藤本，茎缠绕，长达15 m。小枝圆，皮孔粗大而隆起，枝髓白色充实。叶近圆形或倒卵形，长5 ~ 10 cm，宽3 ~ 7 cm，先端突尖或钝尖，基部近圆形，锯齿细钝。花序腋生间有顶生，具3 ~ 7朵花，花序梗长1 ~ 3 cm；花小，黄绿色。果橙黄色，球形，径7 ~ 9 mm。种子白色，有红色肉质假种皮。花期4 ~ 5月；果期9 ~ 10月。

【分布与习性】产于全市各丘陵山区；公园绿地习见栽培。性强健，喜光，也耐半荫；耐寒，对土壤要求不严好。

【应用】叶片经霜变红，果实黄色，种子鲜红色，在绿化中应用颇具野趣，可供攀附花棚、绿廊或缠绕老树，也适于湖畔、溪边、坡地、林缘及假山、石隙等处丛植。

生境

果枝

果实

景观

葎叶蛇葡萄 Ampelopsis humulifolia

【别名】葎叶白蔹

【科属】葡萄科蛇葡萄属

【形态特征】落叶性木质大藤本，长达 10 m。卷须 2 叉分枝，相隔 2 节间断与叶对生。枝条红褐色，枝叶近无毛。单叶，卵圆形或肾状五角形，长宽约 7 ~ 12 cm，3 ~ 5 中裂或近深裂，上面鲜绿色，有光泽，下面苍白色。聚伞花序与叶对生，疏散，有细长总梗；花淡黄绿色。浆果球形，径 6 ~ 10 mm，淡黄色或淡蓝色。花期 5 ~ 6 月；果期 8 ~ 10 月。

【分布与习性】产于全市各山区。耐寒，喜光，也颇耐荫，喜排水良好的沙质壤土。

【应用】葎叶蛇葡萄为木质大藤本，适应性强，生长迅速，枝叶繁茂，秋季果实蓝色或淡黄色，可供攀附棚架、凉廊等，亦可用于山坡、石间令其自然蔓延，极富野趣。

花序　果　果

植株

乌头叶蛇葡萄 Ampelopsis aconitifolia

【科属】葡萄科蛇葡萄属

【形态特征】落叶性木质藤本。卷须 2 ~ 3 叉分枝，相隔 2 节间断与叶对生。掌状复叶；小叶常 5，披针形或菱状披针形，长 4 ~ 9 cm，宽 1.5 ~ 6 cm，3 ~ 5 羽裂，中央小叶深裂。果近球形，径 6 ~ 8 mm，橙红至橙黄色。花期 5 ~ 6 月；果期 8 ~ 9 月。

【分布与习性】中山公园有栽培。

【应用】是优美的小型棚架和绿亭材料。

枝叶

景观

景观

爬山虎 Parthenocissus tricuspidata

【别名】地锦、爬墙虎

【科属】葡萄科爬山虎属

【形态特征】落叶藤本，卷须短而5～9分枝，顶端膨大成吸盘，相隔2节间断与叶对生。叶广卵形，长8～18 cm，通常3裂，下部枝的叶片有时分裂成3小叶；幼苗期叶片较小，多不分裂。聚伞花序通常生于短枝顶端，花淡黄绿色。果球形，径6～8 mm，蓝黑色，被白粉。花期6～7月；果期9～10月。

【分布与习性】各低山丘陵均有分布，生于峭壁及岩石上；城市公园绿地常见栽培。性强健，耐荫，也可在全光下生长；耐寒；对土壤适应能力强，生长迅速。抗污染，尤其对Cl2的抗性强。

【应用】爬山虎入秋叶片红艳，极为美丽。适于附壁式的造景方式，在绿化中可广泛应用于建筑、墙面、石壁、混凝土壁面、栅栏、桥畔、假山、枯树的垂直绿化。

果实

景观

秋叶

景观

五叶地锦 Parthenocissus quinquefolia

【别名】美国爬山虎、美国地锦

【科属】葡萄科爬山虎属

【形态特征】落叶木质藤本，幼枝常带紫红色。小枝圆柱形，无毛。卷须5～9分枝，先端膨大成吸盘，相隔2节间断与叶对生。掌状复叶互生，有长柄；小叶5，质地较厚，卵状长椭圆形至长倒卵形，长4～10 cm，基部楔形，叶缘有粗大锯齿，表面暗绿色，背面有白粉及柔毛。聚伞花序集成圆锥状。果实球形，直径1～1.2 cm，熟时蓝黑色，稍有白粉。花期7～8月；果期8～10月。

【分布与习性】青岛公园绿地普遍栽培。

【应用】五叶地锦生长迅速，耐荫性强，抗污染，春夏碧绿可人，入秋叶片红艳，是优良的城市垂直绿化植物树种。常用于山石、立交桥、高架路的绿化造景。耐荫，还是优良的地面覆盖材料。

叶　幼果　果实

景观

葡萄 Vitis vinifera

【科属】葡萄科葡萄属

【形态特征】落叶藤本，茎长达 20 m。茎皮红褐色，老时条状剥落，小枝光滑或有毛。卷须分叉，间歇性与叶对生。叶卵圆形，长 7 ~ 20 cm，3 ~ 5 掌状浅裂，基部心形，有粗齿，两面无毛或背面稍有短柔毛。大型圆锥花序，长 10 ~ 20 cm；花黄绿色。浆果圆形或椭圆形，成串下垂，绿色、紫红色或黄绿色，被白粉。花期 4 ~ 5 月；果期 8 ~ 9 月。

【分布与习性】全市作为果树普遍栽培，以平度大泽山镇最为著名。我国各地均有栽培。喜光，喜干燥及夏季高温的大陆性气候，冬季需要一定的低温，以排水良好的微酸性至微碱性沙质壤土上生长最好；耐干旱，怕水涝。

【应用】葡萄最宜攀援棚架及凉廊，适于庭前、曲径、山头、入口、屋角、天井、窗前等各处植之，夏日绿叶蓊郁，秋日硕果累累。

果

果

植株

果实

山葡萄 Vitis amurensis

【科属】葡萄科葡萄属

【形态特征】落叶木质藤本。幼枝具蛛丝状绒毛，卷须 2 ~ 3 分枝，每隔 2 节间断与叶对生。叶宽卵形，长 6 ~ 24 cm，宽 5 ~ 21 cm，基部宽心形，3 ~ 5 裂或不裂，背面叶脉被短毛；叶柄有蛛丝状绒毛。圆锥花序疏散，与叶对生，基部分枝发达，长 8 ~ 13 cm，花序轴被白色丝状毛。果较小，径约 1 ~ 1.5 cm，黑色，有白粉。花期 5 ~ 6 月；果期 7 ~ 9 月。

【分布与习性】产崂山、小珠山、大珠山、艾山、大泽山、莱西宫山等地。生山坡、沟谷林中或灌丛。

【应用】可引种用于垂直绿化。

叶片背面

果实

新枝

生境

蘡薁 Vitis bryoniifolia

【别名】野葡萄、华北葡萄

【科属】葡萄科葡萄属

【形态特征】落叶木质藤本，嫩枝及叶下面密被蛛丝状绒毛或柔毛，卷须 2 叉分枝。叶长圆卵形，长 2.5 ~ 8 cm，宽 2 ~ 5 cm，3 ~ 7 深裂或浅裂，稀混有不裂者，中裂片基部常缢缩凹成圆形，边缘每侧有 9 ~ 16 缺刻粗齿或成羽状分裂。花杂性异株。果球形，熟时紫红色，径 0.5 ~ 0.8 cm。花期 4 ~ 8 月；果期 6 ~ 10 月。

【分布与习性】产于崂山、小珠山、大珠山，生于山谷林中、灌丛或田埂。抗寒。

【应用】可引种作垂直绿化材料。

叶子腹面和花序

花序

叶子背面

枝叶

葛藟葡萄 Vitis flexuosa

【科属】葡萄科葡萄属

【形态特征】落叶木质藤本，嫩枝疏被蛛丝状绒毛。卷须 2 叉分枝。叶卵形、三角状卵形、卵圆形或卵椭圆形，长 2.5 ~ 12 cm，宽 2.3 ~ 10 cm，有锯齿，上面无毛，下面疏被蛛丝状绒毛，后脱落。圆锥花序疏散，长 4 ~ 12 cm，被蛛丝状绒毛或几无毛。果球形，直径 0.8 ~ 1 cm。花期 3 ~ 5 月；果期 7 ~ 11 月。

【分布与习性】产崂山大梁沟、明霞洞、洞西岐、崂山头等景区，生山坡或沟谷田边、草地、灌丛或林中。

【应用】秋叶红艳，可作棚架植物栽培。

秋叶　花枝　花序

植株

毛葡萄 Vitis heyneana

【别名】绒毛葡萄、五角叶葡萄、野葡萄

【科属】葡萄科葡萄属

【形态特征】落叶木质藤本。幼枝、叶柄及花序轴密生白色或浅褐色蛛丝状柔毛。卷须 2 叉分枝，密被绒毛。叶卵形或五角状卵形，长 4 ~ 12 cm，宽 3 ~ 8 cm，不分裂或 3 ~ 5 浅裂，下面密生灰色或褐色绒毛。花杂性异株；圆锥花序疏散，与叶对生，分枝发达，长 4 ~ 14 cm。浆果黑紫色，径 1 ~ 1.3 cm。花期 4 ~ 6 月；果期 6 ~ 10 月。

【分布与习性】产崂山张坡、太清宫、北九水、崂山头等地，生山坡、沟谷灌丛中。

【应用】可引种作垂直绿化材料。

【亚种】**桑叶葡萄** subsp. ficifolia 叶 3 浅裂至中裂，或兼有不裂叶。产崂山太清宫、崂山头，生于山坡、沟谷灌丛或疏林中。果可食及酿酒。

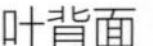

叶背面

新枝

果实

植株

杠柳 Periploca sepium

【别名】北五加皮

【科属】萝藦科杠柳属

【形态特征】落叶蔓性灌木，茎先端缠绕，高达 1.5 m；枝叶有乳汁，除花外全株无毛。单叶对生，披针形或卵状披针形，长 5 ~ 10 cm，宽 1.5 ~ 2.5 cm，先端长渐尖；侧脉纤细，20 ~ 25 对。聚伞花序腋生，有花 2 ~ 5 朵；花冠紫红色或近绿白色，径约 1.5 ~ 2 cm，花瓣反卷，副花冠环状，10 裂，其中 5 裂延伸丝状被短柔毛。蓇葖果 2，羊角状，圆柱形，长 7 ~ 12 cm，径约 5 mm。花期 5 ~ 7 月；果期 9 ~ 10 月。

【分布与习性】产崂山张坡、华楼、太清宫、钓鱼台、雕龙嘴等地，生于向阳山坡、沟谷、路边。适应性强，喜光，耐寒；对土壤要求不严，耐干旱瘠薄，也耐水湿。生长迅速，蔓延能力强。

【应用】叶色光绿，花朵紫红，生长迅速，是山地风景区干旱荒坡的适宜绿化和水土保持植物，也可用于公园的栅栏和棚架绿化，枝叶茂密，遮荫效果较好。

花

花枝

植株

凌霄 Campsis grandiflora

【科属】紫葳科凌霄属

【形态特征】落叶性木质藤本，长达 10 m。枝皮呈细条状纵裂。羽状复叶对生，小叶 7 ~ 9，卵形至卵状披针形，两面无毛，长 3 ~ 6 (9) cm，宽 1.5 ~ 3 (5) cm，疏生 7 ~ 8 对锯齿，先端长尖，基部宽楔形；侧脉 6 ~ 7 对。花萼淡绿色，钟状，长 3 cm，分裂至中部，裂片披针形，长约 1.5 cm；花冠唇状漏斗形，鲜红色或橘红色，长 6 ~ 7 cm，径 5 ~ 7 cm。蒴果扁平条形，状如荚果。花期 5 ~ 8 月；果期 10 月。

【分布与习性】全市普遍栽培。性强健，喜光，也略耐荫；喜温暖湿润，有一定的耐寒性。对土壤要求不严，最适于肥沃湿润、排水良好的微酸性土壤，也耐碱；耐旱，忌积水。萌芽力、萌蘖力均强。

【应用】凌霄干枝虬曲多姿，翠叶团团如盖，夏日红花绿叶相映成趣。可依附老树、石壁、墙垣攀援，是棚架、凉廊、花门、枯树和篱垣的良好造景材料。

景观

叶背

花期景观

花

花蕾

美国凌霄 Campsis radicans

【别名】 厚萼凌霄

【科属】 紫葳科凌霄属

【形态特征】 落叶大藤本，具气生根，长达 10 m。小叶 9 ~ 11 枚，椭圆形至卵状椭圆形，长 3.5 ~ 6.5 cm，宽 2 ~ 4 cm，叶轴及小叶背面均有柔毛，至少沿中脉被短柔毛。花萼长约 2 cm，5 浅裂至萼筒的 1/3 处。花冠筒细长，漏斗状，橙红色至鲜红色，筒部为花萼长的 3 倍，长约 6 ~ 9 cm，径约 4 cm。蒴果长圆柱形，长 8 ~ 12 cm。

【分布与习性】 全市各地普遍栽培。耐寒、耐湿和耐盐碱能力均强于凌霄。

【应用】 美国凌霄花色优美，生长旺盛，适应性强，应用同凌霄，以其耐盐碱能力强，可用于盐碱地区。

花　植珠　果实

景观

红黄萼凌霄 *Campsis tagliabuana*

【科属】紫葳科凌霄属

【形态特征】落叶大藤本。小叶 7 ~ 11，卵形至卵状披针形，长 3 ~ 4 cm，宽 1.5 ~ 2 cm，具疏锯齿，上面光滑，下面沿脉疏生白色绢毛。锥花序顶生，花序及花梗光滑无毛；花萼黄绿带红色，质稍厚，有 5 条纵棱，裂片 5，卵状披针形，先端长尖，裂深为萼筒的 1/2；花冠长约 8 cm，径约 8 cm，外面橙红色，花冠裂片扁圆形，花冠筒深约 6 cm，腹面略黄，脉深红色，内面橙黄色；雄蕊 5，发育雄蕊 4，生于花冠筒基部以上约 2 cm 处。花期 8 月。

【分布与习性】本种为凌霄（C. grandiflora）和美洲凌霄（C. radicans）的杂交种，其形态（如花萼、花冠的质地、形状、色泽等）均介于二者之间。各地普遍栽培。

【应用】供观赏。

花期景观　　花　　花

景观

菝葜 Smilax china

【科属】百合科菝葜属

【形态特征】落叶性攀援灌木，长达 10 m。根状茎不规则块状。茎枝疏生稍弯曲的粗刺。叶近圆形或卵圆形，长宽各约 4 ~ 10 cm，先端钝圆；叶脉 3 ~ 5，弧形。叶柄长 4 ~ 5 mm，下部有狭鞘，具卷须。雌雄异株；伞形花序生于幼嫩小枝上，花黄绿色，花被片 6，卵状披针形，雄蕊 6。浆果球形，径 1 ~ 1.5 cm，红色。花期 4 ~ 5 月；果期 9 ~ 10 月。

【分布与习性】产于崂山、小珠山、大珠山、百果山，生于山沟石缝、林下、灌木丛中及山坡溪沟边。适应性强，耐干旱瘠薄。

【应用】菝葜叶形奇特，果实红艳，可在植株上留存 1 年以上，是一种美丽的垂直绿化材料。可供攀附棚架、山石、篱垣。根状茎含鞣质和淀粉，可提栲胶或酿酒；还可供药用，有祛风除湿的功效。

叶片　果实　花枝

花期景观

华东菝葜 Smilax sieboldii

【科属】百合科菝葜属

【形态特征】攀援灌木；根状茎粗短，不规则块状。茎枝有细刺。叶片卵形，长 3 ~ 8 cm，宽 2 ~ 6 cm，先端尖或渐尖，叶脉 5；叶柄中部以下渐宽成狭鞘；有卷须；脱落点位于上部。伞形花序有花数朵至十几朵；花绿色或黄绿色，花被片 6，长卵形或长椭圆形；柱头 3 裂，子房卵圆形。浆果球形，直径 6 ~ 7 mm，成熟时黑色。花期 5 月；果期 8 ~ 10 月。

【分布与习性】产于崂山、大珠山、小珠山、百果山、大泽山等地，生于山沟、路边、灌木丛中、林缘及山坡石缝。

【应用】可用于垂直绿化。根供药用，有祛风湿，通经络的功效。根含鞣质，可提栲胶。

枝条

花序

景观

常绿乔木

木莲 Manglietia fordiana

【科属】木兰科木莲属

【形态特征】常绿乔木，高达 20 m；嫩枝和芽有红褐色短毛，皮孔和环状托叶痕明显。叶厚革质，狭倒卵形至倒披针形，长 8 ~ 17 cm，宽 2.5 ~ 5.5 cm，先端尖，基部楔形，背面灰绿色，常有白粉；叶柄红褐色。花单生枝顶，纯白色；花被片 9，外轮较大而薄，椭圆形，长 6 ~ 7 cm，宽 3 ~ 4 cm。聚合蓇葖果卵形，长 4 ~ 5 cm，蓇葖深红色。花期 5 月；果期 10 月。

【分布与习性】崂山、即墨栽培。喜温暖湿润气候和排水良好的酸性土壤；不耐干热；幼年耐荫，后喜光。

【应用】树干通直圆满，树形美观，花朵艳丽而清香，是美丽的绿化树木。

植株景观

花

枝条

叶片

景观

红花木莲 Manglietia insignis

【科属】木兰科木莲属

【形态特征】常绿乔木，高达 30 m，径达 40 cm；小枝无毛或幼嫩时节上被锈褐色柔毛。叶倒披针形或长圆状椭圆形，长 10 ~ 26 cm，宽 4 ~ 10 cm，光绿色；侧脉 12 ~ 24 对。花芳香，花朵大，花被片 9 ~ 12，外轮 3 片腹面染红色或紫红色，向外反曲，中内轮 6 ~ 9 片直立，乳白色染粉红色，倒卵状匙形，长 5 ~ 7 cm。果实紫红色，长 7 ~ 12 cm。花期 5 ~ 6 月；果期 9 ~ 10 月。

【分布与习性】黄岛区（山东科技大学校园）栽培。耐荫，喜湿润、肥沃土壤。

【应用】树形繁茂优美，花色艳丽芳香，为稀有名贵观赏树种，被列为国家保护植物。

花

花蕾

小枝

花

花蕾

植株景观

广玉兰 Magnolia grandiflora

【别名】荷花玉兰、洋玉兰

【科属】木兰科木兰属

【形态特征】常绿乔木，高达 30 m；树冠阔圆锥形。小枝、芽和叶片下面均有锈色柔毛。叶倒卵状椭圆形，长 12 ~ 20 cm，革质，表面有光泽，叶缘微波状。花杯形，白色，极大，径达 20 ~ 25 cm，有芳香，花瓣 6 ~ 9 枚；萼片 3 枚；花丝紫色。聚合蓇葖果圆柱状卵形，长 7 ~ 10 cm；种子红色。花期 5 ~ 8 月；果 10 月成熟。

【分布与习性】全市各地均有栽培。喜温暖湿润气候，有一定的耐寒力；弱阳性树种，幼苗期耐荫；对土壤要求不严，但最适于肥沃湿润、富含腐殖质而排水良好的酸性土和中性土，在石灰性土壤和排水不良的粘性土或碱性土上生长不良；不耐干旱。

【应用】广玉兰树形端庄整齐，叶片大而亮绿，花乳白而芳香，宛如菡萏。可孤植于草坪、水滨，列植于路旁或对植于门前；在开旷环境，也适宜丛植、群植。

花朵

花

景观

果实

果

花

深山含笑 Michelia maudiae

【科属】木兰科含笑属

【形态特征】常绿乔木，高达 20 m。幼枝、芽和叶下面被白粉。叶长圆状椭圆形或倒卵状椭圆形，长 8 ~ 16 cm，钝尖，侧脉 7 ~ 12 对，网脉在两面明显；叶柄无托叶痕。花白色，芳香；花被片 9，外轮倒卵形，长 5 ~ 7 cm，内两轮较狭窄。聚合果长 10 ~ 12 cm，蓇葖卵球形，先端具短尖头，果瓣有稀疏斑点。花期 3 ~ 5 月；果期 9 ~ 10 月。

【分布与习性】山东科技大学，即墨岙山广青园有栽培，生长正常。喜温暖湿润气候；要求阳光充足的环境，喜生于深厚、疏松、肥沃而湿润的酸性土中。根系发达，萌芽力强。

【应用】深山含笑树形端庄，枝叶光洁，花大而洁白，清香宜人，花期甚早，秋季果实开裂，种子鲜红，也艳丽夺目，是优良的绿化造景树种，孤植、列植、群植均适宜，花期极为壮观。

景观

花期景观

乐昌含笑 Michelia chapensis

【科属】木兰科含笑属

【形态特征】常绿乔木，高 15 ~ 30 m，树皮灰色至深褐色。叶薄革质，倒卵形、狭倒卵形或长圆状倒卵形，长 6.5 ~ 15 cm，宽 3.5 ~ 6.5 cm，上面深绿色。花梗长 4 ~ 10 mm；花被片淡黄色，6 片，芳香，外轮倒卵状椭圆形，长约 3 cm，宽约 1.5 cm；内轮较狭。聚合果长约 10 cm。花期 3 ~ 4 月；果期 8 ~ 9 月。

【分布与习性】黄岛区（山东科技大学校园）有栽培。喜温暖湿润的气候，生长适温 15 ~ 32℃，耐 41℃高温，也较耐寒；喜光，苗期喜阴；喜疏松、深厚肥沃、排水良好的酸性至微碱性土壤。生长迅速。抗大气污染并能吸收有毒气体。

【应用】乐昌含笑花淡黄色、芳香，树干挺拔，树冠塔形，树荫浓郁，可孤植或丛植于绿化中，亦可作行道树。

植株景观

植株景观

枝条

花

月桂 Laurus nobilis

【科属】樟科月桂属

【形态特征】常绿乔木，高达 12 m，易生根蘖而常呈灌木状；树冠长卵形。叶长圆形或长圆状披针形，长 5 ~ 12 cm，宽 1.8 ~ 3.2 cm，叶缘波状，网脉明显。雌雄异株；伞形花序腋生，开花前呈球形；苞片 4 枚，近圆形，外面无毛，内面被绢毛；花被裂片 4，黄色。果实卵形，暗紫色。花期 3 ~ 5 月；果期 8 ~ 9 月。

【分布与习性】崂山太清宫，中山公园、黄岛区（山东科技大学校园）有栽培。喜光，稍耐荫；喜温暖湿润气候和疏松肥沃土壤，在酸性、中性和微碱性土壤上均能生长良好，也较耐寒，可耐短期 –8 ℃低温；耐干旱；萌芽力强。

【应用】月桂为著名的芳香油树种，适于庭院、草地造景，既可对植、丛植，也可列植于建筑前作高篱以防护或分隔空间。叶可作调味香料，供食用。种子可榨油，供工业用。

果

植株

花

花期景观

红楠 Machilus thunbergii

新叶景观

太清宫大树

果实

【别名】红润楠

【科属】樟科润楠属

【形态特征】常绿乔木，高 10 ~ 15 m，生于海边者常呈灌木状。叶倒卵形至倒卵状披针形，长 5 ~ 13 cm，宽 3 ~ 6 cm，先端钝或突尖，两面无毛，背面有白粉；侧脉 7 ~ 12 对。圆锥花序生于新枝基部，长 5 ~ 12 cm，花被片矩圆形，长约 5 mm。果扁球形，径 0.8 ~ 1 cm，熟时蓝黑色，果柄鲜红色。花期 2 ~ 4 月；果期 7 ~ 8 月。

【分布与习性】产崂山太清宫，长门岩岛；崂山八水河、太清宫、雕龙嘴及青岛植物园、八大关、李村公园、城阳海都观光园，黄岛区（山东科技大学校园）等地均有栽培。较耐荫；喜温暖湿润气候，也颇耐寒，是该属耐寒性最强树种，抗海潮风；喜深厚肥沃的中性或酸性土。

【应用】树形端庄，枝叶茂密，新叶鲜红、老叶浓绿，果梗鲜红色，是优良的绿化观赏树种，宜丛植于草地、山坡、水边，也可作海岸防风林带树种。

新叶

花

花蕾

景观

樟树 Cinnamomum camphora

【别名】香樟

【科属】樟科樟属

【形态特征】常绿乔木，树冠广卵形或球形。叶近革质，卵形或卵状椭圆形，长 6 ~ 12 cm，宽 2.5 ~ 5.5 cm，边缘波状，下面微有白粉，脉腋有腺窝；离基3出脉。圆锥花序腋生，长3.5 ~ 7 cm，花绿色或带黄绿色。果近球形，径 6 ~ 8 mm，紫黑色；果托盘状。花期 4 ~ 5月；果期 8 ~ 11月。

【分布与习性】崂山、市南区、黄岛区、即墨市等地有引种栽培。较喜光，喜温暖湿润气候和深厚肥沃的酸性或中性沙壤土；不耐干旱瘠薄。有一定抗海潮风、耐烟尘和有毒气体能力。

【应用】樟树是我国珍贵用材、特用经济和绿化绿化树种，适于作庭荫树，常配植于池畔、山坡、高大建筑物旁或宽广的草地间，或孤植或丛植。

干皮

新叶

植物园大树景观

果实

景观

蚊母树 Distylium racemosum

【科属】金缕梅科蚊母树属

【形态特征】常绿乔木，栽培者常呈灌木状，树冠呈球形。小枝和芽有盾状鳞片。叶厚革质，椭圆形至倒卵形，长 3 ~ 7 cm，宽 1.5 ~ 3.5 cm，先端钝或略尖，全缘。总状花序长约 2 cm，雄花位于下部，雌花位于上部；花无瓣；花药红色。果密生星状毛，花柱宿存。花期 4 ~ 5 月；果期 9 ~ 10 月。

【分布与习性】崂山太清宫，中山公园、李村公园、崂山区、城阳区、胶州市、即墨市有栽培。喜光，稍耐荫；喜温暖湿润气候，耐寒性不强；对土壤要求不严。萌芽力强，耐修剪。对烟尘和多种有毒气体有较强的抗性。

【应用】枝叶密集，叶色浓绿，树形整齐美观，适于草坪、路旁孤植、丛植，也可植为雕塑或其他花木的背景。因其防尘、隔音效果好，亦适于作为防护绿篱材料或分隔空间用。

景观

果实

花

景观

花

石楠 Photinia serratifolia

花期景观

【别名】千年红

【科属】蔷薇科石楠属

【形态特征】常绿乔木或灌木，高 4 ~ 6 m，有时高达 12 m；全株近无毛。枝条横展如伞，树冠近球形。叶革质，长椭圆形至倒卵状长椭圆形，长 8 ~ 22 cm，有细锯齿，侧脉 20 对以上，表面有光泽；叶柄粗壮，长 2 ~ 4 cm。复伞房花序顶生，直径 10 ~ 16 cm；花白色，径 6 ~ 8 mm。果球形，径 5 ~ 6 mm，红色。花期 4 ~ 5 月；果期 10 月。

【分布与习性】全市普遍栽培。喜温暖湿润气候，耐 ~ 15 ℃低温；喜光，也耐荫；喜肥沃湿润、富含腐殖质而排水良好的酸性至中性土壤；较耐干旱瘠薄，不耐水湿。萌芽力强，耐修剪。

【应用】树冠圆整，枝密叶浓，是重要的观叶观果树种。在公园绿地、庭园、路边、花坛中心及建筑物门庭两侧均可孤植、丛植、列植。

果实

花

新叶

果实景观

果实景观

枇杷 Eriobotrya japonica

【科属】蔷薇科枇杷属

【形态特征】常绿小乔木，高达 12 m。小枝、叶下面、叶柄均密被锈色绒毛。叶革质，倒卵状披针形至矩圆状椭圆形，长 12 ~ 30 cm，具粗锯齿，上面皱。圆锥花序顶生；花白色，芳香，萼、瓣均 5 枚。果近球形或倒卵形，径 2 ~ 4 cm，黄色或橙黄色，形状、大小因品种而异。花期 10 ~ 12 月；果期翌年 5 ~ 6 月。

【分布与习性】崂山太清宫，中山公园及崂山区、城阳区、黄岛区、即墨市均有引种栽培，喜光，稍耐荫；喜温暖湿润气候和肥沃湿润而排水良好的石灰性、中性或酸性土壤，不耐寒，但在淮河流域仍能正常生长。

【应用】枇杷树形整齐美观，为优良果木，是绿化结合生产的好树种。

花枝

花枝

花序

植株景观

枇杷生境

大叶冬青 *Ilex latifolia*

【别名】苦丁茶

【科属】冬青科冬青属

【形态特征】常绿乔木，高达 20 m，全体无毛。枝条粗壮，黄褐色或褐色。叶厚革质，光亮，矩圆形或卵状矩圆形，长达 10 ~ 18 (28) cm，宽达 4 ~ 7 (9) cm；叶缘疏生锯齿，齿端黑色；基部圆形或阔楔形；侧脉 12 ~ 17 对。聚伞花序组成圆锥状，生于 2 年生枝叶腋；花淡黄绿色，4 基数，雄花花冠辐状，径 9 mm，雌花花冠直立，径 5 mm。果球形，径约 7 mm，深红色，经冬不凋。花期 4 月；果期 9 ~ 10 月。

【分布与习性】黄岛区（山东科技大学校园）有引种栽培，生长良好。

【应用】大叶冬青树形高大，树干通直，叶片大型，幼芽及新叶淡紫红色，花朵黄色，果实由黄变深红，挂果期较长，具有良好的观赏价值，可植为庭荫树。嫩芽用于制作苦丁茶。

果期景观

果实

果实

景观

果实

冬青 Ilex chinensis

【科属】冬青科冬青属

【形态特征】常绿乔木，高达 13 m，树冠卵圆形。小枝浅绿色，具棱线。叶薄革质，长椭圆形至披针形，长 5 ~ 11 cm，先端渐尖，基部楔形，有疏浅锯齿，表面有光泽，叶柄常为淡紫红色。聚伞花序生于当年嫩枝叶腋，花瓣淡紫红色，有香气。核果椭圆形，长 8 ~ 12 mm，红色光亮，干后紫黑色，分核 4 ~ 5。花期 4 ~ 6 月；果期 8 ~ 11 月。

【分布与习性】黄岛区（山东科技大学校园）有栽培。喜温暖湿润气候和排水良好的酸性土壤。不耐寒，较耐湿。深根性，萌芽力强，耐修剪。

【应用】秋季果实红艳且挂果期长，是著名的观果树种。可用于庭院、公园造景。

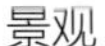

景观

果枝

果实

女贞 Ligustrum lucidum

【别名】大叶女贞

【科属】木犀科女贞属

【形态特征】常绿乔木，高达 25 m。全株无毛。叶对生，卵形至卵状披针形，长 6 ~ 17 cm，宽 3 ~ 8 cm，上面光亮；侧脉 4 ~ 9 对；叶柄长 1 ~ 3 cm。圆锥花序顶生，长 10 ~ 20 cm，宽 8 ~ 25 cm；花白色，花冠裂片长 2 ~ 2.5 mm，反折，与花冠筒近等长。核果肾形或椭圆形，长 7 ~ 10 mm，径 4 ~ 6 mm，深蓝黑色，熟时呈红黑色，被白粉。花期 6 ~ 7 月；果期 10 ~ 11 月。

【分布与习性】崂山太清宫、流清河等地栽培。喜光，稍耐荫；喜温暖湿润环境，不耐干旱瘠薄；适生于微酸性至微碱性土壤；抗污染。萌芽力强，耐修剪。

【应用】女贞枝叶清秀，四季常绿，而且夏日白花满树，是一种很有观赏价值的绿化树种。可孤植、丛植于庭院、草地观赏，也是优美的行道树和园路树。果药用，名“女贞子”。

果实

果实

景观

常绿灌木

夹竹桃 Nerium oleander

枝条

花

【别名】柳叶桃、欧洲夹竹桃

【科属】夹竹桃科夹竹桃属

【形态特征】常绿大灌木或乔木，高达5 m。嫩枝具棱，含水液。叶3枚轮生或对生，狭披针形，长11 ~ 15 cm，侧脉极多，近平行；叶缘反卷。顶生聚伞花序，花冠漏斗状，深红色或粉红色，喉部具5片撕裂状副花冠，花瓣状；花冠裂片5，花蕾时向右覆盖。蓇葖果2，离生，长圆形。几乎全年有花，以6 ~ 10月为盛。

【分布与习性】各公园常见。喜光，喜温暖湿润气候，不耐寒，耐旱性强，抗烟尘和有毒气体，滞尘能力也很强。对土壤要求不严，可生于碱地。

【应用】种子可榨油。叶、树皮、根、花、种子均有毒；叶、树皮药用，有强心利尿，发汗祛痰，催吐的功效。

景观

含笑 Michelia figo

【科属】木兰科含笑属

【形态特征】常绿灌木，芽、幼枝和叶柄均密被黄褐色绒毛。叶倒卵状椭圆形，长 4 ~ 9 cm，宽 1.8 ~ 3.5 cm，上面亮绿色；托叶痕达叶柄顶端。花梗长 1 ~ 2 cm，密被毛；花极香，淡黄色或乳白色，花被片 6，肉质，长 1 ~ 2 cm。聚合果长 2 ~ 3.5 cm；蓇葖扁圆。花期 4 ~ 6 月；果期 9 月。

【分布与习性】山东科技大学，即墨岙山广青园栽培，生长良好。喜温暖湿润，不耐寒；喜半荫环境，不耐烈日；不耐干旱瘠薄，要求排水良好、肥沃疏松的酸性壤土。对 Cl2 有较强的抗性。

【应用】含笑是绿化中重要的花灌木，可广泛用于庭院、公园绿化，性喜半荫，最宜配置于疏林下或建筑物阴面，多丛植。花芳香，可制茶，亦可提取芳香油和供药用。

花　　花　　花枝

植株景观

亮叶腊梅 Chimonanthus nitens

【别名】山蜡梅

【科属】蜡梅科蜡梅属

【形态特征】常绿灌木，高 1 ~ 3 m。叶革质，椭圆形至卵状披针形，稀长圆状披针形，长 2 ~ 13 cm，宽 1.5 ~ 5.5 cm，叶面略粗糙，有光泽。花小，直径 7 ~ 10 mm，黄色或黄白色；花被片卵圆形、倒卵形或卵状披针形，长 3 ~ 15 mm，宽 2.5 ~ 10 mm。果托坛状，长 2 ~ 5 cm，直径 1 ~ 2.5 cm，口部收缩，成熟时灰褐色，被短绒毛，内藏聚合瘦果。花期 10 月 ~ 翌年 1 月；果期 4 ~ 7 月。

【分布与习性】崂山太清宫有引种栽培。

【应用】花黄色，叶常绿，是良好的绿化绿化植物。根可药用，治跌打损伤、风湿、感冒疼痛、疔疮毒疮等。种子含油脂。

枝叶

花

景观

南天竹 Nandina domestica

【科属】小檗科南天竹属

【形态特征】常绿灌木，高达2 m，全株无毛。2 ~ 3回羽状复叶，小叶椭圆状披针形，长3 ~ 10 cm，表面有光泽。圆锥花序顶生，长20 ~ 35 cm；花白色，芳香，直径6 ~ 7 mm；萼多轮；花瓣6；雄蕊6，与花瓣对生。浆果球形，径约8 mm，鲜红色。花期5 ~ 7月；果期9 ~ 10月。

【分布与习性】公园绿地常见栽培。喜半荫，但在强光下也能生长；喜温暖气候和肥沃湿润而排水良好的土壤；对水分要求不严；耐寒性不强。生长速度较慢。萌芽力强，萌蘖性强。

【应用】茎干丛生，枝叶扶疏，繁花如雪，果实殷红璀璨，是赏叶观果佳品，适于庭院、草地、路旁、水际丛植及列植。

幼果

果实

花序

植株

长柱小檗 Berberis lempergiana

【别名】天台小檗

【科属】小檗科小檗属

【形态特征】常绿灌木，高 1 ~ 2 m。刺 2 分叉，粗壮。叶长圆状椭圆形或披针形，长 3.5 ~ 8 cm，宽 1 ~ 2.5 cm，网脉不显，叶缘具 5 ~ 12 对细小刺齿。花 3 ~ 7 朵簇生，黄色，花瓣长圆状倒卵形。浆果椭圆形，长 7 ~ 10 mm，熟时深紫色，被白粉。花期 4 ~ 5 月；果期 7 ~ 10 月。

【分布与习性】公园绿地及庭院常见栽培。适应性强，喜光，稍耐荫。

【应用】花色鲜黄，枝条具粗壮叶刺，萌芽力强，耐修剪，绿化中适于植为绿篱，也可整形修剪成球形等几何形体用于绿化点缀。

果枝

果

植株

叶片

花枝

幼果

花

应用景观

幼果

幼果

阔叶十大功劳 Mahonia bealei

【科属】小檗科十大功劳属

【形态特征】常绿灌木，高 1.5 ~ 4 m。小叶 7 ~ 15，卵形至卵状椭圆形，长 5 ~ 12 cm，叶缘反卷，每侧有大刺齿 2 ~ 5。总状花序长 5 ~ 13 cm，6 ~ 9 个簇生，花黄褐色，芳香；花瓣倒卵形，先端微凹。果实卵圆形，蓝黑色，被白粉，长约 1 cm，径约 6 mm。花期 11 月至翌年 3 月；果期 4 ~ 8 月。

【分布与习性】中山公园、崂山太清宫及各区栽培。喜温暖湿润气候；耐半荫；不耐严寒；可在酸性土、中性土至弱碱性土中生长，但以排水良好的沙质壤土为宜。萌蘖力较强。

【应用】叶片奇特，秋叶红色，花黄色且开花于冬季，花、果、叶及株型兼供观赏，是优美的花灌木。也可作境界绿篱树种。

果实

果实

景观

十大功劳 Mahonia fortunei

【科属】小檗科十大功劳属

【形态特征】常绿灌木，高达 2 m，全体无毛。小叶 5 ~ 9 枚，侧生小叶狭披针形至披针形，长 5 ~ 11 cm，宽 0.9 ~ 1.5 cm，顶生小叶较大，长 7 ~ 12 cm，边缘每侧有刺齿 5 ~ 10，侧生小叶近无柄。花黄色，总状花序长 3 ~ 7 cm，4 ~ 10 条簇生。果卵形，熟时蓝黑色。花期 7 ~ 9 月；果期 10 ~ 11 月。

【分布与习性】中山公园、崂山太清宫，即墨岙山广青园有栽培。喜光，也耐半荫；喜温暖气候，较耐寒、耐旱；适生于肥沃、湿润而排水良好的土壤。萌蘖力强。

【应用】株形美观，叶形秀丽，花朵黄色，常植于庭院、林缘、草地边缘或作绿篱和基础种植材料。也可盆栽观赏。根、茎和种子供药用。

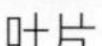
叶片

枝叶

地被景观

檵木 Loropetalum chinense

【科属】金缕梅科檵木属

【形态特征】常绿或半常绿灌木或小乔木，高 4 ~ 10 m，偶可高达 20 m。小枝、嫩叶及花萼均有锈色星状短柔毛。叶椭圆状卵形，长 2 ~ 5 cm，基部歪圆形，先端锐尖，背面密生星状柔毛。花序由 3 ~ 8 朵花组成；花瓣条形，浅黄白色，长 1 ~ 2 cm；苞片线形。果近卵形，长约 1 cm，有星状毛。花期 4 ~ 5 月；果期 8 ~ 9 月。

【分布与习性】全市公园绿地及单位庭院常见栽培。适应性强。喜光，喜温暖湿润气候，也颇耐寒，耐干旱瘠薄，最适生于微酸性土。生长速度较快。

【应用】树姿优美，花瓣细长如流苏状，是优良的花灌木，适于丛植、孤植于庭院、林缘，也可孤植于石间、园路转弯处。还适于整形修剪，并是制作桩景的优良材料。

花枝　花　枝叶

景观

红花檵木 Loropetalum chinense var. rubrum

【科属】金缕梅科檵木属

【形态特征】常绿或半常绿灌木。与檵木不同之处在于：叶紫红色至暗紫色，春季最后明显，夏秋后可呈紫绿色。头状花序，花瓣淡红色至紫红色，长达 2 cm。花期长，以春季为盛。

【分布与习性】市区公园及黄岛区有栽培。生长较缓慢。

【应用】叶片与花朵均为紫红色，花瓣细长如流苏状，且花期甚长，是珍贵的庭园观赏树种。

景观

花

花

景观

果实

花

山茶 Camellia japonica

【别名】 耐冬

【科属】 山茶科山茶属

【形态特征】 常绿灌木或小乔木，高4 ~ 10 m。叶椭圆形至矩圆状椭圆形，长5 ~ 10.5 cm，宽2.5 ~ 6 cm，叶面光亮，两面无毛。花单生或簇生，近无柄；苞片及萼片约9枚，宿存至幼果期；花径6 ~ 9 cm，花色丰富，以白色和红色为主，栽培品种多重瓣；花丝、子房均光滑无毛，子房3室。蒴果球形，径2.5 ~ 4.5 cm。花期 (12) 1 ~ 4月；果秋季成熟。

【分布与习性】 崂山沿海及长门岩、大管岛有野生分布；市区公园绿地普遍栽培，为青岛市花之一。喜半荫，喜温暖湿润气候，酷热及严寒均不适宜。喜肥沃湿润而排水良好的微酸性至酸性土壤，不耐盐碱，忌土壤粘重和积水。对海潮风有一定的抗性。

【应用】 是中国传统名花，叶色翠绿而有光泽，四季常青，花朵大、花色美，品种繁多，花期自11月至翌年3月，花期甚长而且正值少花的冬季，弥足珍贵。在造景中，山茶无论孤植、丛植，还是群植均无不适。庭院中宜丛植成景。与花期相近的玉兰配植，亦适宜。

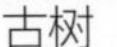
古树

景观

长门岩古树

景观

油茶 Camellia oleifera

枝条

花

【科属】山茶科山茶属

【形态特征】常绿小乔木或灌木，高达 7 m。芽鳞有黄色粗长毛。叶卵状椭圆形，两面侧脉不明显；叶柄有毛。花白色，径 3 ~ 8 cm，无梗；苞片与萼片相似，多数，被金黄色丝状绒毛，开花时脱落；花瓣 5 ~ 7，顶端凹入；外轮花丝仅基部合生；子房密生白色丝状绒毛。果 2 ~ 3 裂。花期 10 ~ 12 月；果翌年 9 ~ 10 月成熟。

【分布与习性】青岛植物园有栽培。喜光，深根性。适生于温暖湿润气候，年平均温度 14 ~ 21 ℃，年降雨量 1000 mm 以上，土壤深厚肥沃、排水良好的酸性红壤和黄壤地区。

【应用】油茶是重要的木本油料树种。冬季开花，花白蕊黄，也可用于绿化造景，宜散植于疏林下。

植株

茶 Camellia sinensis

【科属】山茶科山茶属

【形态特征】常绿小乔木或灌木，高1 ~ 4 m。幼枝、嫩叶有细柔毛。叶薄革质，卵状椭圆形或椭圆形，长5 ~ 10 cm，宽2 ~ 4 cm，有细锯齿，下面沿脉有微毛；叶柄长3 ~ 6 mm。花白色，径2 ~ 3 cm，芳香；萼片5 ~ 6，宿存；花瓣5；雄蕊外轮花丝合成短管。蒴果棱球形，径约2.5 cm。花期9 ~ 11月；果期翌年秋季。

【分布与习性】中山公园及崂山区、黄岛区、平度市、即墨市等地均有栽培。

【应用】茶为优良饮料植物，也可栽培观赏。

果实　　花　　花

植株

厚皮香 *Ternstroemia gymnanthera*

【科属】山茶科厚皮香属

【形态特征】常绿灌木或小乔木，高 3 ~ 8 m。小枝近轮生。叶倒卵形或倒卵状椭圆形，长 5 ~ 8 cm，全缘或有钝锯齿，叶基渐窄且下延，侧脉不明显。花淡黄色，径 1.8 cm，浓香，常数朵聚生枝顶或单生叶腋。果球形，花柱及萼片均宿存，绛红色并带淡黄色。花期 4 ~ 8 月；果期 7 ~ 10 月。

【分布与习性】青岛植物园有栽培。喜阴湿环境，也耐光，能忍受 −10 ℃低温；喜腐殖质丰富的酸性土，也能生于中性至微碱性土壤中。根系发达，抗风力强。生长较慢。

【应用】厚皮香枝条平展，花开时浓香扑鼻；叶片经秋入冬转为绯红色，分外艳丽。适于对植及列植，草坪、墙角或疏林下丛植，也可配植于假山石旁。

景观

花枝

叶片

花

金丝桃 Hypericum monogynum

【科属】藤黄科金丝桃属

【形态特征】常绿或半常绿灌木，全株光滑无毛。叶无柄，椭圆形或长椭圆形，长 4 ~ 8 cm，基部渐狭略抱茎，背面粉绿色。花鲜黄色，径 4 ~ 5 cm，单生或 3 ~ 7 朵成聚伞花序；花丝基部合生成 5 束；花柱合生，长达 1.5 ~ 2 cm。果卵圆形，长 1 cm，萼宿存。花期 6 ~ 7 月；果期 8 ~ 9 月。

【分布与习性】公园绿地及单位庭院常见栽培。喜光，略耐荫，喜生于湿润的河谷或半阴坡。耐寒性不强，最忌干冷，忌积水。萌芽力强，耐修剪。

【应用】金丝桃株形丰满，自然呈球形，花叶秀丽，花开于盛夏的少花季节，花色金黄，是夏季不可缺少的优美花木。列植于路旁、草坪边缘、花坛边缘、门庭两旁均可，也可植为花篱。

花序

花

景观

照山白 Rhododendron micranthum

【**科属**】杜鹃花科杜鹃花属

【**形态特征**】常绿灌木，高达 2 m。小枝细，具短毛及腺鳞。叶厚革质，倒披针形，长 2.5 ~ 4.5 cm，两面有腺鳞，背面更多，边缘略反卷。密总状花序顶生，总轴长 1.5 cm；花冠钟状，长 6 ~ 8 mm，乳白色，雄蕊 10，伸出。果圆柱形。花期 5 ~ 7 月。

【**分布与习性**】产崂山产潮音瀑、夏庄及大泽山。可供观赏。

【**应用**】枝、叶药用，有祛风、通便、镇痛的作用。

叶片　叶片　花序

花期景观

石岩杜鹃 Rhododendron obtusum

【别名】朱砂杜鹃、钝叶杜鹃

【科属】杜鹃花科杜鹃花属

【形态特征】常绿灌木，高常不及 1 m，有时呈平卧状。分枝多而细密，幼时密生褐色毛。春叶椭圆形，缘有睫毛；秋叶椭圆状披针形，质厚而有光泽；叶小，长 1 ~ 2.5 cm；叶柄、叶表、叶背、萼片均有毛。花 2 ~ 3 朵与新梢发自顶芽；花冠漏斗形，橙红至亮红色，上瓣有浓红色斑；雄蕊 5。花期 5 月。

【分布与习性】公园绿地常见栽培。

【应用】是杜鹃花属中著名的栽培种，在我国东部及东南部均有栽培。植株低矮，适于整形栽植，可片植于坡地、草坪，或作为花坛镶边、园路境界。

叶片　　花　　花

生境

皋月杜鹃 Rhododendron indicum

【别名】西鹃

【科属】杜鹃花科杜鹃花属

【形态特征】半常绿灌木，高 1 ~ 2 m；分枝多，小枝坚硬。叶集生枝端，狭披针形或倒披针形，长 1.7 ~ 3.2 cm，宽约 6 mm，边缘疏具细圆齿状锯齿，两面散生红褐色糙伏毛。花 1 ~ 3 朵生枝顶；花冠鲜红色，有时玫瑰红色，阔漏斗形，长 3 ~ 4 cm，径 4 ~ 6 cm，具深红色斑点；雄蕊 5，不等长。蒴果长圆状卵球形，长 6 ~ 8 mm，密被红褐色平贴糙伏毛。花期 5 ~ 6 月。

【分布与习性】城阳区有栽培。

【应用】花美丽，供观赏，可植为花篱或地被。为杂种洋杜鹃的重要亲本之一。

花苞

花苞

景观

锦绣杜鹃 Rhododendron × pulchrum

【别名】鲜艳杜鹃

【科属】杜鹃花科杜鹃花属

【形态特征】常绿，枝稀疏，嫩枝有褐色毛。春叶纸质，幼叶两面有褐色短毛，成叶表面变光滑；秋叶革质，形大而多毛。花1～3朵发于顶芽，花冠浅蔷薇色，有紫斑；雄蕊10，花丝下部有毛；子房有褐色毛；花萼大，5裂，有褐色毛；花梗密生棕色毛。蒴果长卵圆形，呈星状开裂，萼片宿存。花期5月。

【分布与习性】市区单位庭院及小珠山有栽培。

【应用】花色艳丽，为优良观赏花木，可用于公园绿地、单位庭院及居住区绿化观赏。

植株

花

花

花

花期景观

毛白杜鹃 Rhododendron mucronatum

【别名】白花杜鹃、白杜鹃

【科属】杜鹃花科杜鹃花属

【形态特征】半常绿灌木，高达 2 ~ 3 m。幼枝开展，密被灰色柔毛及粘质腺毛。春叶早落，披针形或卵状披针形，长 3 ~ 5.5 cm，两面密生软毛；夏叶宿存，长 1 ~ 3 cm。伞形花序顶生，1 ~ 3 花，花梗密被长柔毛和腺头毛；花萼绿色，裂片 5；花冠白色，有时淡红色，阔漏斗形；雄蕊 10 枚，不等长。蒴果圆锥状卵球形，长约 1 cm。花期 4 ~ 5 月；果期 6 ~ 7 月。

【分布与习性】青岛小珠山及市区公园有栽培。

【应用】花白色芳香，可用于公园绿地、单位庭院及居住区栽植观赏。

花

植株景观

海桐 Pittosporum tobira

【别名】 垂青树、七里香

【科属】 海桐花科海桐花属

【形态特征】 常绿灌木或小乔木，高达 6 m。树冠圆球形，浓密。小枝及叶集生于枝顶。叶倒卵状椭圆形，长 5 ~ 12 cm，先端圆钝或微凹，基部楔形，边缘反卷，全缘，两面无毛。伞房花序顶生，花白色或黄绿色，径约 1 cm，芳香。果卵球形，长 1 ~ 1.5 cm，3 瓣裂；种子鲜红色，有粘液。花期 5 月；果期 10 月。

【分布与习性】 普遍栽培。略耐半荫；喜温暖气候和肥沃湿润土壤；稍耐寒，在山东中南部和东部沿海可露地越冬。对土壤要求不严，在 pH 值 5 ~ 8 之间均可，粘土、沙土和轻度盐碱土均能适应，不耐水湿。萌芽力强，耐修剪。抗海风。

【应用】 枝叶茂密，叶色浓绿而有光泽，经冬不凋，初夏繁花如雪，香闻数里，入秋果实变黄，开裂后则露出红色种子，宛如红花一般，是绿化中常用的观赏树种。

花枝　果实　果实

景观

火棘 Pyracantha fortuneana

【别名】火把果

【科属】蔷薇科火棘属

【形态特征】常绿灌木，高达 3 m。短侧枝棘刺状，幼枝被锈色柔毛。叶倒卵形至倒卵状长椭圆形，长 2 ~ 6 cm，先端钝圆或微凹，基部楔形，叶缘有圆钝锯齿，近基部全缘。复伞房花序，花白色，径约 1 cm。果实球形，径约 5 mm，橘红色或深红色。花期 4 ~ 5 月；果期 9 ~ 11 月。

【分布与习性】全市各地普遍栽培。喜光，极耐干旱瘠薄；要求土壤排水良好。萌芽力强，耐修剪。

【应用】枝叶繁茂、四季常绿，初夏白花繁密，秋季红果累累，是美丽的观果灌木。适宜丛植，也是优良的绿篱和基础种植材料。果含淀粉和糖，可食用或作饲料。

果枝

果实

植株

窄叶火棘 Pyracantha angustifolia

【科属】蔷薇科火棘属

【形态特征】常绿灌木，高达 4 m，多枝刺，小枝密被灰黄色绒毛。幼叶下面、花梗和萼筒均密被灰白色绒毛。叶窄长圆形至倒披针状长圆形，长 1.5 ~ 5 cm，宽 4 ~ 8 mm，全缘。复伞房花序，直径 2 ~ 4 cm；花瓣近圆形，径约 2.5 mm，白色，子房具白色绒毛。果实扁球形，直径 5 ~ 6 mm，砖红色。花期 5 ~ 6 月；果期 10 ~ 12 月。

【分布与习性】中山公园、沧口公园及平度市有栽培。花色洁白，果实红艳，是优良花灌木，适宜丛植于草地、路边、庭院，可修剪成球形点缀于假山石间，也可植为绿篱，或作基础种植材料。

叶片

叶片

果实

景观

小丑火棘 Pyracantha coccinea 'Harlequin'

秋冬季叶

【别名】花叶火棘

【科属】蔷薇科火棘属

【形态特征】常绿灌木，高 1.5 ~ 3 m，有枝刺。幼枝红褐色，有柔毛。叶倒卵状长圆形，先端圆钝，基部楔形，叶缘有圆钝锯齿有乳黄色斑纹，似小丑花脸，冬季叶片变红。花白色。果实红色或橘红色。花期春季。

【分布与习性】黄岛区（山东科技大学校园）有栽培。

【应用】优良的观叶兼观果植物，为庭院绿篱、地被和基础种植的优良材料，也可丛植、孤植观赏，还可盆栽。

景观

果实

枝叶

秋冬景观

细圆齿火棘 Pyracantha crenulata

果实

景观

【别名】火把果

【科属】蔷薇科火棘属

【形态特征】常绿灌木或小乔木，高达 5 m，嫩枝有锈色柔毛。叶长圆形或倒披针形，长 2 ~ 7 cm，宽 0.8 ~ 1.8 cm，先端急尖而常有小刺头，边缘有不甚明显的细圆锯齿，两面无毛。复伞房花序，花白色，直径 6 ~ 9 mm。梨果球形，橘黄至橘红色。花期 3 ~ 5 月；果期 9 ~ 12 月。

【分布与习性】崂山及市区公园绿地常见栽培。

【应用】观赏价值及应用形式同火棘。

枝条

果实

花

景观

红叶石楠 Photinia × fraseri

【科属】蔷薇科石楠属

【形态特征】常绿灌木或小乔木，高达 4 ~ 6 m；小枝灰褐色，无毛。叶互生，长椭圆形或倒卵状椭圆形，长 9 ~ 22 cm，宽 3 ~ 6.5 cm，边缘有疏生腺齿，无毛。复伞房花序顶生，花白色，径 6 ~ 8 mm。果球形，径 5 ~ 6 mm，红色或褐紫色。

【分布与习性】公园绿地及单位庭院普遍栽培。

【应用】新梢和嫩叶鲜红，色彩艳丽持久，是著名的观叶树种。耐修剪，适于造型，景观效果美丽。常见的有红罗宾（‘Red Robin’）和红唇（‘Red Lip’）两个品种。

新叶

新叶

景观

景观

厚叶石斑木 *Rhaphiolepis umbellata*

【科属】蔷薇科石斑木属

【形态特征】常绿灌木或小乔木，高 2 ~ 4 m，枝粗壮。叶片厚革质，倒卵形、卵形或椭圆形，长 4 ~ 10 cm，宽 2 ~ 4 cm，先端圆钝，全缘或有疏生钝锯齿；叶柄长 5 ~ 10 mm。圆锥花序顶生，密生褐色柔毛；花瓣白色，倒卵形，长 1 ~ 1.2 cm。果实球形，直径 7 ~ 10 mm，黑紫色带白霜。

【分布与习性】中山公园、世园会园区有栽培。喜温暖湿润环境，也颇为耐寒，萌芽力强，耐修剪。

【应用】株型紧凑、枝叶茂密，叶片厚实，花朵繁密而优美，是良好的观叶兼观花树种，绿化中适于庭院、草地、路边孤植、丛植，也是很好的绿篱树种或用于制作盆景。

植株

花朵

叶片

枝条

景观

胡颓子 Elaeagnus pungens

【科属】胡颓子科胡颓子属

【形态特征】常绿灌木，高达 4 m；枝条开展，有褐色鳞片，常有刺。叶椭圆形至长椭圆形，长 5 ~ 7 cm，革质，边缘波状或反卷，背面有银白色及褐色鳞片。花 1 ~ 3 朵腋生，下垂，银白色，芳香。果椭球形，红色，被褐色鳞片。花期 9 ~ 11 月；果期翌年 4 ~ 5 月。

【分布与习性】崂山太清宫，中山公园有栽培。喜光，也耐荫；耐干旱瘠薄，对土壤要求不严，从酸性到微碱性土壤都能适应。有根瘤菌。生长速度较慢。萌芽、萌蘖性强，耐修剪。

【应用】株形自然，枝条交错，初夏果实累累下垂，并有银白色腺鳞。适于草地丛植，也可用于林缘、树群外围作自然式绿篱，点缀于池畔、窗前、石间亦甚适宜。

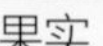

果实

果实

植株景观

洒金东瀛珊瑚 Aucuba japonica 'Variegata'

花序

【别名】花叶青木

【科属】山茱萸科桃叶珊瑚属

【形态特征】常绿灌木，常 1 ~ 3 m。叶狭椭圆形至卵状椭圆形，偶宽披针形，叶面布满大小不等的金黄色斑点，长 8 ~ 20 cm，宽 5 ~ 12 cm，上部疏生 2 ~ 6 对锯齿或全缘，两面有光泽。雄花序长 7 ~ 10 cm，雌花序长 2 ~ 3 cm，均被柔毛；花紫红色。核果紫红色，卵球形，长 1.2 ~ 1.5 cm。花期 3 ~ 4 月；果期 11 月至翌年 2 月。

【分布与习性】崂山太清宫，中山公园、黄岛区栽培。耐荫，惧阳光直射，在有散射光的落叶林下生长最佳。生长势强，耐修剪。抗污染，适应城市环境。

【应用】是优良的观叶和观果树种。因其耐荫，适于林下、建筑物隐蔽处、立交桥下、山石间等阳光不足的环境丛植以点缀园景，池畔、窗前、湖中小岛适当点缀也甚适宜。

果实

叶

林下景观

冬青卫矛 Euonymus japonicus

【别名】正木、大叶黄杨

【科属】卫矛科卫矛属

【形态特征】常绿灌木或小乔木，高达8 m。全株近无毛。小枝绿色，稍有4棱。叶厚革质，有光泽，倒卵形或椭圆形，长3 ~ 6 cm，先端尖或钝，基部楔形，锯齿钝。花序总梗长2 ~ 5 cm，1 ~ 2回二歧分枝；花绿白色，4基数。果扁球形，淡粉红色，4瓣裂。种子有橘红色假种皮。花期5 ~ 6月；果期9 ~ 10月。

【分布与习性】全市各地普遍栽培。喜温暖湿润的海洋性气候，有一定的耐寒性；较耐干旱瘠薄，不耐水湿。萌芽力强，极耐修剪。对各种有毒气体和烟尘抗性强。

【应用】是绿化中最常见的观赏树种之一，常用作绿篱，也适于整形修剪，也可作基础种植材料或丛植于草地角隅、边缘。

【品种】1. **银边大叶黄杨**‘Albo-marginatus’叶有白色狭边。仰口及中山公园有栽培。

2. **金边大叶黄杨**‘Ovatus Aureus’叶缘金黄色。各地常见栽培。

3. **金心大叶黄杨**‘Aureus’叶面沿中脉有黄斑。公园绿地常见栽培。

4. **斑叶大叶黄杨**‘Viridi-variegatus’叶面有深绿色及黄色斑点。崂山仰口、夏庄及中山公园有栽培。

花

花

果实

景观

幼果

金边大叶黄杨

金心大叶黄杨

金边大叶黄杨

金心大叶黄杨

枸骨 Ilex cornuta

【别名】鸟不宿

【科属】冬青科冬青属

【形态特征】常绿灌木或小乔木。叶硬革质，矩圆状四方形，长 4 ~ 8 cm，顶端扩大并有 3 枚大而尖的硬刺齿，基部两侧各有 1 ~ 2 枚大刺齿；大树树冠上部的叶常全缘，背面淡绿色。聚伞花序，黄绿色，簇生于 2 年生小枝叶腋。核果球形，鲜红色，径 8 ~ 10 mm，4 分核。花期 4 ~ 5 月；果期 10 ~ 11 月。

【分布与习性】公园绿地普遍栽培。喜光，稍耐荫；喜温暖气候和肥沃、湿润而排水良好的微酸性土；较耐寒，适应城市环境，对有毒气体有较强的抗性。生长缓慢，萌发力强，耐修剪。

【应用】枸骨枝叶稠密，叶形奇特，果实红艳且经冬不凋，叶片有锐刺，兼有观果、观叶、防护和隐蔽之效，宜作基础种植材料或植为高篱。

【品种】无刺枸骨‘Fortunei’叶全缘，先端有刺尖头。各地普遍栽培。

花

果实

果实

景观

无刺枸骨果实

无刺枸骨花

无刺枸骨花期景观

齿叶冬青 Ilex crenata

【别名】钝齿冬青、波缘冬青

【科属】冬青科冬青属

【形态特征】常绿灌木，多分枝，小枝有灰色细毛。叶厚革质，椭圆形至长倒卵形，长 1 ~ 4 cm，宽 0.6 ~ 2 cm，先端钝，缘有钝齿，背面有腺点。花白色，雄花 3 ~ 7 朵成聚伞花序生于当年生枝叶腋，雌花单生或 2 ~ 3 朵组成聚伞花序。果球形，黑色，径 6 ~ 8 mm，4 分核。花期 5 ~ 6 月；果期 10 月。

【分布与习性】中山公园、青岛植物园、黄岛区（山东科技大学校园）有栽培。喜温暖环境，也较耐寒。

【应用】钝齿冬青叶片小而排列紧密，枝叶茂密，易于修剪成型，庭园中可对植于庭前、列植于路旁或作绿篱，还是制作盆景的优良材料。

【变种】**龟甲冬青** var. nummularia 常绿灌木，高 1 ~ 2 m。叶簇生于枝端，倒卵形，先端尖，基部圆形，长 1 ~ 2 cm，宽 8 ~ 15 mm，中部以上有数个浅齿牙，呈龟甲状。全市各地均有栽培。

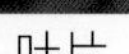

叶片

花

景观

龟甲冬青叶

龟甲冬青枝叶

龟甲冬青景观

黄杨 Buxus sinica

【别名】瓜子黄杨

【科属】黄杨科黄杨属

【形态特征】常绿灌木或小乔木，高达 7 m。树皮灰色，鳞片状剥落；枝有纵棱；小枝、冬芽和叶背面有短柔毛。叶厚革质，倒卵形、倒卵状椭圆形至倒卵状披针形，常中部以上最宽，长 1.5 ~ 3.5 cm，宽 0.8 ~ 2 cm，先端圆钝或微凹。花序头状，腋生，花密集，雄花约 10 朵，退化雌蕊有棒状柄，高约 2 mm。果实球形，径 6 ~ 10 mm。花期 4 月；果期 7 ~ 8 月。

【分布与习性】全市各地公园绿地常见栽培。喜半荫，喜温暖气候和肥沃湿润的中性至微酸性土壤，也较耐碱，在石灰性土壤上能生长。生长缓慢，耐修剪。抗烟尘，对多种有害气体抗性强。

【应用】黄杨终年常绿，叶片小，耐修剪，最适于作绿篱和基础种植材料，经整形也可于路旁列植或作花坛镶边。

绿篱景观

叶片

果

花枝

雀舌黄杨 Buxus bodinieri

【别名】福建黄杨、皱皮黄杨、水黄杨

【科属】黄杨科黄杨属

【形态特征】常绿小灌木，高3～4 m；分枝多，密集成丛。小枝四棱形。叶薄革质，倒披针形或倒卵状长椭圆形，长2～4 cm，宽8～18 mm，先端最宽，圆钝或微凹；上面绿色光亮，两面中脉明显凸起；近无柄。头状花序腋生，顶部生1雌花，其余为雄花；不育雌蕊和萼片近等长或稍超出。蒴果卵圆形。花期8月；果期11月。

【分布与习性】崂山雕龙嘴，中国海洋大学，即墨岙山广青生态园有栽培。喜温暖湿润和阳光充足环境，耐干旱和半阴，要求疏松、肥沃和排水良好的沙壤土。耐寒性不如黄杨。

【应用】雀舌黄杨枝叶繁茂，叶形别致，四季常青，常植为绿篱，或整形修剪成各种几何形体，用于点缀小庭院和草地、绿化入口。也是盆景制作的常用材料。

枝叶

叶片

植株

竹叶花椒 Zanthoxylum armatum

【科属】芸香科花椒属

【形态特征】半常绿灌木，高 1 ~ 1.5 m。皮刺通常呈弯钩状斜升，基部扁宽；小叶 3 ~ 7，稀 9，披针形至椭圆状披针形，长 5 ~ 9 cm，宽 1 ~ 3 cm，无毛或仅在幼嫩时沿叶脉有小皮刺，总叶柄及叶轴有宽翅和刺。聚伞状圆锥花序腋生，长 2 ~ 6 cm；花单性，花被片 6 ~ 8；雄蕊 6 ~ 8；2 ~ 4 心皮。蓇葖果球形，红棕色至暗棕色。花期 5 ~ 6 月；果期 8 ~ 9 月。

【分布与习性】产于崂山太清宫、流清河等地，生于山坡、沟谷灌丛及疏林内；即墨岙山广青生态园栽培。

【应用】果皮、种子、嫩叶可作调料；亦可药用，为散寒燥湿剂，叶奇特，浓绿有光泽，可做盆景的植物材料。

植株

叶背

叶片

果实

果枝

熊掌木 Fatshedera lizei

【科属】五加科熊掌木属

【形态特征】常绿性藤蔓植物，高达 1 m。单叶互生，长、宽约 7 ~ 25 cm，掌状五裂，叶端渐尖，叶基心形，裂片全缘，新叶密被毛茸；叶柄长 5 ~ 20 cm，基部鞘状。伞形花序，花黄白色或淡绿色，直径 4 ~ 6 mm。花期秋季，一般不结实。

【分布与习性】八角金盘与常春藤的属间杂交种。即墨天柱山、黄岛区（山东科技大学校园）有栽培。耐荫；喜凉爽湿润环境，气温过高时枝条下部的叶片易脱落，较耐寒。

【应用】为半蔓性植物，四季青翠碧绿，又具极强的耐荫能力，适宜在林下群植，常用作地被植物。

叶

枝叶

枝叶

应用景观

八角金盘 Fatsia japonica

【科属】 五加科八角金盘属

【形态特征】 常绿灌木，高达 5 m。幼枝叶具易脱落的褐色毛。叶掌状 7 ~ 9 裂，径 20 ~ 40 cm；裂片卵状长椭圆形，有锯齿，表面有光泽；叶柄长 10 ~ 30 cm。花两性或单性，伞形花序再集成顶生大圆锥花序；花小，白色，子房 5 室。浆果紫黑色，径约 8 mm。花期秋季；果期翌年 5 月。

【分布与习性】 中山公园、黄岛区（山东科技大学校园），即墨二十八中有栽培。喜荫；喜温暖湿润气候，不耐干旱，耐寒性也不强，在淮河流域以南可露地越冬；适生于湿润肥沃土壤。抗污染。

【应用】 植株扶疏，婀娜可爱，叶片大而光亮，是优良的观叶植物，性耐荫，最适于林下、山石间、水边、小岛、桥头、建筑附近丛植，也可于阴处植为绿篱或地被。

叶片　花序　景观

景观

桂花 Osmanthus fragrans

【别名】木犀

【科属】木犀科木犀属

【形态特征】常绿灌木或乔木，高 4 ~ 8 m。叶椭圆形至椭圆状披针形，长 4 ~ 12 cm，宽 2.5 ~ 5 cm，先端急尖或渐尖，全缘或有锯齿。花簇生，或形成帚状聚伞花序；花径 6 ~ 8 mm，白色、黄色至橙红色，浓香；花梗长 0.8 ~ 1.5 cm。果椭圆形，长 1 ~ 1.5 cm，熟时紫黑色。花期 9 ~ 11 月；果期翌年 4 ~ 5 月。

【分布与习性】各区普遍栽培，有四季桂、金桂、银桂、丹桂等品种。喜光，稍耐荫；喜温暖湿润气候和通风良好的环境，耐寒性较差；喜湿润而排水良好的壤土，不耐水湿。抗污染。

【应用】桂花是我国人民喜爱的传统观赏花木，枝叶茂密，四季常青，花香清可绝尘、浓能溢远，而且花期正值中秋佳节，广泛用于绿化造景。花提取芳香油，可熏茶和制桂花糖、桂花酒等，可药用。果榨油可食用。

叶片

花

花枝

植株

景观

柊树 Osmanthus heterophyllus

【科属】木犀科木犀属

【形态特征】常绿灌木或小乔木，高 2 ~ 8 m。叶革质，长圆状椭圆形或椭圆形，长 4.5 ~ 7 cm，宽 1.5 ~ 3 cm，顶端刺状，叶缘具 3 ~ 4 对刺状牙齿，齿长 5 ~ 9 mm，先端具锐尖的刺，叶柄长 5 ~ 10 mm。花簇生叶腋，5 ~ 8 朵；花冠白色，长 3.5 ~ 5 mm，芳香。果卵圆形，长约 1.5 cm，径约 1 cm，暗紫色。花期 11 ~ 12 月；果期翌年 5 ~ 6 月。

【分布与习性】中山公园、黄岛有栽培。耐寒性强于桂花。

【应用】枝叶繁茂，花朵洁白，花开于秋末冬初，是优良的花灌木，除供庭园丛植观赏外，还可植为绿篱。枝、叶、树皮药用，有补肝肾、健脾的功效。

【品种】五彩柊树'Goshiki' 灌木，树形紧密；叶片色彩丰富，新叶粉紫至古铜色，成叶具有灰绿、黄绿、金黄和乳白等颜色的随机散布的斑点、斑块。黄岛区（山东科技大学校园）有栽培。

五彩柊树景观

柊树果实

五彩柊树叶片

齿叶木犀 Osmanthus fortunei

【别名】刺桂

【科属】木犀科木犀属

【形态特征】常绿灌木或乔木，高 2 ~ 7 m。叶厚革质，宽椭圆形，稀椭圆形或卵形，长 6 ~ 8 cm，宽 3 ~ 5 cm，叶缘具长 2 ~ 4 mm 的锐尖锯齿，或混生有全缘叶，侧脉 7 ~ 9 对；叶柄长 (5) 7 ~ 10 mm，被柔毛。花簇生叶腋，每腋内有花 6 ~ 12 朵；花梗长 5 ~ 10 mm；花芳香，花冠白色，花冠管短，仅长 1.5 ~ 2 mm，裂片长 4 ~ 5 mm。花期 10 ~ 11 月；果期翌年 3 ~ 4 月。

【分布与习性】偶见栽培。

【应用】入秋白花朵朵，香气弥漫，沁人心脾，是良好的观赏树种。抗污染性强，是绿化绿化、工厂绿化和四旁绿化的优良材料。

花序

果枝

花枝

日本女贞 Ligustrum japonicum

花序

【科属】木犀科女贞属

【形态特征】常绿灌木或小乔木，高 3 ~ 5 m；皮孔明显。枝条疏生短毛。叶较小而厚革质，卵形至卵状椭圆形，长 5 ~ 8 cm，宽 2.5 ~ 5 cm，先端短锐尖，基部圆，叶缘及中脉常带紫红色。圆锥花序塔形，长 5 ~ 17 cm；花冠长 5 ~ 6 mm，花冠裂片与花冠管近等长或稍短，先端稍内折。花期 5 ~ 6 月；果期 9 ~ 11 月。

【分布与习性】全市各地常见栽培。耐寒力强于女贞。

【应用】植株较矮小，树形圆整，叶片厚而带紫色，为良好的观赏树种。适于庭院、草地、路边丛植，也可植为绿篱和基础种植材料。

【品种】金森女贞'Howardii'叶厚革质，春季新叶鲜黄色，至冬季转为金黄色，部分新叶沿中脉两侧或一侧局部有云翳状浅绿色斑块，节间短，枝叶稠密。花白色，果实呈紫色。公园绿地常见栽培。

幼果

景观

果

景观

金森女贞

金叶女贞 Ligustrum × vicary

【科属】木犀科女贞属

【形态特征】常绿或半常绿灌木，高 2 ~ 3 m，幼枝有短柔毛。叶椭圆形或卵状椭圆形，长 2 ~ 5 cm，叶色鲜黄，尤以新梢叶色为甚。圆锥花序顶生，花白色。果阔椭圆形，紫黑色。

【分布与习性】崂山、中山公园、青岛大学校园及城阳区、黄岛区、胶州市、平度市、莱西市公园绿地有栽培。性喜光，耐荫性较差，耐寒力中等，适应性强，以疏松肥沃、通透性良好的沙壤土为最好。

【应用】叶色金黄，耐修剪，是重要的绿篱和模纹图案材料，常与紫叶小檗、黄杨、龙柏等搭配使用。也常用于绿地广场的组字，还可以用于小庭院装饰。

叶片

景观

果实

花序

景观

云南黄馨 Jasminum mesnyi

【别名】野迎春、云南黄素馨

【科属】木犀科素馨属

【形态特征】常绿灌木，枝条细长拱垂。3 出复叶，或小枝基部具单叶，叶缘具睫毛；小叶长卵形或长卵状披针形，先端钝圆，顶生小叶长 2.5 ~ 6.5 cm，宽 0.5 ~ 2.2 cm，侧生小叶较小。花单生叶腋；萼钟状，裂片 5 ~ 8；花冠黄色，漏斗状，径 2 ~ 4.5 cm，重瓣。花期 4 月，延续时间长。

【分布与习性】中山公园、城阳世纪公园、植物园有栽培。性强健，适应性强。

【应用】枝蔓细长，花朵金黄，艳丽可爱。宜植于湖边、岸堤、桥头、驳岸，也是优良的观花地被、花篱和岩石园材料。

花

景观

景观

景观

花

探春花 Jasminum floridum

【别名】迎夏

【科属】木犀科素馨属

【形态特征】半常绿灌木，高 1 ~ 3 m。枝条拱垂，幼枝绿色，四棱。羽状复叶互生，小叶 3 ~ 5，稀 7 枚，卵状椭圆形，长 1 ~ 3.5 cm，两面无毛，边缘反卷。聚伞花序顶生，多花；萼 5 裂，裂片锥状线形，与萼筒等长；花冠黄色，近漏斗状，径约 1.5 cm，裂片 5，卵形或长圆形，先端锐尖，长约为花冠筒长的 1/2。果椭圆形或球形，长 5 ~ 10 mm，熟时黑色。花期 5 ~ 9 月；果期 9 ~ 10 月。

【分布与习性】公园绿地常见栽培。

【应用】探春花为半常绿性，花开花、于初夏秋季，花期长，花色金黄，是优良花灌木，枝条常蔓生，最适于山坡、水滨、路边列植。

叶片

花

花序

花序

景观

景观

栀子 Gardenia jasminoides

【科属】茜草科栀子属

【形态特征】常绿灌木，高 1 ~ 3 m。叶对生或轮生，椭圆形或倒卵状椭圆形，长 6 ~ 12 cm，先端渐尖，全缘；侧脉 8 ~ 15 对。花浓香；花萼 6 (5 ~ 8) 裂，结果时增长，裂片线形；花冠高脚碟状，常 6 裂，白色或乳黄色，冠管长 3 ~ 5 cm，裂片倒卵形或倒卵状长圆形。果椭圆形或近球形，长 1.5 ~ 7 cm，有翅状棱 5 ~ 9，宿存萼片长达 4 cm。花期 3 ~ 8 月；果期 5 月至翌年 2 月。

【分布与习性】崂山景区、公园绿地及单位庭院常栽培。喜光，也耐荫；喜温暖湿润气候和肥沃而排水良好的酸性土壤。抗污染。萌芽力、萌蘖力均强，耐修剪。

【应用】栀子叶色亮绿，四季常青，花大洁白，芳香馥郁，是良好的绿化、美化、香化材料。抗污染，也适于工矿区应用。

景观　　花 　　花

植株

六月雪 Serissa japonica

【科属】茜草科六月雪属

【形态特征】常绿矮小灌木，高不及 1 m。分枝细密。叶对生或常聚生于小枝上部，卵形至卵状椭圆形、倒披针形，长 7 ~ 22 mm，宽 3 ~ 6 mm，全缘，叶脉、叶缘及叶柄上有白色短毛。花近无梗，白色或略带红晕，长 6 ~ 12 mm，1 朵至数朵簇生于枝顶或叶腋。核果小，球形。花期 5 ~ 8 月；果期 10 月。

【分布与习性】公园、单位庭院及居住区有栽培。喜温暖、湿润环境；耐荫；不耐寒，要求肥沃的沙质壤土。萌芽力、萌蘖力均强，耐修。

【应用】株形纤巧、枝叶扶疏，白花盛开时缀满枝梢，雅洁可爱。可配植于雕塑或花坛周围作镶边材料，也可作基础种植、矮篱和林下地被材料。还是水旱盆景的重要材料。

枝叶　花

花枝　植株景观

日本珊瑚树 Viburnum odoratissimum var. awabuki

【别名】法国冬青

【科属】忍冬科荚蒾属

【形态特征】常绿灌木或小乔木，高 5 ~ 10 m。叶椭圆形或长椭圆形，长 7 ~ 15 cm，宽 3 ~ 6 cm，全缘或有不规则浅波状齿，下面脉腋常有凹穴，侧脉 5 ~ 6 对。聚伞圆锥花序顶生，长 5 ~ 15 cm，宽 4 ~ 13 cm，花通常生于第二或第三级分枝上，无花梗或有短梗；萼筒钟形，长 2 ~ 2.5 mm；花冠白色，5 裂；雄蕊 5。核果椭圆形，径 5 ~ 6 mm。花期 5 ~ 6 月；果期 7 ~ 9 月。

【分布与习性】公园绿地及庭院普遍栽培。喜光，稍耐荫，喜温暖湿润气候及湿润肥沃土壤；耐烟尘，抗污染。根系发达，萌芽力强，耐修剪，易整形。

【应用】 枝叶繁茂，终年碧绿，蔚然可爱，适于沿墙垣、建筑栽植，既供隐蔽、观赏之用；枝叶富含水分，耐火力强。木材坚硬、细致，供细木工用材。根、叶药用。

景观

果枝

花序

景观

果序

枇杷叶荚蒾 Viburnum rhytidophyllum

【别名】皱叶荚蒾

【科属】忍冬科荚蒾属

【形态特征】常绿灌木或小乔木，高达 4 m。裸芽。幼枝、芽、叶及花序均被簇状绒毛。单叶对生，卵状长椭圆形至卵状披针形，长 8 ~ 20 cm，叶脉深凹而呈极度皱纹状，侧脉 6 ~ 8 (12) 对。聚伞花序稠密，径 7 ~ 12 cm；萼筒被黄白色星状毛，花冠黄白色，径 5 ~ 7 mm。核果红色，后变黑色。花期 4 ~ 5 月；果期 9 ~ 10 月。

【分布与习性】即墨天柱山、黄岛区（山东科技大学校园）有栽培。喜光，也耐荫，耐寒性强。

【应用】皱叶荚蒾树姿优美，叶色浓绿，秋果累累，是北方地区不可多得的常绿观果灌木。适于屋旁、墙隅、假山边、园路或林缘、树下种植。茎皮纤维可作麻及制绳索。

叶片

景观

果序

花序

景观

凤尾丝兰 Yucca gloriosa

景观

【别名】凤尾兰

【科属】百合科丝兰属

【形态特征】常绿灌木或小乔木状。主干有时有分枝，高可达 5 m。叶剑形，略有白粉，长 60 ~ 75 cm，宽约 5 cm，挺直不下垂，叶质坚硬，全缘，老时疏有纤维丝。圆锥花序长 lm 以上，花杯状，下垂，乳白色，常有紫晕。花期 5 ~ 10 月，2 次开花。蒴果椭圆状卵形，不开裂。

【分布与习性】公园绿地常见栽培。喜光，亦耐荫，较耐寒，除盐碱地外，各种土壤都能生长；耐干旱瘠薄，耐湿，耐烟尘，对多种有害气体抗性强。萌芽力强，易产生不定芽，生长快。

【应用】树形挺直，叶形似剑，花茎高耸，花期长，是优美的观赏植物。常丛植于花坛中心、草坪一角，树丛边缘。亦可作绿篱种植。

应用景观

花序

常绿藤本

木香花 Rosa banksiae

【科属】蔷薇科蔷薇属

【形态特征】落叶或半常绿攀援灌木，枝绿色，无刺或疏生皮刺。小叶 3 ~ 5，长椭圆形至椭圆状披针形，长 2 ~ 6 cm，宽 8 ~ 18 mm；托叶线形，与叶柄分离，早落伞形花序，花白色，径约 2.5 cm，浓香，萼片长卵形，全缘；花柱玫瑰紫色。果近球形，径 3 ~ 5 mm。花期 4 ~ 5 月；果期 9 ~ 10 月。

【分布与习性】崂山太清宫，中山公园、青岛植物园及黄岛区、即墨市有栽培。喜温暖和阳光充足的环境，幼树畏寒。喜排水良好的沙质壤土，不耐积水和盐碱。萌芽力强，耐修剪。

【应用】著名观赏植物，常栽培供攀援棚架之用。花含芳香油，可供配制香精化妆品用。

【变型】重瓣黄木香 f. lutea 花黄色，重瓣，无香味。中山公园等城市公园常有栽培。

花枝

景观

重瓣黄木香

大叶胡颓子 Elaeagnus macrophylla

【别名】 圆叶胡颓子

【科属】 胡颓子科胡颓子属

【形态特征】 常绿灌木，高 2 ~ 3 m，直立或攀援，无刺。叶厚革质，卵形至近圆形，长 4 ~ 9 cm，宽 4 ~ 6 cm，全缘，上面幼时被银白色鳞片，下面银白色，密被鳞片。花白色，常 1 ~ 8 花生于叶腋短小枝上；萼筒钟形，长 4 ~ 5 mm。果实长椭圆形，被银白色鳞片，长 14 ~ 18 mm，直径 5 ~ 6 mm。花期 9 ~ 10 月；果期翌年 3 ~ 4 月。

【分布与习性】 产于崂山太清宫、仰口明霞洞以及附近海岛屿及滨海附近；青岛植物园、李村公园、崂山区、城阳区栽培。喜光，耐寒；抗海风、海雾；根系发达，耐干旱瘠薄，对土壤要求不严；耐修剪。

【应用】 大叶胡颓子叶色翠绿，匍枝优美，秋季开花，花朵白色而芳香，春季果实红艳，是优良的矮墙和栅栏的绿化材料，也可作水土保持树种。各地庭园常栽培。

叶片　　新叶　　景观

景观

扶芳藤 Euonymus fortunei

【科属】 卫矛科卫矛属

【形态特征】 常绿灌木，长达 10 m。叶卵形、卵状椭圆形，有时披针形、倒卵形，长 2 ~ 5.5 cm，宽 2 ~ 3.5 cm；先端钝或尖；侧脉 4 ~ 6 对。花梗长 2 ~ 5 mm；花绿白色，4 数，径约 5 mm，花瓣近圆形。蒴果球形，径 6 ~ 12 mm，褐色或红褐色，径 5 ~ 6 mm；种子有橘黄色假种皮。花期 4 ~ 7 月；果期 9 ~ 12 月。

【分布与习性】 全市各地常见栽培。耐荫，也可在全光下生长；喜温暖湿润，也耐干旱瘠薄；较耐寒；对土壤要求不严。

【应用】 生长迅速，枝叶繁茂，叶片油绿光亮，入秋经冬则红艳可爱，气生根发达，吸附能力强，适于美化假山、墙面、栅栏、驳岸，也是优良的地被和护坡植物。

【变型】 小叶扶芳藤 f. minimus 叶较小而狭窄，常为狭卵形、卵状披针形至披针形。崂山太清宫，即墨市有栽培。

枝叶

果实

植株

果实景观

秋季景观

小叶扶芳藤

洋常春藤 Hedera helix

【科属】五加科常春藤属

【形态特征】常绿藤本。幼枝上有星状毛。营养枝上的叶3 ~ 5浅裂；花果枝上叶片不裂而为卵状菱形、狭卵形，基部楔形至截形。伞形花序，具细长总梗；花白色，各部有灰白色星状毛。核果球形，径约6 mm，熟时黑色。

【分布与习性】全市各地常见栽培。性极耐荫，可植于林下；喜温暖湿润，也有一定耐寒性，对土壤和水分要求不严，但以中性或酸性土壤为好。萌芽力强。抗污染。

【应用】四季常绿，生长迅速，攀援能力强，可用于岩石、假山或墙壁的垂直绿化，也可作林下地被。

【品种】金边常春藤'Aureovariegata'叶边缘金黄色。崂山太清宫有栽培。

景观

叶片

地被景观

金边常春藤景观

金边常春藤叶片

金边常春藤叶片

菱叶常春藤 Hedera rhombea

【科属】五加科常春藤属

【形态特征】常绿藤本。叶革质，营养枝上的叶常 3 ~ 5 裂或五角形，花果枝上的叶菱形、菱状卵形或菱状披针形，全缘，长 4 ~ 7 cm，宽 2 ~ 7 cm，掌状脉；叶柄长 1 ~ 5 cm，几乎无毛。伞形花序，总梗长 2 ~ 5 cm，密生星状毛；花淡绿色，花药鲜黄色。果实黑色，径约 5 ~ 6 mm，有宿存花柱。花期 8 月；果期 11 月。

【分布与习性】中山公园有引种栽培，生长良好。

【应用】为棚架及垂直绿化材料。

景观

花序

花枝

枝叶

络石 Trachelospermum jasminoides

【别名】万字茉莉

【科属】夹竹桃科络石属

【形态特征】常绿木质藤本；具乳汁。单叶对生，椭圆形至卵状椭圆形或宽倒卵形，长 2 ~ 10 cm，宽 1 ~ 4.5 cm，全缘，脉间常呈白色；侧脉 6 ~ 12 对。圆锥状聚伞花序腋生或顶生；萼 5 深裂，花后反卷；花冠白色，芳香，右旋。蓇葖果双生，线状披针形，长 10 ~ 20 cm，宽 3 ~ 10 mm。种子条形，有白毛。花期 3 ~ 7 月；果期 7 ~ 12 月。

【分布与习性】产崂山太清宫、大梁沟、青地等地，生于山坡岩缝；青岛植物园、李村公园、八大关公园绿地普遍栽培。

【应用】络石叶片光亮，四季常青，花朵白色芳香，花冠形如风车，具有很高观赏价值，攀援能力强，适植于枯树、假山、墙垣旁边，令其攀援而上。也是优良的林下地被。

异叶络石

景观

花朵

叶片

植株

金银花 Lonicera japonica

【别名】忍冬、鸳鸯藤、鹭鸶藤

【科属】忍冬科忍冬属

【形态特征】半常绿缠绕藤本，小枝中空。叶卵形至卵状椭圆形，长 3 ~ 8 cm，全缘；幼叶两面被毛。花总梗及叶状苞片密生柔毛和腺毛；花冠二唇形，长 3 ~ 4 cm，上唇 4 裂片，下唇狭长而反卷；初开白色，后变黄色，芳香；雄蕊和花柱伸出花冠外。浆果球形，蓝黑色，长 6 ~ 7 mm。花期 4 ~ 6 月；果期 8 ~ 11 月。

【分布与习性】产崂山大梁沟、太清宫、北九水、关帝庙、流清河、三标山等地；全市普遍栽培。适应性强，喜光，稍耐荫，耐寒，耐旱和水湿。根系发达，萌蘖力强。

【应用】藤蔓细长，花朵繁密，先白后黄，状如飞鸟，色香俱备，是一种优良垂直绿化植物。可用于竹篱、栅栏、绿亭、绿廊、花架等。花药用，称“金银花”或“双花”。

【变种】红花金银花 var.chinensis 当年生枝、叶下面、叶柄、叶脉均为红色；花红色而微有紫晕。即墨天柱山、城阳毛公山及公园有栽培。

景观

花枝

果实

花枝

花

红花金银花

红花金银花

棕榈及竹类

棕榈 Trachycarpus fortunei

【科属】棕榈科棕榈属

【形态特征】常绿乔木，高达 15 m。树干常有残存的老叶柄及其下部黑褐色叶鞘。叶形如扇，径 50 ~ 70 cm，掌状分裂至中部以下，裂片条形，坚硬，先端 2 浅裂，直伸；叶柄长 0.5 ~ 1 m，两侧具细锯齿。花淡黄色。果肾形，径 5 ~ 10 mm，熟时黑褐色，略被白粉。花期 4 ~ 6 月；果期 10 ~ 11 月。

【分布与习性】崂山太清宫，中山公园、城阳区及崂山区有栽培。喜光，亦耐荫，苗期耐荫能力尤强；喜温暖湿润，亦颇耐寒；抗污染。浅根系，须根发达，生长较缓慢。

【应用】树姿优美，最适于丛植、群植。山麓溪边，栽种棕榈，既可护坡固岸，又能增添景致。

果实

植株

花序

花序

应用景观

毛竹 Phyllostachys edulis

【别名】 楠竹

【科属】 禾本科刚竹属

【形态特征】 竿高 10 ~ 20 m，径达 12 ~ 20 cm。分枝以下竿环不明显，仅箨环隆起。新竿绿色，密被细柔毛，有白粉。箨鞘背面密生棕紫色小刺毛；箨舌呈尖拱状；箨叶三角形或披针形，绿色，初直立，后反曲；箨耳小，縫毛发达。叶 2 列状排列，每小枝 2 ~ 3 叶，较小，披针形，长 4 ~ 11 cm，宽 5 ~ 12 mm。笋期 3 ~ 5 月。

【分布与习性】 中山公园、崂山区、黄岛区有栽培。喜肥沃深厚而排水良好的酸性沙质壤土，在干燥的沙荒石砾地、盐碱地、排水不良的低洼地均不利生长。

【应用】 最宜干风景区和大型公园大面积造林。主竿粗大，可供建筑、桥梁等用；篾材适宜编织家具及器皿；枝梢适于做扫帚；嫩竹及竹箨供造纸原料及包装材。笋供食用致。

叶片　竹竿　竹竿

景观

刚竹 Phyllostachys sulphurea var. viridis

【科属】禾本科刚竹属

【形态特征】单轴散生型。竿高 6 ~ 15 m。新竿鲜绿色，有少量白粉；分枝以下竿环较平，仅箨环隆起。箨鞘乳黄色，有褐斑及绿脉纹，无毛；无箨耳和繸毛；箨舌绿黄色，边缘有纤毛；箨叶狭三角形至带状，外翻，绿色但具橘黄色边缘。末级小枝有 2 ~ 5 叶，叶片长圆状披针形或披针形，长 5.6 ~ 13 cm，宽 1.1 ~ 2.2 cm。笋期 5 月。

【分布与习性】崂山太清宫、王哥庄，黄岛区海青镇，胶州市艾山风景区、莱西市北京路绿地有栽培。喜温暖湿润气候，但可耐 –18 ℃极端低温；喜肥沃深厚而排水良好的微酸性至中性沙质壤土，在干燥的沙荒石砾地、排水不良的低洼地均生长不良，略耐盐碱。

【应用】刚竹是华北常见的竹类之一，秀丽挺拔，值霜雪而不凋，而且适应性强，可在绿化中广泛应用。篾性较差，笋味略苦，利用价值不如毛竹广泛。

植株　分枝　竿下部

景观

紫竹 Phyllostachys nigra

【科属】禾本科刚竹属

【形态特征】竿高 4 ~ 8 (10) m。幼竿绿色，密被短柔毛和白粉，1 年后竹竿逐渐出现紫斑最后全部变为紫黑色；竿环与箨环均甚隆起。箨鞘淡玫瑰紫色，被淡褐色刺毛，无斑点；箨耳发达，镰形，紫黑色；箨舌长而隆起，紫色。叶片长 7 ~ 10 cm，宽约 1.2 cm。笋期 4 ~ 5 月。

【分布与习性】崂山华严寺、上清宫，崂山枯桃花艺生态园有栽培。耐寒性强，－20℃低温不致受冻害。

【应用】紫竹新竿绿色，老竿紫黑，叶翠绿，颇具特色，常栽培观赏。是著名的观赏竹种，珍贵的盆景材料。

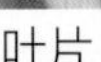
叶片

景观

竹竿

景观

金镶玉竹 Phyllostachys aureosulcata 'Spectabilis'

【科属】禾本科刚竹属

【形态特征】竿高达 9 m，粗 4 cm，在较细的竿之基部有 2 或 3 节常作“之”字形折曲，幼竿被白粉及柔毛；竿金黄色，沟槽绿色；竿环中度隆起，高于箨环。箨鞘背部紫绿色常有淡黄色纵条纹，散生褐色小斑点或无斑点。叶片长约 12 cm，宽约 1.4 cm，基部收缩成 3 ~ 4 mm 长的细柄。花枝呈穗状，长 8.5 cm。笋期 4 月中旬至 5 月上旬，花期 5 ~ 6 月。

【分布与习性】崂山蔚竹庵，中山公园、黄岛区、即墨市有栽培。适应性强，耐 -20 ℃低温，耐轻度盐碱。

【应用】本种以其竿色美丽，主要供观赏。

干皮　　干皮　　叶片

群体景观

淡竹 Phyllostachys glauca

【别名】粉绿竹

【科属】禾本科刚竹属

【形态特征】竿高 5 ～ 12 m；新竿密被雾状白粉。竿环与箨环均隆起。箨鞘淡红褐色或淡绿褐色，有显著的紫脉纹和稀疏斑点，无毛；无箨耳和繸毛；箨舌截形，高约 2 ～ 3 mm，暗紫褐色；箨叶线状披针形或线形，绿色，有多数紫色脉纹。叶片长 7 ～ 16 cm，宽 1.2 ～ 2.5 cm。笋期 4 月中旬至 5 月底。

【分布与习性】全市普遍栽培。适应性强，适于沟谷、平地、河漫滩生长，耐一定程度的干燥瘠薄和暂时的流水浸渍；在 －18 ℃左右的低温和轻度的盐碱土上也能正常生长。

【应用】适应性强，耐寒，可用于庭院、公园小片丛植，也可于风景区大面积栽培。

竹笋

枝叶

景观

菲白竹 Pleioblastus fortunei

【科属】禾本科大明竹属

【形态特征】矮小型灌木竹，高 20 ~ 30 cm，大者不及 80 cm。竿圆筒形，径 1 ~ 2 mm，光滑无毛；竿环较平坦或微隆起；不分枝或仅 1 分枝；箨鞘宿存，无毛。每小枝生叶 4 ~ 7 枚，披针形至狭披针形，两面有白色柔毛，下面较密，长 6 ~ 15 cm，宽 0.8 ~ 1.4 cm，绿色，并具有黄色、浅黄色或白色条纹，特别美丽，尤其以新叶为甚。笋期 5 月。

【分布与习性】青岛植物园有栽培。喜温暖湿润气候，耐荫性较强，也较耐寒。

【应用】植株低矮，叶片秀美，特别是春末夏初发叶时的黄白颜色，更显艳丽。常植于庭园观赏；栽作地被、绿篱或与假山石相配都很合适；也是优良的盆栽或盆景材料。

景观

叶片

地被景观

苦竹 Pleioblastus amarus

【科属】禾本科大明竹属

【形态特征】复轴混生型。竿高 3 ~ 5 m；节间圆筒形；箨环隆起呈木栓质，低于竿环。新竿灰绿色，密被白粉。箨鞘被较厚白粉，有棕色或白色刺毛或无毛，边缘密生金黄色纤毛；箨耳不明显。竿每节 5 ~ 7 分枝，枝梢开展；末级小枝具 3 ~ 4 叶。叶片椭圆状披针形，长 4 ~ 20 cm，宽 1.2 ~ 3 cm，质坚韧，表面深绿色，背面淡绿色，基部白色绒毛。笋期 6 月。

【分布与习性】崂山太清宫，中山公园有栽植，生长旺盛，多成丛状。喜温暖湿润气候，也颇耐寒。

【应用】竹丛茂密，常于庭园栽植观赏，适于墙角、路边、建筑附近、山石间应用。笋味苦，不能食用。

植株

叶片

应用景观

矢竹 Pseudosasa japonica

【科属】禾本科茶竿竹属

【形态特征】竿高 5 ~ 13 m，节间长 30 ~ 40 cm，圆筒形，幼时疏被棕色小刺毛；竿环平坦或微隆起；每节 1 ~ 3 分枝，枝贴竿上举。箨鞘迟落，背面密被栗色刺毛，边缘具密纤毛，繸毛长可达 15 mm，箨舌拱形；箨叶狭长三角形。小枝顶端具 2 ~ 3 叶，叶片厚而坚韧，长披针形，长 16 ~ 35 cm，宽 16 ~ 35 mm，无毛。笋期 3 月至 5 月下旬。

【分布与习性】崂山青山有栽培。

【应用】主竿直而挺拔，节间长，是优良的观赏竹种，常植于庭院。竿壁厚，竹材质优，可作钓鱼竿、滑雪竿等。笋不作食用。

植株

竹箨

景观

阔叶箬竹 Indocalamus latifolius

【科属】禾本科箬竹属

【形态特征】灌木状小型竹类。高 1 ~ 2 m，径 5 ~ 15 mm，节间长 5 ~ 22 cm。竿圆筒形，分枝 1 ~ 3，竿中部常 1 分枝，与竿近等粗。竿箨宿存，箨鞘有粗糙棕紫色小刺毛，边缘内卷；箨耳和叶耳均不明显，箨舌平截，高不过 1 mm，鞘口有流苏状毛；箨叶狭披针形。小枝有 1 ~ 3 叶，叶片矩圆状披针形，长 10 ~ 45 cm，宽 2 ~ 9 cm，表面无毛，背面略有毛。笋期 5 ~ 6 月。

【分布与习性】崂山上清宫及黄岛区、胶州市、即墨市有栽培。喜温暖湿润气候，但耐寒性较强。

【应用】植株低矮，叶片宽大，在绿化中适于疏林下、河边、路旁、石间、台坡、庭院等各处片植点缀，或用于作地被植物，均颇具野趣。

叶片

景观

景观

中文名称索引

拉丁名称索引

L

M

N

O

P

按观赏用途索引

1 针叶树类

2 花木类

3 果木类

4 叶木类

5 荫木类

6 地被类

7 藤木类

按树种应用索引

1 适宜盐碱地绿化树种

2 适宜荒山绿化树种

3 适宜沿海绿化树种

4 适宜低洼水湿地绿化的树种

5 适宜污染区绿化的树种

参考文献

1. 郑万钧 . 中国树木志（1-4 卷）. 北京 : 中国林业出版社，1983-2004.

2. 中国科学院植物研究所 . 中国高等植物图鉴（第 1-5 册）. 北京 : 科学出版社，1976-1985.

3. 中国科学院中国植物志编委会 . 中国植物志（第 7-72 卷）. 北京 : 科学出版社，1961-2002.

4. 樊守金，胡泽绪 . 崂山植物志 . 北京：科学出版社，2003.

5. 傅立国，陈潭清，郎楷永等 . 中国高等植物（修订版）（1-14 卷）. 青岛：青岛出版社，2012.

6. 臧德奎，徐晔春 . 中国景观植物应用大全（木本卷）. 北京：中国林业出版社，2015.

7. 苗积广 . 青岛绿化树木图谱 . 青岛：青岛出版社，2007.